本著作由国家自然科学基金项目(批准号:61907011、62207010)、河南省科技攻关计划项目(批准号:222102210028)、河南中医药大学仲景青年学者A类项目支持与资助出版

5G网络下移动云计算节能措施研究

李继蕊 著

西北工业大学出版社

西 安

【内容简介】 移动云计算作为当今主要的云服务模式之一，降低其能耗是实现绿色计算的基础性工作。本书从三个方面对降低移动云计算能耗的相关问题展开探讨。首先，简单介绍了与移动云计算相关的基础知识，包括移动通信技术、云计算、边缘计算等，并分析了5G下移动云计算节能研究的常见方式；然后，对5G多项关键技术在网络通信节能研究中的现状、存在的问题以及典型5G网络服务模式的案例等进行了评述、分析、对比与总结，并对未来的发展方向进行了展望；最后，对作者及团队成员近几年在此方面的部分研究成果做了详细介绍与研讨。

本书可作为高等学校教师或研究生从事5G网络、移动网络、云计算、边缘计算、移动云计算、系统节能、可信网络等方向研究的教学或科研参考书。

图书在版编目(CIP)数据

5G网络下移动云计算节能措施研究 / 李继蕊著.
西安 ：西北工业大学出版社，2024. 6. -- ISBN 978-7-5612-9315-7

Ⅰ. TP393.027

中国国家版本馆CIP数据核字第2024SA2758号

5G WANGLUO XIA YIDONG YUNJISUAN JIENENG CUOSHI YANJIU

5G网络下移动云计算节能措施研究

李继蕊　著

责任编辑：孙　倩　　**策划编辑**：黄　佩
责任校对：朱辰浩　　**装帧设计**：高永斌　董晓伟
出版发行：西北工业大学出版社
通信地址：西安市友谊西路127号　　邮编：710072
电　　话：(029)88491757，88493844
网　　址：www.nwpup.com
印 刷 者：西安五星印务有限公司
开　　本：710 mm×1 000 mm　1/16
印　　张：17.375
字　　数：285千字
版　　次：2024年6月第1版　2024年6月第1次印刷
书　　号：ISBN 978-7-5612-9315-7
定　　价：89.00元

前　　言

当今,绿色计算早已成为各行业追逐的目标。在移动云计算市场中,随着云计算服务带来的巨大商业利润和移动用户数量的迅速增长,不断成熟的5G(第5代移动通信技术)及市场的深入应用,都将进一步引起对绿色移动云计算的新关注。降低移动云计算能耗是实现绿色计算的基础性工作。本书首先对移动通信、云计算、移动云计算和边缘计算等的基础知识做了简单介绍,并对5G下移动云计算能耗问题的研究方式进行分析;其次,对5G多项关键技术在网络设施与通信节能研究中的现状、存在的问题以及典型5G网络服务模式的案例进行分析,并分析、对比和总结5G在移动设备任务迁移和云服务中心两个方面的节能表现,同时指出目前研究中存在的问题,并对未来的发展方向进行展望;最后,对近几年笔者及团队成员在此方面的部分研究展开介绍和探讨。

本书共包含8章。其中,第1～3章主要介绍与本书主题紧密相关的基础知识,第4～6章详细介绍基于本书主题内容的几个具体节能应用措施。第1章阐述移动通信的相关内容,包括移动通信网络的概念、分类、优缺点和面临的挑战,传统移动通信技术1G(第1代移动通信技术)到4G(第4代移动通信技术)、万物互联时代的5G和下一代通信技术——6G(第6代移动通信技术)的数据特征、分类及相关技术,传输控制协议/网际协议(TCP/IP)、移动IP、IPv6、会话初始协议(SIP)等主要移动通信协议以及短消息对等协议(SMPP)、蓝牙传输协议和无线应用协议(WAP)等相关移动通信协议。第2章论述与云计算相关的一系列概念和技术，主要包括云计算架构、特性与优势，基础设施即服务(IaaS)、平台即服务(PaaS)、软件即服务(SaaS)三种云计算服务类型及其优势和特点，公有云、私有云、混合云、社区云等云计算主要部署模式的特征，虚拟化技术、分布式存储、智能资源管理等云计算核心技术，云计算的常见应用场景，移动云计算的概念、特点，与云计算的关系及应用案例，以及边缘计算的概念、与云计算的区别和联系、典型应用场景和关键技术点等。根据第 2 章中移动云计算的三层架构，第 3 章就 5G 网络下移动云计算的能耗问题展开讨论和研究，从网络设施、移动终端设备、云服务中心三个方面分别详细阐述所采用的主要节能措施以及相应的典型案例分析，并总结当前 5G 网络下移动云计算节能研究中存在的主要问题以及相应的解决方案，最后指明下一步的工作方向。第 4 章阐述基于用户可信的移动边缘网络非协作博弈转发模型的构建，重点介绍中继节点可信度强度度量计算模型、博弈对象的初步筛选规则以及非合作博弈转发策略和算法，对比分析该模型的性能表现。第 5 章介绍一种基于动态 Cloudlet 的 MANET 节能路由策略，重点论述该策略的体系架构、设备间连接丧失时的处理措施、Cloudlet 间的协作机制、路由算法以及性能评价模型和性能对比表现。第 6 章提出一种任务-虚拟机分配策略，并提出基于分组多级编码和双重适应度函数 GMLE－DFF 的改进遗传算法求解最优策略，以解决 5G 网络下移动云计算系统的负载不平衡问题，提高资源利用率。第 7 章对遗传算法进行改进，并提出一种考虑负载均衡、迁移成本和服务质量的虚拟机与物理节点之间的动态调度方案，重点介绍反映物理节点与虚拟机之间映射关系的阵列编码、优秀个体的筛选函数、使交叉计算更合理的树模型，以及该调度方案的性能验证。第 8 章论述基于多属性决策的跨层协作切换机制 CCH-MD 的构建，主要阐述跨层协作切换框架、通信切换模型、基于信息熵的改进多属性决策计算切换模型和 CCHMD 的工作机制，并对比、分析、总结 CCHMD 机制的性能表现。

本书的研究工作得到了国家自然科学基金项目（批准号：61907011、62207010）、河南省科技攻关计划项目（批准号：222102210028）和河南中医药大学仲景青年学者A类项目等的支持，特此致谢。

在编写本书过程中，笔者参考了大量的资料和文献，在此向其作者表示感谢。

由于笔者水平有限，书中疏漏之处在所难免，希望读者积极指出，笔者将不胜感激。

李继蕊

2023年6月

于河南中医药大学龙子湖校区

目　录

第1章 移动通信

1.1 移动通信网络

移动通信网络指的是实现移动用户与固定点用户之间或移动用户之间通信的通信介质，有一定的专业性。从用户角度看，移动通信网络可以使用的接入技术包括：如3G等的蜂窝移动无线系统、如数字增强型无绳电信/数字增强无线通信标准（DECT）等的无绳系统、如蓝牙和DECT数据系统等的近距离通信系统、无线局域网（WLAN）系统、固定无线接入或无线本地环系统、卫星系统、如数字信号广播（DAB）和地面无线数字电视广播（DVB－T）等的广播系统、非对称数字用户环路（ADSL）和电缆调制解调器（Cable Modem）等。专用移动通信网是一个独立的移动通信系统，亦可纳入公共网。其中，具有代表性的专用网——集群系统（Trunking System）是除了蜂窝网外，另一种提高频谱利用率的有效方法。这里所谓的“集群”，在通信意义上就是将有限通信资源（信道）自动地分配给大量用户共同使用，近年来这种高效网十分受青睐，当然，随着公网技术的发展，它将会逐步自动纳入专用网。

移动通信系统从20世纪80年代诞生以来，到2020年大体经过了5代的发展历程。在2010年，移动通信系统从第3代过渡到第4代。在4G时代，除蜂窝电话系统外，宽带无线接入系统、毫米波局域网（LAN）、智能传输系统（ITS）和同温层平台（HAPS）系统已投入使用。未来移动通信系统最明显的趋势是要求高数据速率、高机动性和无缝隙漫游，实现这些要求在技术上将面临更大的挑战。此外，如蜂窝规模和传输速率等系统性能在很大程度上将取决于频率的高低。考虑到这些技术问题，有的系统将侧重提供高数据速率，有的系统将侧重增强机动性或扩大覆盖范围。

1.1.1 移动通信网络分类

当前的移动通信网络种类繁多，分类标准也有所不同[2]，一般情况下，按使用要求和工作场合不同可以分为以下四类。

(1)蜂窝移动通信，即小区制移动通信。其特点是把整个大范围的服务区划分成许多小区，每个小区设置一个基站，其负责本小区各个移动台的联络与控制，各个基站通过移动交换中心相互联系，并与市话局连接。利用超短波电波传播距离有限的特点，离开一定距离的小区可以重复使用频率，以使频率资源可以充分利用。每个小区的用户在 1 000 个以上，全部覆盖区最终的容量可达 100 万用户。

(2)集群移动通信，即大区制移动通信。其特点是只有一个基站，天线高度为几十米至百余米，覆盖半径为 30 km，发射机功率可高达 200 W。用户数为几十至几百户，可以是车载台，也可以是手持台。它们可以与基站通信，也可以通过基站与其他移动台及市话用户通信，基站与市站采用有线网连接。

(3)无绳电话。对于室内外慢速移动的手持智能终端的通信，则采用功率小、通信距离近、轻便的无绳电话机。它们可以经过通信点与市话用户进行单方向或双方向的通信。

(4)卫星移动通信。利用卫星转发信号也可实现移动通信，对于车载移动通信可采用赤道固定卫星，而对手持智能终端，采用中低轨道的多颗星座卫星较为有利。

此外，移动通信网络也可以按以下标准进行分类。比如：按照业务性质可以分为电话业务和数据、传真等非话业务；按照服务对象及作业方式可以分为双向对话式蜂窝公用移动通信、单向或双向对话式专用移动通信；按照移动台活动范围可以分为陆地移动通信、海上移动通信和航空移动通信；按照使用情况可以分为移动电话、单向接收式无线寻呼、集群调度系统、漏泄电缆通信系统、家用无绳电话、无中心选址移动通信系统、无线本地用户环路、卫星移动通信系统和个人通信等。

使用模拟识别信号的移动通信,称为模拟移动通信。为了解决容量增加,提高通信质量和增加服务功能,目前大都使用数字识别信号,即数字移动通信。在制式上则有时分多址(TDMA)和码分多址(CDMA)两种。前者在全世界有欧洲的全球移动通信系统(GSM 系统)、北美的双模制式标准 IS-54 和日本的 JDC 标准。对于码分多址,则有美国 Qualcomnn 公司研制的 IS-95 标准的系统。总的趋势是数字移动通信将取代模拟移动通信,而移动通信将向个人通信发展。进入 21 世纪则成为全球信息高速公路的重要组成部分,移动通信系统及其网络应用将拥有更为辉煌的未来。

1.1.2 移动通信网络的优缺点

移动通信是移动体之间的通信,或移动体与固定体之间的通信。移动体可以是人,也可以是汽车、火车、轮船、收音机等在移动状态中的物体。移动通信系统由空间系统和地面系统两部分组成,其中,地面系统主要包括卫星移动无线电台和天线以及关口站和基站。具有较多标准的移动通信网络存在以下优缺点[3]。

1. 优点

(1)系统容量大。在 CDMA 系统中所有用户共用一个无线信道,当有的用户不讲话时,该信道内的所有其他用户会由于干扰减小而受益。CDMA 数字移动通信系统的容量理论上比模拟网大 20 倍,实际上比模拟网大 10 倍,比 GSM 大 4～5 倍。

(2)通信质量好。CDMA 系统采用确定声码器速率的自适应阈值技术、高性能纠错编码、软切换技术和抗多径衰落的分集接收技术,可提供 TDMA 系统不能比拟的、极高的通信质量。

(3)频带利用率高。CDMA 是一种扩频通信技术,尽管扩频通信系统抗干扰性能的提高是以占用频带带宽为代价的,但是 CDMA 允许单一频带在整个系统区域内可重复使用,使许多用户共用这一频带同时通话,大大提高了频带利用率。这种扩频 CDMA 方式虽然要占用较宽的频带,但按每个用户占用的平均频带来计算,其频带利用率是很高的。

(4)适用于多媒体通信系统。CDMA 系统能方便地使用多码道方式和多帧方式，传送不同速率要求的多媒体业务信息，处理方式和合成方式都比TDMA方式和FDMA方式灵活、简单，有利于多媒体通信系统的应用。

(5)手机发射功率低。CDMA系统通过功率控制，使得CDMA手机尽量降低发射功率，以减少干扰和提高网络容量。

(6)频率规划灵活。用户按不同的码序列区分，扇区按不同的导频码区分，相同的CDMA载波可以在相邻的小区内使用，因此CDMA网络的频率规划灵活，扩展方便。

2. 缺点

(1)移动性。因为要保持物体在移动状态中的通信，所以它必须是无线通信，或无线通信与有线通信的结合。

(2)电波传播条件复杂。因移动体可能在各种环境中运动，故电磁波在传播时会产生反射、折射、绕射、多普勒效应等现象，产生多径干扰、信号传播延迟和展宽等效应。

(3)噪声和干扰严重。城市环境中存在汽车火花噪声、各种工业噪声，移动用户之间互调干扰、邻道干扰、同频干扰等。

(4)系统和网络结构复杂。它是一个多用户通信系统和网络，必须使用户之间互不干扰，能协调一致地工作。此外，移动通信系统还应与市话网、卫星通信网、数据网等互连，整个网络结构是很复杂的。

(5)要求频带利用率高、设备性能好。

1.1.3 移动通信网络面临的挑战

当前，移动通信网络主要面临以下三方面的挑战[4]：

第一，网络容量与频谱短缺。目前，由于国内对移动通信需求度的增长，超高连接和移动数据流量(尤其是视频)所造成的网络容量与频谱短缺问题成为移动通信网络发展的困境之一。随着5G的到来以及互联网在社会各行各业的融入，人们的生活、生产方式已经从传统模式转变为移动互联、智能化模式，市场上推出的各种网络软件、数据平台、云计算服务等都依赖于移动通信技术的支持，而现阶段我国5G在数据业务的支持上仍然处于完善阶段，整体而言，5G技术在网络容量与频谱层面无法充分满足人们各式各样的需求，这也是人们使用网络设备时常常出现网络信号问题的主要原因之一[5]。

第二,能源消耗与资源消耗剧增。能源消耗、资源消耗问题是移动通信网络发展的一大难点。实际上,我国工业和信息化部(以下简称“工信部”)印发的《增强机器类通信系统频率使用管理规定暂行》对移动通信服务所带来的能源消耗、资源消耗事项有明确要求与规定,而且我国一直在政策上加大对绿色通信技术、节能环保技术等的研发运用。但是目前我国移动通信服务领域的数据流量与能源消耗仍然呈线性关系,照此现状,未来可能会随着数据流量的激增导致能源消耗量超过运营商所承受的成本,并且传统的通信服务方式也将会加大对其他资源的损耗[6]。

第三,网络结构及服务模式较为局限。2019年10月底,中国移动通信集团有限公司(以下简称“中国移动”)、中国联合网络通信集团有限公司(以下简称“中国联通”)、中国电信集团有限公司(以下简称“中国电信”)三大通信运营商推出了5G套餐服务,标志我国5G技术已进入商业化阶段。虽然,目前我国一直致力于5G的运用,但是整体上发展推广水平十分有限,这主要是因为5G的网络结构及其服务模式正处于完善、探索阶段。例如,5G与物联网、云计算等先进技术的融合,仍然存在许多待优化的问题,5G在环境监测、智能农业、智慧城市等领域的服务模式仍需要完善,其中,最显著的问题是其使用成本高,很多用户不愿意为5G付出太多成本,导致4G仍然是社会主流趋势,对5G业务的布局造成影响[7]。

1.2 移动通信技术

1.2.1 从1G到4G

现代移动通信以1986年1G发明为标志,经过30多年的爆发式增长,极大地改变了人们的生活方式,并成为推动社会发展的最重要动力之一。下面先来回顾一下从1G到4G的发展历程①。

① https://www.elecfans.com/application/Communication/620322.html.

1．1G 时代:“大哥大”横行的年代

最能代表 1G 时代特征的，是美国摩托罗拉公司在 20 世纪 90 年代推出并风靡全球的大哥大，即移动手提式电话。相信经历过那个年代的人们都还记得，风衣、墨镜、大哥大这样的打扮在那个年代可是身份和财富的象征。大哥大的推出，依赖于第一代移动通信系统(1G)技术的成熟和应用。

1986 年在美国芝加哥诞生的第一代移动通信系统，采用模拟信号传输，即将电磁波进行频率调制后，将语音信号转换到载波电磁波上，载有信息的电磁波发布到空间后，由接收设备接收，并从载波电磁波上还原语音信息，完成一次通话。但各个国家的 1G 通信标准并不一致，使得第一代移动通信并不能“全球漫游”，这大大阻碍了 1G 的发展。同时，由于 1G 采用模拟信号传输，所以其容量非常有限，一般只能传输语音信号，且存在语音品质低、信号不稳定、涵盖范围不够全面、安全性差和易受干扰等问题。

2．2G 时代:诺基亚崛起时代

1994 年，时任中国邮电部部长吴基传用诺基亚 2110 拨通了中国移动通信史上第一个 GSM 电话，中国开始进入 2G 时代。

和 1G 不同的是，2G 采用的是数字调制技术。因此，第二代移动通信系统的容量也在增加，随着系统容量的增加，2G 时代的手机可以上网了，虽然数据传输的速度很慢(9.6～14.4 kb/s)，但文字信息的传输由此开始了，这成为当今移动互联网发展的基础。

2G 时代也是移动通信标准争夺的开始，主要通信标准有以摩托罗拉为代表的 CDMA 美国标准和以诺基亚为代表的 GSM 欧洲标准。最终随着 GSM 标准在全球范围更加广泛地使用，诺基亚击败摩托罗拉成为了全球移动手机行业的霸主，直到苹果手机 iPhone 的诞生。

3．3G 时代:移动多媒体时代的到来

2G 时代，手机只能打电话和发送简单的文字信息，虽然这已经大大提升了效率，但是随着日益增长的图片和视频传输的需要，人们对于数据传输速度的要求日趋高涨，2G 时代的网速显然不能满足这一需求，于是高速数据传输的蜂窝移动通信技术——3G 应运而生。

相比于 2G，3G 依然采用数字数据传输，但通过开辟新的电磁波频谱、制定新的通信标准，使得3G的传输速度可达384 kb/s，在室内稳定环境下甚至有2 Mb/s的水准，是2G时代的140倍。由于采用更宽的频带，传输的稳定性也大大提高。速度的大幅提升和稳定性的提高，使大数据的传送更为普遍，移动通信有更多样化的应用，因此3G被视为是开启移动通信新纪元的重要关键。

2007年，苹果公司发布iPhone，智能手机的浪潮随即席卷全球。从某种意义上讲，终端功能的大幅提升也加快了移动通信系统的演进脚步。2008年，支持3G网络的iPhone 3G发布，人们可以在手机上直接浏览计算机网页，收发邮件，进行视频通话，收看直播，等等，人类正式步入移动多媒体时代。

4. 4G时代：移动互联网时代来临

2013年12月，工信部在其官网上宣布向中国移动、中国电信、中国联通颁发"LTE/第四代数字蜂窝移动通信业务(TD-LTE)"经营许可，也就是4G牌照。至此，移动互联网进入了一个新的时代。

4G是在3G基础上发展起来的，采用更加先进通信协议的第四代移动通信网络。对于用户而言，2G、3G、4G网络最大的区别在于传输速度不同，4G网络作为最新一代通信技术，在传输速度上有着非常大的提升，理论上网速度是3G的50倍，实际体验也在10倍左右，上网速度可以媲美20 M家庭宽带，因此4G网络可以具备非常流畅的速度，观看高清电影、大数据传输速度都非常快。

如今4G已经成为我们生活中不可缺少的基本资源。微信、微博、视频等手机应用成为生活中的必需，我们无法想象离开手机的生活。由此，4G使人类进入了移动互联网的时代。

1.2.2　5G时代：万物互联的时代

随着移动通信系统带宽和能力的增加，移动网络的速率也飞速提升，从2G时代的10 kb/s，发展到4G时代的1 Gb/s，足足增长了10万倍。历代移动通信的发展，都以典型的技术特征为代表，同时诞生出新的业务和应用场景。而5G不同于传统的几代移动通信，5G不再由某项业务能力或者某个典型技术特征所定义，它不仅是更高速率、更大带宽、更强能力的技术，还是一个多业务、多技术融合的网络，更是面向业务应用和用户体验的智能网络，最终打造以用户为中心的信息生态系统。

尽管相关的技术还没有完全定型，但是 5G 的基本特征已经明确：高速率（峰值速率大于 20 Gb/s，相当于 4G 的 20 倍），低时延（网络时延从 4G 的 50 ms 缩减到 1 ms），海量设备连接（满足 1 000 亿量级的连接），低功耗（基站更节能，终端更省电）。

5G 会满足高移动性、无缝漫游和无缝覆盖（现系统间如 HAPS、HDR 与 ITS 间的切换，可以达到真正的无缝覆盖）。从原理上讲，实现宽带高速数据率和高移动性是比较困难的。还有系统性能（如小区的大小、传输数据率等）在很大程度上都要取决于频带。考虑到这些因素，5G 系统将会包括很多个不同的系统，其中将会有专门为提供高速数据率的业务系统，也会研究出专门解决覆盖和移动性问题的其他系统。把几个系统集成在另一个系统内，就可能同时提供高速数据和移动性业务。作为未来系统之间的无缝漫游乃是一个极为重要的概念。这里的无缝漫游将兼有高速数据、高速移动性和宽带固定接续等。

5G 包括几乎所有以前几代移动通信的先进功能。用户可以把 5G 用于手机和其他移动通信设备上网，就好像笔记本电脑宽带上网一样。通过 5G，相机拍照、MP3 录音、视频播放器、手机内存、拨号速度、音频播放器的质量更高。5G 网络中使用的路由器和交换机技术将会提供高连通性。5G 技术分发网络连接建筑物内的节点，可以部署各种有线或无线网络连接。它将会拥有一个全球统一的标准，用户可以同时连接到多个无线接入技术之间，实现无缝移动。5G 网络将是以用户为中心的网络。对用户的服务质量将会成为其考虑的一个重要方向，用户能同时连接多个无线接入技术并可以在它们之间切换。

5G 国际技术标准的重点是满足灵活多样的物联网需要。针对 5G 无线关键技术，它在正交分频多址（OFDMA）和多进多出（MIMO）基础技术上，为支持三大应用场景，采用了灵活的全新系统设计；在频段方面，与 4G 支持中低频不同，考虑到中低频资源有限，5G 同时支持中低频和高频频段，其中中低频满足覆盖和容量需求，高频满足在热点区域提升容量的需求，5G 针对中低频和高频设计了统一的技术方案,并支持百兆赫兹的基础带宽;为了支持高速率传输和更优覆盖,5G采用LDPC、Polar新型信道编码方案、性能更强的大规模天线技术等;为了支持低时延、高可靠,5G采用短帧、快速反馈、多层/多站数据重传等技术。在5G网络关键技术方面,它采用全新的服务化架构,支持灵活部署和差异化业务场景,并采用全服务化设计,模块化网络功能,支持按需调用,实现功能重构;采用服务化描述,易于实现能力开放,有利于引入互联网技术(IT)开发实力,发挥网络潜力;5G支持灵活部署,基于软件定义网络/网络功能虚拟化(SDN/NFV),实现硬件和软件解耦,实现控制和转发分离;采用通用数据中心的云化组网,网络功能部署灵活,资源调度高效;支持边缘计算,云计算平台下沉到网络边缘,支持基于应用的网关灵活选择和边缘分流。通过网络切片满足5G差异化需求,网络切片是指从一个网络中选取特定的特性和功能,定制出的一个逻辑上独立的网络,它使得运营商可以部署功能、特性、服务各不相同的多个逻辑网络,分别为各自的目标用户服务,目前定义了3种网络切片类型,即增强移动宽带、低时延高可靠、大连接物联网。

作为一种新型移动通信网络,5G最终将渗透到经济社会的工业、能源、车联网与自动驾驶、医疗、文旅、智慧城市、信息消费、金融等各行业各领域,成为支撑经济社会数字化、网络化、智能化转型的关键新型基础设施。

比如,在工业领域,5G可以涵盖其研发设计、生产制造、运营管理及产品服务等四个大的工业环节,主要包括16类应用场景,分别为增强现实/虚拟现实(AR/VR)研发实验协同、AR/VR远程协同设计、远程控制、AR辅助装配、机器视觉、AGV物流、自动驾驶、超高清视频、设备感知、物料信息采集、环境信息采集、AR产品需求导入、远程售后、产品状态监测、设备预测性维护、AR/VR远程培训等。5G在电力领域的应用主要面向输电、变电、配电、用电等四个环节开展,应用场景主要涵盖了采集监控类业务及实时控制类业务,包括输电线无人机巡检、变电站机器人巡检、电能质量监测、配电自动化、配网差动保护、分布式能源控制、高级计量、精准负荷控制、电力充电桩等。5G在教育领域的应用主要围绕智慧课堂及智慧校园两方面开展。5G+智慧课堂,凭借5G低时延、高速率特性,结合VR/AR/全息影像等技术,可实现实时传输影像信息,为两地提供全息、互动的教学服务,提升教学体验;5G

智能终端可通过 5G 网络收集教学过程中的全场景数据，结合大数据及人工智能技术，可构建学生的学情画像，为教学等提供全面、客观的数据分析，提升教育教学精准度。5G＋智慧校园，基于超高清视频的安防监控可为校园提供远程巡考、校园人员管理、学生作息管理、门禁管理等应用，解决校园陌生人进校、危险探测不及时等安全问题，提高校园管理效率和水平；基于人工智能（AI）图像分析、地理信息系统（GIS）等技术，可为学生出行、活动、饮食安全等环节提供全面的安全保障服务，让家长及时了解学生的在校位置及表现，打造安全的学习环境。5G 通过赋能现有智慧医疗服务体系，提升远程医疗、应急救护等服务能力和管理效率，并催生 5G＋远程超声检查、远程手术、重症监护等新型应用场景。

未来 5G 将在超密集异构网络、自组织网络、内容分发网络、设备与设备（D2D）通信、机器与机器（M2M）通信、信息中心网络、移动云计算、SDN/NFV、软件定义无线网络（SDWN）、情景感知技术等方向发展。超密集异构网络技术能够扩大无线网络的覆盖范围，对现有蜂窝网络进行补充[8-13]。全双工技术能够使数据在发送线和接收线两个方向上同时进行传送操作，是同时、同频进行双向通信的技术，理论上它可将频谱利用率提高一倍，从而能实现更加灵活的频谱使用[14-17]。基于滤波器组多载波技术（FBMC）采用多个载波信号的多载波通信技术可以解决码间干扰问题。SDN 是一种为了简化配置和维护而虚拟化网络的方式，类似于虚拟化服务器和存储，但作为网络解决方案又不如后者完善。SDN 在实体网络组件与网络管理员之间引入了一层软件，该软件层使得网络管理员可以通过软件接口调整网络设备，而不是不得不手工地配置硬件和物理的接入网络设备。SDWN 是无线网络发展的重要方向，目前仍处于初步研究阶段，在支持异构网络、跨层软件定义、控制策略设计、公开接口、实时移动性、可扩展性和虚拟机迁移等方面存在一定的考验和挑战[18-21]。

1.2.3 6G：下一代通信技术

6G①，即第六代移动通信标准，一个概念性无线网络移动通信技术，也被

① https://baike.so.com/doc/179414－24892699.html.

称为第六代移动通信技术，主要促进的就是互联网的发展。

6G 网络将是一个地面无线与卫星通信集成的全连接世界。通过将卫星通信整合到 6G 移动通信，实现全球无缝覆盖，网络信号能够抵达任何一个偏远的乡村，让深处山区的病人能接受远程医疗，让孩子能接受远程教育。此外，在全球卫星定位系统、电信卫星系统、地球图像卫星系统和 6G 地面网络的联动支持下，地空全覆盖网络还能帮助人类预测天气、快速应对自然灾害等，这就是 6G 未来。6G 不再是简单的网络容量和传输速率的突破，它更是为了缩小数字鸿沟，实现万物互联这个“终极目标”，这便是 6G 的意义。

1. 6G 数据分类及特征

6G 数据的类型随着 6G 服务从通信扩展至感知、计算和 AI 服务等而更加丰富，相比 5G 数据呈现出更加海量、多态、时序、关联的特点。对 6G 数据的合理分类和针对性的分析处理有利于为 6G 网络设计统一的数据服务框架[22]。6G 网络承载的数据包括 6G 网络的用户和终端设备、网络设备和功能、基础设施如云平台，以及算法和应用等产生和消费的数据。

从数据来源、应用范围、时变性、隐私保护要求、存储要求等不同维度，6G 网络中的数据可以划分为用户签约数据、网络数据、物联网(IoT)数据以及 AI 数据[23]。其中，用户签约数据是网络中用户所有与业务相关的签约数据，如是否开启定位业务等。网络数据包括通信感知融合系统产生的感知数据和网络运营数据，即网络运营商从网络设备中获取的用于网络运维管理所需要的数据，包括配置、性能、日志、告警信息等，以及网络感知数据、网络孪生数据等。IoT 数据指 IoT 传感器感知的数据。AI 数据包含分布式网络 AI 训练和推理过程中传递的相关数据，如模型、梯度训练/测试数据等[24-26]。6G 数据分类及其特征[22]见表 1 - 1。

表 1 - 1　6G 数据分类及其特征

类别	数据来源	应用范围	时变性	隐私保护要求	存储要求
用户签约数据	网络/业务用户	网络功能、第三方应用	静态	直接隐私相关	永久存储
网络数据	网络设备和基础设施	网络优化、第三方应用	动态	直接或间接隐私相关	长期存储

续表

类别	数据来源	应用范围	时变性	隐私保护要求	存储要求
IoT数据	传感器	IoT应用、智能决策	动态	直接或间接隐私相关	短期存储
AI数据	AI算法	智能决策	动态	推断隐私	中期存储

6G数据服务是指数据提供者和数据消费者之间进行数据交互和处理。在多数据提供者或多数据消费者的场景中，数据服务有助于维持数据的完整性和可靠性，可以通过数据重用提高数据服务效率和价值变现能力。数据服务基于数据分发和发布的框架，将数据及数据分析处理方法包装为一种服务产品，来满足应用跨域、跨实体的实时数据需求[27]。数据服务应该具备可复用性，同时需要符合企业和工业标准，兼顾数据共享、数据监管和安全防护的需求[28-33]。

6G数据服务旨在支持端到端的数据采集、传输、存储、分析和共享，解决如何将数据方便、高效、安全地提供给网络内部功能或网络外部应用，在遵从隐私安全法律法规的前提下降低数据获取难度，提升数据服务效率和数据消费体验。通过数据服务化实现数据的共享应用，提升数据的一致性；通过平台能力的建设，提供不同的数据服务形式，满足灵活多样的服务需求；通过数据编排实现数据服务的自动化，提升数据服务的敏捷响应能力。

2. 6G相关技术

6G的数据传输速率可能达到5G的50倍，时延缩短到5G的1/10，在峰值速率、时延、流量密度、连接数密度、移动性、频谱效率、定位能力等方面远优于5G[34]。

6G相关技术主要包括太赫兹频段和空间复用技术[35]。

(1)太赫兹频段。6G将使用太赫兹(THz)频段，且6G网络的“致密化”程度也将达到前所未有的水平，届时，人们的周围将充满小基站。太赫兹频段是指100 GHz～10 THz，是一个频率比5G高出许多的频段。从通信1G(0.9 GHz)到4G(1.8 GHz以上)，人们使用的无线电磁波的频率在不断升高。因为频率越高，允许分配的带宽范围越大，单位时间内所能传递的数据量就越大,也就是人们通常说的“网速变快了”。频段向高处发展的另一个主要原因在于低频段的资源有限。就像一条公路,即便再宽阔,所容纳车数量也是有限的。当道路不够用时,车辆就会阻塞无法畅行,此时就需要考虑开发另一条道路。频谱资源也是如此,随着用户数和智能设备数量的增加,有限的频谱带宽就需要服务更多的终端,这会导致每个终端的服务质量严重下降。而解决这一问题的可行的方法便是开发新的通信频段,拓展通信带宽。我国三大运营商的 4G 主力频段位于1.8～2.7 GHz 之间的一部分频段,而国际电信标准组织定义的 5G 的主流频段是 3～6 GHz,属于毫米波频段。到了 6G,将迈入频率更高的太赫兹频段,这个时候也将进入亚毫米波的频段。中国科学院国家天文台研究员苟利军告诉《互联网周刊》说:“太赫兹在天文中被称为亚毫米,这类天文台的站点一般很高而且很干燥,比如南极,还有智利的阿塔卡马沙漠。”那么,为什么说到了 6G 时代网络“致密化”,我们的周围会充满小基站？这就涉及基站的覆盖范围问题,也就是基站信号的传输距离问题。一般而言,影响基站覆盖范围的因素比较多,比如信号的频率、基站的发射功率、基站的高度、移动端的高度等。就信号的频率而言,频率越高则波长越短,因此信号的绕射能力(也称衍射,在电磁波传播过程中遇到障碍物,这个障碍物的尺寸与电磁波的波长接近时,电磁波可以从该物体的边缘绕射过去。绕射可以帮助进行阴绕射和阴影区域的覆盖)就越差,损耗也就越大。这种损耗会随着传输距离的增大而增大,基站所能覆盖到的范围会随之降低。6G 信号的频率已经在太赫兹级别,而这个频率已经接近分子转动能级的光谱了,很容易被空气中的被水分子吸收掉,因此在空间传播的距离不像 5G 信号那么远,故 6G 需要更多的基站“接力”。5G 使用的频段要高于 4G,在不考虑其他因素的情况下,5G 基站的覆盖范围自然要比 4G 的小。到了频段更高的 6G,基站的覆盖范围会更小。因此,5G 的基站密度要比 4G 高很多,而在 6G 时代,基站密集度将无以复加。

当前,太赫兹技术在很多应用中很广。比如医疗中的皮肤成像和牙科诊断、非破坏性的安全筛选和检测不需要的材料等,但最常见的还是它被认为可以产生低延时和快速的无线数据传输,同时减少拥塞。太赫兹光子学组件研究已获重大突破,有助于造出廉价紧凑型量子级联激光器等,这些都加速了 6G 电信连接的实现。

(2)空间复用技术。6G将使用“空间复用技术”,6G基站将可同时接入数百个甚至数千个无线连接,其容量将可达到5G基站的1 000倍。前面说到6G将要使用的是太赫兹频段,虽然这种高频段频率资源丰富,系统容量大,但是使用高频率载波的移动通信系统要面临改善覆盖和减少干扰的严峻挑战。

当信号的频率超过10 GHz时,其主要的传播方式就不再是衍射。对于非视距传播链路来说,反射和散射才是主要的信号传播方式。同时,频率越高,传播损耗越大,覆盖距离越近,绕射能力越弱。这些因素都会大大增加信号覆盖的难度。不只是6G,处于毫米波段的5G也是如此。而5G则是通过大规模MIMO和波束赋形这两个关键技术来解决此类问题的。手机信号连接的是运营商的基站,更准确一点,是基站上的天线。大规模多进多出(MIMO)技术说起来简单,它其实就是通过增加发射天线和接收天线的数量,即设计一个多天线阵列来补偿高频路径上的损耗。在MIMO多副天线的配置下可以提高传输数据数量,而这用到的便是空间复用技术。在发射端,高速率的数据流被分割为多个较低速率的子数据流,不同的子数据流在不同的发射天线上在相同频段上发射出去。由于发射端与接收端的天线阵列之间的空域子信道足够不同,接收机能够区分出这些并行的子数据流,而不需付出额外的频率或者时间资源。这种技术的好处就是,它能够在不占用额外带宽、消耗额外发射功率的情况下增加信道容量,提高频谱利用率。不过,MIMO的多天线阵列会使大部分发射能量聚集在一个非常窄的区域。也就是说,天线数量越多,波束宽度越窄。这一点的好处在于,不同的波束之间、不同的用户之间的干扰会比较少,因为不同的波束都有各自的聚焦区域,这些区域都非常小,彼此之间不怎么有交集。但是它也带来了另外一个问题:基站发出的窄波束不是360°全方向的,该如何保证波束能覆盖到基站周围任意一个方向上的用户?这时候,便是波束赋形技术大显神通的时候了。简单来说,波束赋形技术就是通过复杂的算法对波束进行管理和控制,使之变得像“聚光灯”一样。这些“聚光灯”可以找到手机都聚集在哪里,然后更为聚焦地对其进行信号覆盖。5G采用的是MIMO技术提高频谱利用率。而6G所处的频段更高,MIMO未来的进一步发展很有可能为6G提供关键的技术支持。

1.3　移动通信协议

在移动通信网络中，网络体系是完成通信的重中之重，因为网络体系是为了完成计算机之间的通信合作，把每个计算机互联网的功能划分有明确定义的层次，规定了同层次进程通信的协议及相邻层之间的接口及服务[36]。而在通信涉及的所有部分都必须认同一套用于信息交换的规则，这种认同称为协议。

协议是用来描述进程之间信息交换过程的术语。通过通信信道和设备互联起来的多个不同地理位置的计算机系统，要实现信息交换和资源共享，达到协调工作的目的，就必须具有共同的语言，必须遵守某种相互都能接受的规则，为进行计算机网络中的数据交换而建立的规则、标准和约定等的集合即网络协议。通常，网络协议包括三个要素。第一，语义，它是对协议元素的含义进行的解释；第二，语法，它是对信息的数据结构的一种规定；第三，同步，它是对事件实现顺序的详细说明。显然，协议本质上是网络通信时所使用的一种语言。

互联网（Internet）是处于世界各地的各种不同的物理网络连接在一起构成的一个统一网络，当这个网络中的计算机通过 Internet 相互进行通信时，它们都必须遵守一个共同的协议，就是 TCP/IP[37]。

1.3.1　TCP/IP

TCP/IP 并不是单独的一个或两个协议，而是一组网络协议的集合，它主要包括两个重要协议，即 TCP（传输控制协议）和 IP（互联协议），同时它也包含了其他协议。

TCP/IP 是 Internet 最基本的协议，它在一定程度上参考了七层开放式系统互联（OSI）模型。OSI 模型共有七层，从下到上分别是物理层、数据链路层、网络层、传输层、会话层、表示层和应用层。但是这显然是有些复杂的，因此在 TCP/IP 中，七层被简化为了四个层次。TCP/IP 模型中的各种协议，依其功能不同，被分别归属到这四层之中，常被视为简化过后的七层 OSI

模型。TCP/IP 与七层 OSI 模型的对应关系如图 1-1 所示。

<table>
<tr><th colspan="2">OSI 参考模型</th><th>TCP/IP 协议</th></tr>
<tr><td>7</td><td>应用层</td><td rowspan="3">应用层
HTTP/FTP/SMTP/Telnet</td></tr>
<tr><td>6</td><td>表示层</td></tr>
<tr><td>5</td><td>会话层</td></tr>
<tr><td>4</td><td>传输层</td><td>传输层 TCP/UDP</td></tr>
<tr><td>3</td><td>网络层</td><td>网络层 ICMP/IP/IGMP</td></tr>
<tr><td>2</td><td>数据链路层</td><td rowspan="2">链路层 ARP/RARP</td></tr>
<tr><td>1</td><td>物理层</td></tr>
</table>

图 1-1　TCP/IP 与七层 OSI 模型的对应关系

TCP/IP① 的应用层的主要协议有万维网服务(HTTP)、Internet 远程登录服务的标准协议(Telnet)、文件传输协议(FTP)、简单邮件传送协议(SMTP)等，是用来读取来自传输层的数据或者将数据传输写入传输层；传输层的主要协议有无用户数据报协议(UDP)、TCP，实现端对端的数据传输；网络层的主要协议有互联网控制报文协议(ICMP)、IP、互联网组管理协议(IGMP)，主要负责网络中数据包的传送等；链路层有时也称作数据链路层或网络接口层，主要协议有地址解析协议(ARP)、反向地址解析协议(RARP)，通常包括操作系统中的设备驱动程序和计算机中对应的网络接口卡，它们一起处理与传输媒介(如电缆或其他物理设备)的物理接口细节。

1. TCP/IP 的应用层

应用层包括所有和应用程序协同工作，并利用基础网络交换应用程序的业务数据的协议。一些特定的程序被认为运行在这个层上，该层协议所提供的服务能直接支持用户应用。应用层协议包括 HTTP、FTP、SMTP、安全远程登录(SSH)、域名解析(DNS)以及许多其他协议。

2. TCP/IP 的传输层

传输层的协议，解决了诸如端到端可靠性问题，能确保数据可靠地到达目的地，甚至能保证数据按照正确的顺序到达目的地。传输层的主要功能大

① https://www.cnblogs.com/crazymakercircle/p/14499211.html.

致如下：

(1)为端到端连接提供传输服务；

(2)这种传输服务分为可靠的和不可靠的，其中TCP是典型的可靠传输，而UDP则是不可靠传输；

(3)为端到端连接提供流量控制、差错控制、服务质量(QoS)等管理服务。

传输层主要有两个性质不同的协议：TCP和UDP。

TCP是一个面向连接的、可靠的传输协议，它提供一种可靠的字节流，能保证数据完整、无损并且按顺序到达。TCP尽量连续不断地测试网络的负载并且控制发送数据的速度以避免网络过载。另外，TCP试图将数据按照规定的顺序发送。

UDP是一个无连接的数据报协议，是一个“尽力传递”和“不可靠”协议，不会对数据包是否已经到达目的地进行检查，并且不保证数据包按顺序到达。

总体来说，TCP传输效率低，但可靠性强；UDP传输效率高，但可靠性略低，适用于传输可靠性要求不高、体量小的数据(比如QQ聊天数据)。

3. TCP/IP的网络层

TCP/IP网络层的作用是在复杂的网络环境中为要发送的数据报找到一个合适的路径进行传输。简单来说，网络层负责将数据传输到目标地址，目标地址可以是多个网络通过路由器连接而成的某一个地址。另外，网络层负责寻找合适的路径到达对方计算机，并把数据帧传送给对方，网络层还可以实现拥塞控制、网际互连等功能。网络层协议的代表包括ICMP、IP、IGMP等。

4. TCP/IP的链路层

链路层有时也称作数据链路层或网络接口层，用来处理连接网络的硬件部分。该层既包括操作系统硬件的设备驱动、网卡(NIC)、光纤等物理可见部分，还包括连接器等一切传输媒介。在这一层，数据的传输单位为bit。其主要协议有ARP、RARP等。

1.3.2　移动IP

国际互联层也称IP层，它的主要功能是解决主机与主机之间的通信问题，以及建立互联网络。网间的数据报可根据它携带的目的IP地址，通过路由器由一个网络传送到另一个网络。

随着 Internet 的迅猛发展，手机、平板、腕表、笔记本电脑等智能设备的日益普及，以及蜂窝移动通信网数据传输速率的不断增加，用户产生了对主机移动性的需求，即希望主机接入 Internet 时能够不断地改变其所处位置，而无需中断已有的通信连接。为此，移动 IP 工作组互联网工作任务组(IETF)提出了移动 IP 协议①，它是一套新的 IP 路由机制和协议，是为解决 Internet 中节点的移动性而引入的网络层协议，是 IP 协议族中的一个组成部分。移动 IP 的目的是为 Internet 提供移动计算功能，满足网络节点在位置移动的同时，保持正在进行通信过程而不需要重新启动以及 IP 参数的重新配置，并能够随时随地从网络上获取数据、共享网络资源和服务。

作为网络层的一种通信协议，移动 IP 使计算机在不改变 IP 地址的前提下，可以实现跨越不同网段进行网络通信，它定义了如下 3 种功能实体。

(1)移动主机(Mobile Host)。移动 IP 中每个移动主机在本地链路上都有一个唯一的本地地址，当它漫游到外地网络时，将获得一个临时的转交地址(Car of Address)。移动主机可以将接入 Internet 的位置从一条链路切换到另一条链路上，仍保持正在进行的通信。

(2)本地代理(Home Agent)。它是一台与移动主机 Home 网络相连的路由器，也称归属代理。当移动主机位置切换时，Home 代理负责维护移动主机当前位置信息，处理和响应移动主机注册请求消息。

(3)外部代理(Foreign Agent)。它是移动主机所在外地链路上的一台路由器。一方面为移动主机提供转交地址，帮助移动主机将转交地址通知本地代理，另一方面，可帮助转发来自本地代理的数据包。外部代理还可以作为连在外地链路上移动主机的缺省路由器(Default Router)。

移动 IP 的工作原理大体上分为代理发现、转交地址注册/取消、数据收发三个部分。

1. 代理发现

首先，本地代理或外部代理会在它们自己的链路上通过定期的广播或采

① https://baike.so.com/doc/1183207-1251640.html.

用多播的形式发送代理广告，代理广告中包含该代理的 IP 地址。

然后，移动节点收到代理广告信息，说明节点所处的链路存在代理。也就是说，移动节点将自身的 IP 地址与获得的代理广告中代理的 IP 地址进行对比，如果两个 IP 地址具有相同的网络前缀，则移动节点在本地链路，否则在外部链路。

最后，当判断出移动节点已经从本地链路移动到外部链路时，会从外部代理发送的代理广告中的转交地址栏中获得一个转交地址。

2. 转交地址注册/取消

转交地址注册：是指移动节点将在外部链路上获得的转交地址告知本地代理，过程如下：

第一，移动节点将注册请求数据包发送给外部代理，该注册请求数据包主要包括移动节点的地址、移动节点转交 IP 地址、移动节点的本地代理 IP 地址以及注册生命周期。

第二，外部代理收到注册请求后，进行有效性检查。如果检查请求无效，外部代理向移动节点注册回复，拒绝该请求。如果检查请求有效，外部代理将注册中继给本地代理。

第三，本地代理收到注册请求后，进行有效性检查。如果检查无效，本地代理向外部代理发送注册回复，拒绝该请求，外部代理将拒绝请求消息中继给移动节点。如果检查有效，本地代理在本地映射表中添加移动节点的本地 IP 地址与转交地址的映射，然后将这个映射关系向外部代理发送，外部代理将映射关系记录下来，将注册答复消息中继给移动节点。

转交地址取消：是指当移动节点从外部链路回到本地链路时，移动节点向本地代理发送取消注册的请求，过程如下：

第一，移动节点向本地代理发送取消注册请求。

第二，取消请求的数据包的转交地址变成移动节点的本地 IP 地址。

第三，本地代理收到该消息，将映射表中移动节点的本地 IP 地址与转交地址对应关系删除。

3. 数据收发

数据收发包括数据的接收与发送。

数据接收的三个步骤如下：

第一，本地代理截取目的地址为移动节点 IP 的数据包。

第二，本地代理以转交地址为目的地址，将获得的数据包进一步封装，封装时，源地址为本地 IP 地址，目的地址为转交地址。

第三，外部代理接收到本地代理发送的数据包，将数据包进行解封装，获得内部数据包交给路由软件处理，路由软件会根据数据包的目的地址和路由表中的信息，选择一个合适的接口发送给移动节点，此时，移动节点和外部代理在同一个链路上。

数据发送采用反隧道技术，过程如下：

第一，移动节点将要发送的数据包(源地址为移动 IP 的本地 IP 地址，目标地址为目标计算机 IP 地址)进行进一步封装，封装后的数据包源地址为转交地址，目的地址为外部代理地址。

第二，外部代理收到数据包后，发现源地址为自己提供的转交地址，外部代理对数据包进行解包，再进一步封装，这次封装的数据包的源地址为外部代理地址，目标地址为移动节点的本地代理地址。

第三，本地代理收到数据包后，对数据包进行解压，将得到源 IP 数据包，根据路由发送到目标计算机。

在移动 IP 的工作过程中，有效地解决了移动主机在子网间漫游通信的问题。但是，路由上却存在问题。首先，当移动主机发送数据时，不管它在本地网络还是在外地网络，它始终保留了它的本地网络地址，当它发送数据包时，可以用通常的 IP 协议发送。其次，数据包在网络中运行时间过长，浪费了网络资源，增加了网络负担。随着通信业务的飞速发展，IPv4 已经不适合现行网络，因此又实行了下一代网际协议 IPv6、SIP、SMPP 蓝牙传输协议以及 WAP。

1.3.3 IPv6 协议

IPv4 最大的问题在于网络地址资源不足，严重制约了互联网的应用和发展。IPv6[38]是 IETF 设计的用于替代 IPv4 的下一代 IP，其地址数量号称可以为全世界的每一粒沙子编上一个地址。IPv6 的使用，不仅能解决网络地址资源数量的问题，还解决了多种接入设备连入互联网的障碍。

相较于IPv4,IPv6具有诸多优点,比如,能够提供巨大的地址空间。IPv6的地址长度为128位,是IPv4地址长度的4倍,于是IPv4点分十进制格式不再适用,采用十六进制表示。此外,IPv6还可以实现转交地址的配置、路由的优化,以及对网络资源进行预分配,同时它取消了外地代理。IPv6的工作机制如下:

首先,移动节点采用支持IPv6的路由器搜索确定它的转交地址。

(1)移动节点连接在它的本地链路上时与任何固定的主机和路由器一样工作。

(2)当移动节点连接在它的外部链路上时,它采用IPv6定义的地址自动配置方法得到外部链路上的转交地址。由于移动IPv6没有外部代理,所以移动IPv6中唯一的一种转交地址是配置转交地址,移动节点用接收的路由器广播报文中的M位来决定采用哪一种方法。如果M位为0,那么移动节点采用被动地址自动配置,否则移动节点采用主动地址自动配置。

其次,移动节点将它的转交地址通知给本地代理。

再次,如果可以保证操作时的安全性,移动节点也将它的转交地址通知几个通信节点。移动IPv6采用布告过程通知移动节点本地代理或其他节点它当前的转交地址,移动IPv6中的布告和移动IPv4中的注册有很大的不同。在移动IPv4中,移动节点通过UDP/IP包中携带的注册信息将它的转交地址告诉本地代理,相反地,移动IPv6中的移动节点用目的地址可选项(Desination Options)来通知其他节点它的转交地址。

最后,移动IPv6中同时采用隧道和源路由技术向连接在外地链路上的移动节点传送数据包。

(1)知道移动节点的转交地址的通信节点可以利用IPv6选路报头直接将数据包发送给移动节点,这些包不需要经过移动节点的本地代理,它们将经过从始发点到移动节点的一条优化路由。

(2)如果通信节点不知道移动节点的转交地址,那么它就像向其他任何固定节点发送数据包那样向移动节点发送数据包。这时,通信节点只是将移动节点的本地地址(即它知道的唯一地址)放入目的IPv6地址域中,并将它自己的地址放在源IPv6地址域中,然后将数据包转发到合适的下一跳上(这由它的IPv6路由表决定)。

1.3.4 SIP

SIP 是由 IETF 制定的多媒体通信协议[①]。其广泛应用于电路交换(CS)、下一代网络(NGN)以及 IP 多媒体子系统(IMS)的网络中,可以支持并应用于语音、视频、数据等多媒体业务,同时也可以应用于呈现即时消息等特色业务。可以说,有 IP 网络的地方就有 SIP 的存在。

SIP 是一个基于文本的应用层控制协议,用于创建、修改和释放一个或多个参与者的会话。这些会话可以是 Internet 多媒体会议、IP 电话或多媒体分发。会话的参与者可以通过组播(multicast)、网状单播(unicast)或两者的混合体进行通信。使用 SIP,服务提供商可以随意选择标准组件。不论媒体内容和参与方数量,用户都可以查找和联系对方。SIP 对会话进行协商,以便所有参与方都能够就会话功能达成一致以及进行修改。它甚至可以添加、删除或转移用户。

SIP 既不是会话描述协议,也不提供会议控制功能。为了描述消息内容的负载情况和特点,SIP 使用 Internet 的会话描述协议(SDP)来描述终端设备的特点。SIP 自身也不提供 QoS,它与负责语音质量的资源预留协议(RSVP)互操作。它还与若干个其他协议协作,包括负责定位的轻型目录访问协议(LDAP)、负责身份验证的远程身份验证拨入用户服务(RADIUS)以及负责实时传输的 RTP 等多个协议。

SIP 的一个重要特点是它不定义要建立的会话的类型,而只定义应该如何管理会话。有了这种灵活性,也就意味着 SIP 可以用于众多应用和服务中,包括交互式游戏、音乐和视频点播以及语音、视频和 Web 会议。SIP 消息是基于文本的,因而易于读取和调试。新服务的编程更加简单,对于设计人员而言更加直观。SIP 如同电子邮件客户机一样重用 MIME 类型描述,因此与会话相关的应用程序可以自动启动。SIP 重用几个现有的比较成熟的 Internet 服务和协议,如 DNS、RTP、RSVP 等。不必再引入新服务对 SIP 基础设施提供支持,因为该基础设施很多部分已经到位或现成可用。

---

① https://baike.so.com/doc/6779522-6995627.html.

对 SIP 的扩充易于定义，可由服务提供商在新的应用中添加，不会损坏网络。网络中基于 SIP 的旧设备不会妨碍基于 SIP 的新服务。例如，如果旧 SIP 实施不支持新的 SIP 应用所用的方法/标头，则会将其忽略。

SIP 独立于传输层。因此，底层传输可以是采用 ATM 的 IP。SIP 使用 UDP 以及 TCP，将独立于底层基础设施的用户灵活地连接起来。SIP 支持多设备功能调整和协商。如果服务或会话启动了视频和语音，则仍然可以将语音传输到不支持视频的设备，也可以使用其他设备功能，如单向视频流传输功能。

SIP 较为灵活，可扩展，而且是开放的。它激发了 Internet 以及固定和移动 IP 网络推出新一代服务的威力。SIP 能够在多台个人计算机和电话上完成网络消息，模拟 Internet 建立会话。今天，越来越多的运营商、竞争本地运营商(CLEC)和 IP 电话服务商(ITSP)都在提供基于 SIP 的服务，如市话和长途电话技术、在线信息和即时消息、IP Centrex/Hosted PBX、语音短信、按键通话(push-to-talk)、多媒体会议等。独立软件供应商(ISV)正在开发新的开发工具，用来为运营商网络构建基于 SIP 的应用程序以及 SIP 软件。网络设备供应商(NEV)正在开发支持 SIP 信令和服务的硬件。现在，有众多 IP 电话、用户代理、网络代理服务器、VOIP 网关、媒体服务器和应用服务器都在使用 SIP。

此外，与存在已久的国际电信联盟(ITU)SS7 标准(用于呼叫建立)和 ITU H.323 视频协议组合标准不同，SIP 独立工作于底层网络传输协议和媒体。它规定一个或多个参与方的终端设备如何能够建立、修改和中断连接，而不论是语音、视频、数据或基于 Web 的内容。

同时，SIP 大大优于现有的一些协议，如将公共交换电话网络(PSTN)音频信号转换为 IP 数据包的媒体网关控制协议(MGCP)。因为 MGCP 是封闭的纯语音标准，所以通过信令功能对其进行增强比较复杂，有时会导致消息被破坏或丢弃，从而妨碍提供商增加新的服务。而使用 SIP，编程人员可以在不影响连接的情况下在消息中增加少量新信息。例如，SIP 服务提供商可以建立包含语音、视频和聊天内容的全新媒体。如果使用 MGCP、H.323 或 SS7 标准，则提供商必须等待可以支持这种新媒体的协议新版本。而如果使用 SIP，尽管网关和设备可能无法识别该媒体，但在两个大陆上设有分支机构的公司可以实现媒体传输。

因为 SIP 的消息构建方式类似于超文本传输协议(HTTP),所以开发人员能够更加便捷地使用通用的编程语言(如 Java)来创建应用程序。对于等待了数年希望使用 SS7 和高级智能网络(AIN)部署呼叫等待、主叫号码识别以及其他服务的运营商,现在如果使用 SIP,只需数月时间即可实现高级通信服务的部署。这种可扩展性已经在越来越多基于 SIP 的服务中取得重大成功。Vonage 是针对用户和小企业用户的服务提供商。它使用 SIP 向用户提供 20 000 多条数字市话、长话及语音邮件线路。Deltathree 为服务提供商提供 Internet 电话技术产品、服务和基础设施。它提供了基于 SIP 的 PC 至电话解决方案,使 PC 用户能够呼叫全球任何一部电话。Denwa 通讯公司在全球范围内批发语音服务。它使用 SIP 提供 PC 至 PC 及电话至 PC 的主叫号码识别、语音邮件,以及电话会议、统一通信、客户管理、自配置和基于 Web 的个性化服务。

某些权威人士曾预计,SIP 与 IP 的关系或许会发展成为类似 SMTP 和 HTTP 与 Internet 的关系,也可能成为 AIN 终结的标志。在 21 世纪初,SIP 曾被选作下一代移动网络的会话控制机制。Microsoft 曾将 SIP 作为其实时通信策略并在 Microsoft XP、Pocket PC 和 MSN Messenger 中进行了部署,当时也宣布了 CE dot net 的下一个版本会使用基于 SIP 的 VoIP 应用接口层,并承诺向用户 PC 提供基于 SIP 的语音和视频呼叫。

另外,MCI 正在使用 SIP 向 IP 通信用户部署高级电话技术服务。用户将能够通知主叫方自己是否有空以及首选的通信方式,如电子邮件、电话或即时消息。利用在线信息,用户还能够即时建立聊天会话和召开音频会议。使用 SIP 将不断地实现各种功能。

1.3.5 其他移动通信协议

1. SMPP

SMPP[①] 是一个开放的消息转换协议;它定义了一系列操作的协议数据

① https://baike.so.com/doc/6953460-7175869.html.

单元(Protocol Data Unit,PDU)和当 SMPP 运行时 ESMS 应用系统与短消息中心(SMSC)之间交换的数据格式,从而完成(SMSC)与外部短消息实体(ESMEs)的信息交换。SMPP 是基于 SMSC 与 ESME 之间的请求和响应协议数据单元的交换,每一个 SMPP 操作都由一个请求 PDU 和相应的一个响应 PDU 组成,并且这种交换是在 TCP/IP 或 x.25 网络连接之上的。

SMPP 协议解决的是移动网络之外的短消息实体与短消息中心的交互问题,即允许移动网络之外的 ESMEs 连接短消息中心 SMSC 来提交和接收短消息。任何 SMPP 操作都包含请求 PDU(Request Protocol Data Unit)和与之对应的回应 PDU(Response Protocol Data Unit)。SMPP 把 ESMEs 分类为 Transmitter/Receiver/Transceiver 三种交互方式,分别对应仅提交短消息/仅接收短消息/提交和接收短消息三种形态。SMPP 会话有 5 种状态,即 OPEN/BOUND_TX/BOUND_RX/BOUND_TRX/CLOSED。

2. 蓝牙传输协议

蓝牙传输协议①指的是蓝牙协议层,包括逻辑链路控制和适配协议(L2CAP)、无线射频通信(RFCOMM)和业务搜索协议(SDP)。L2CAP 提供分割和重组业务。支持协议主要指的是蓝牙协议层,包括逻辑链路控制和适配协议(L2CAP)、无线射频通信(RFCOMM)和业务搜索协议(SDP)。L2CAP 提供分割和重组业务。RFCOMM 是用于传统串行端口应用的电缆替换协议。SDP 包括一个客户/服务器架构,负责侦测或通报其他蓝牙设备。

3. WAP 协议

无线应用通信协议(WAP),是一项全球性的网络通信协议[38]。它使移动 Internet 有了一个通行的标准,其目标是将 Internet 的丰富信息及先进的业务引入到移动电话等无线终端之中。WAP 定义可通用的平台,把目前 Internet 上 HTML 语言的信息转换成用 WML 描述的信息,显示在移动电话的显示屏上。WAP 只要求移动电话和 WAP 代理服务器的支持,而不要求现有的移动通信网络协议做任何改动,因而可以广泛地应用于 GSM、CDMA、TDMA、3G 等多种网络。

---

① https://baike.so.com/doc/7889272-8163367.html.

WAP 使得那些持有小型无线设备诸如可浏览 Internet 的移动电话和掌上电脑等的用户也能实现移动上网以获取信息。WAP 顾及了那些设备所受的限制并考虑到了这些用户对于灵活性的要求。

1.4 本章小结

随着手机、平板电脑、腕表及其他可穿戴设备等智能设备的迅速普及，人们对其所提供服务的响应时长、安全性、应用质量等性能有了更高的要求。为了适应这些变化和需求，移动通信网络、技术及协议等也有了相应的改变和优化。本章分别对以上相关内容进行了简要的介绍，主要包括三个方面：①移动通信网络的概念、分类、优缺点及其面临的挑战；②传统移动通信技术 1G 到 4G、万物互联时代的 5G 技术和下一代通信技术 6G 的数据特征、分类及相关技术；③TCP/IP 协议、移动 IP 协议、IPv6 协议、SIP 协议等主要移动通信协议以及 SMPP 协议、蓝牙传输协议和 WAP 协议等相关移动通信协议。

参考文献

[1] 赵飞龙，王丽莉. 第五代移动通信网络多站定位精度分析与提升方法[J/OL]. 物联网学报：1－12[2023－05－26]. http://kns.cnki.net/kcms/detail/10.1491.TP.20230524.1532.002.html.

[2] 李会志，袁超伟. 移动通信网络 KPI 指标分类方法研究[J]. 信息网络安全，2014(12)：56－60.

[3] 陈立. 4G 移动通信采用的关键技术与网络的主要优缺点分析[J]. 计算机光盘软件与应用，2014，17(10)：295.

[4] 韩金燕. 移动通信网络发展及其网络规划研究[J]. 自动化应用，2023，64(5)：17－19.

[5] 文华炯. LTE(4G)在中国的发展现状及基站建设监理工作的探讨：以LTE(4G)移动通信基站建设为例[J]. 城市建设理论研究(电子版)，2015(11)：550－551.

[6] 孙莉娜. 基于网络参数规划探析计算移动通信网络范围覆盖方略:以丹东市新城区3G网络优化项目为例[J]. 电子测试，2015(21):70-71.

[7] 黄靳哲，彭戈，帅彬彬，等. 基于成本对比的典型场景5G室内覆盖演进方案研究:以中国移动5G网络为例[J]. 长江信息通信，2021，34(5):165-168.

[8] 郭兵，沈艳，邵子立. 绿色计算的重定义与若干探讨[J]. 计算机学报，2009，32(12):2311-2319.

[9] 黎远松，梁金明. 基于移动云计算架构下的能效保护研究[J]. 火力与指挥控制，2015，40(8):150-154.

[10] 过敏意. 绿色计算:内涵及趋势[J]. 计算机工程，2010，36(10):1-7.

[11] WANG X B, HAN G J, DU X J, et al. Mobile cloud computing in 5G: Emerging trends, issues, and challenges[J]. IEEE Network, 2015, 29(2):4-5.

[12] GE J, YAO H B, WANG X, et al. Stretchable conductors based on silver nanowires: improved performance through a binary network design[J]. Angewandte Chemie, 2013, 52(6): 1654-1659.

[13] MASTELIC T, OLEKSIAK A, CLAUSSEN H, et al. Cloud computing: survey on energy efficiency[J]. ACM Computing Surveys, 2015, 47(2):1-36.

[14] GHANI I, NIKNEJAD N, JEONG S R. Energy saving in green cloud computing data centers: a review[J]. Journal of Theoretical and Applied Information Technology, 2015, 74(1):16-30.

[15] BELOGLAZOV A, BUYYA R, LEE Y C, et al. A taxonomy and survey of energy-efficient data centers and cloud computing systems[J]. Advances in Computers, 2011, 82(2): 47-111.

[16] BERL A, GELENBE E, GIROLAMO M D, et al. Energy-efficient cloud computing[J]. Computer Journal, 2010, 53(7):1045-1051.

[17] BELOGLAZOV A, ABAWAJY J, BUYYA R. Energy-aware resource allocation heuristics for efficient management of data centers for cloud computing[J]. Future Generation Computer Systems, 2012,

28(5)：755－768.

[18] BUYYA R，BELOGLAZOV A，ABAWAJY J. Energy-efficient management of data center resources for cloud computing：a vision，architectural elements，and open challenges[J]. Eprint Arxiv，2010，12(4)：6－17.

[19] SUBIRATS J，GUITART J. Assessing and forecasting energy efficiency on cloud computing platforms[J]. Future Generation Computer Systems，2015，45：70－94.

[20] KAUR T，CHANA I. Energy efficiency techniques in cloud computing：a survey and taxonomy[J]. Acm Computing Surveys，2015，48(2)：1－46.

[21] BORU D，KLIAZOVICH D，GRANELLI F，et al. Energy-efficient data replication in cloud computing datacenters[J]. Cluster Computing，2015，18(1)：385－402.

[22] 严学强，程冠杰，邓水光，等. 6G移动通信网络数据服务与数据面[J]. 物联网学报，2023，7(01)：60－72.

[23] 6GANA. 6G数据服务概念与需求[R]. [S. l.]：S. n.，2022.

[24] LIANG W X，TADESSE G A，HO D，et al. Advances，challenges and opportunities in creating data for trustworthy AI[J]. Nature Machine Intelligence，2022，4(8)：669－677.

[25] QIAO L，LI Y，CHEN D. A survey on 5G/6G，AI，and robotics[J]. Computers and Electrical Engineering，2021，95：107372.

[26] ALI KHOWAJA S，DEV K，QURESHI N M F，et al. Toward industrial private AI：a two-tier framework for data and model security[J]. IEEE Wireless Communications，2022，29(2)：76－83.

[27] ALOQAILY M，RIDHAWI I A，SALAMEH H B，et al. Data and service management in densely crowded environments：challenges，opportunities，and recent developments[J]. IEEE Communications Magazine，2019，57(4)：81－87.

[28] WHITE T，BLOK E，CALHOUN V D. Data sharing and privacy issues in neuroimaging research：opportunities，obstacles，challenges，and

monsters under the bed[J]. Human Brain Mapping，2022，43(1)：278－291.

[29] FENG C S，YU K P，BASHIR A K，et al. Efficient and secure data sharing for 5G flying drones：a blockchain-enabled approach[J]. IEEE Network，2021，35(1)：130－137.

[30] PEUKERT C，BECHTOLD S，BATIKAS M，et al. Regulatory spillovers and data governance：evidence from the GDPR[J]. Marketing Science，2022，41(4)：746－768.

[31] JERNITE Y，NGUYEN H，BIDERMAN S，et al. Data governance in the age of large-scale data-driven language technology[C]//2022 ACM Conference on Fairness，Accountability，and Transparency. New York：ACM,2022.

[32] HAN C C，CHENCHEN HAN G J K，GWANG-JUN KIM O A，et al. ZT-BDS：asecure blockchain-based zero-trust data storage scheme in 6G edge IoT[J]. Journal of Internet Technology，2022，23(2)：289－295.

[33] ABDEL HAKEEM S A，HUSSEIN H H，KIM H. Security requirements and challenges of 6G technologies and applications[J]. Sensors(Basel)，2022，22(5)：1969.

[34] 王晓萌，王玢. 浅析基于 6G 网络性能需求与设计原则的移动通信网络开放平台[J]. 数字通信世界，2022(10):1－3.

[35] 严学强,程冠杰,邓水光,等. 6G 移动通信网络数据服务与数据面[J]. 物联网学报，2023，7(1):60－72.

[36] 廉飞宇，李维宪,安艳杰,等. 数据通信与计算机网络[M]. 北京:清华大学出版社,2009.

[37] 严谦，阳泳. 网络编程 tcp/ip 协议与 socket 论述[J]. 电子世界，2016(8):68.

[38] TALUKDER A K，YAVAGAL R R. 移动通信:技术、应用与业务生成[M]. 安晓波,译. 北京:清华大学出版社,2008.

第2章 云 计 算

2.1 云计算的概念

2006 年 8 月，原谷歌首席执行官埃里克·施密特在搜索引擎大会首次提出“云计算”的概念①。2009 年，美国国家标准与技术研究院(NIST)进一步丰富和完善了云计算的定义和内涵。NIST 认为，云计算是一种基于互联网的，只需最少管理和与服务提供商的交互，就能够便捷、按需地访问共享资源(包括网络、服务器、存储、应用和服务等)的计算模式。根据 NIST 的定义，云计算具有按需自助服务、广泛网络接入、计算资源集中、快速动态配置、按使用量计费等主要特点。简单地说，云计算(也称“云”)就是通过 Internet 提供包括服务器、存储、数据库、网络、软件、分析和智能等的计算服务，以提供快速创新、弹性资源和规模经济[1]。对于云服务，通常用户只需使用多少支付多少，从而帮助降低运营成本，使基础设施更有效地运行，并能根据业务需求的变化调整对服务的使用。

云计算是一种新的服务模式，它集中统一管理存储在数据中心集群上的大量计算资源，包括 CPU、内存、硬盘等硬件资源以及开发环境、应用软件等软件资源，并根据用户需求提供服务[2]。云计算架构图如图 2-1 所示，主要包括服务和管理[3]。在管理上，可以分为用户层、机制层和检测层。机制层负责云中的各种管理机制，主要包括运营管理、资源管理和安全管理[4]。资源管理是机制层的核心，由资源模型、资源发现、调度组织和调度策略等组

---

① https://xueqiu.com/3191247421/194613170.

成，其中调度策略对资源管理至关重要[5]。由于云计算环境中的资源是动态的、异构的，在执行大规模任务的资源调度时，应尽量提高系统的吞吐量和最佳跨度，同时也应考虑安全性和资源利用率。如图2－1所示，NIST定义的三种云服务方式是：①基础设施即服务（Infrastructure as a Service，IaaS），为用户提供虚拟机或者其他存储资源等基础设施服务。IaaS是云计算服务的最基本类别。使用IaaS时，用户以即用即付的方式从服务提供商处租用IT基础结构，如服务器和虚拟机（VM）、存储空间、网络和操作系统。②平台即服务（Platform as a Service，PaaS），为用户提供包括软件开发工具包（SDK）、文档和测试环境等在内的开发平台，用户无需管理和控制相应的网络、存储等基础设施资源。PaaS是指云计算服务，它们可以按需提供开发、测试、交付和管理软件应用程序所需的环境。PaaS旨在让开发人员能够更轻松地快速创建Web或移动应用，而无需考虑对开发所必需的服务器、存储空间、网络和数据库基础结构进行设置或管理。③软件即服务（Software as a Service，SaaS），为用户提供基于云基础设施的应用软件，用户通过浏览器等就能直接使用在云端上运行的应用。SaaS是通过Internet交付软件应用程序的方法，通常以订阅为基础按需提供。使用SaaS时，云提供商托管并管理软件应用程序和基础结构，并负责软件升级和安全修补等维护工作；用户（通常使用电话、平板电脑或PC上的Web浏览器）通过Internet连接到应用程序。除了上述三种方式外，云计算服务方式还包括无服务器计算类型，无服务器计算与PaaS重叠，侧重于构建应用功能，无需花费时间继续管理要求管理的服务器和基础结构。云提供商可为用户处理设置、容量规划和服务器管理。无服务器体系结构具有高度可缩放和事件驱动特点，且仅在出现特定函数或事件时才使用资源。

云计算是一种资源交付和使用模式，能通过网络获得应用所需的硬件、软件、平台等资源。云计算的基本原理是，使计算分布在大量的分布式计算机上，而非本地计算机或远程服务器中，企业数据中心的运行将更相似于互联网。这使得企业能够将资源切换到需要的应用上，根据需求访问计算机和存储系统。云计算就是把普通的服务器或者个人计算机连接起来，以获得超级计算机（也叫高性能和高可用性计算机）的功能，但是成本更低。云计算的出现使高性能并行计算不再是科学家和专业人士的专利，普通的用户也能通过云计算享受高性能并行计算所带来的便利，使人人都有机会使用并行机，从而大大提高工作效率和计算资源的利用率。云计算模式可以简单理解为不论服务的类型，或者是执行服务的信息架构，通过互联网提供应用服务，让用户者通过浏览器就能使用，不需要了解服务器在哪里，内部如何运作。云计算不是一个工具、平台或者架构，而是一种计算的方式。

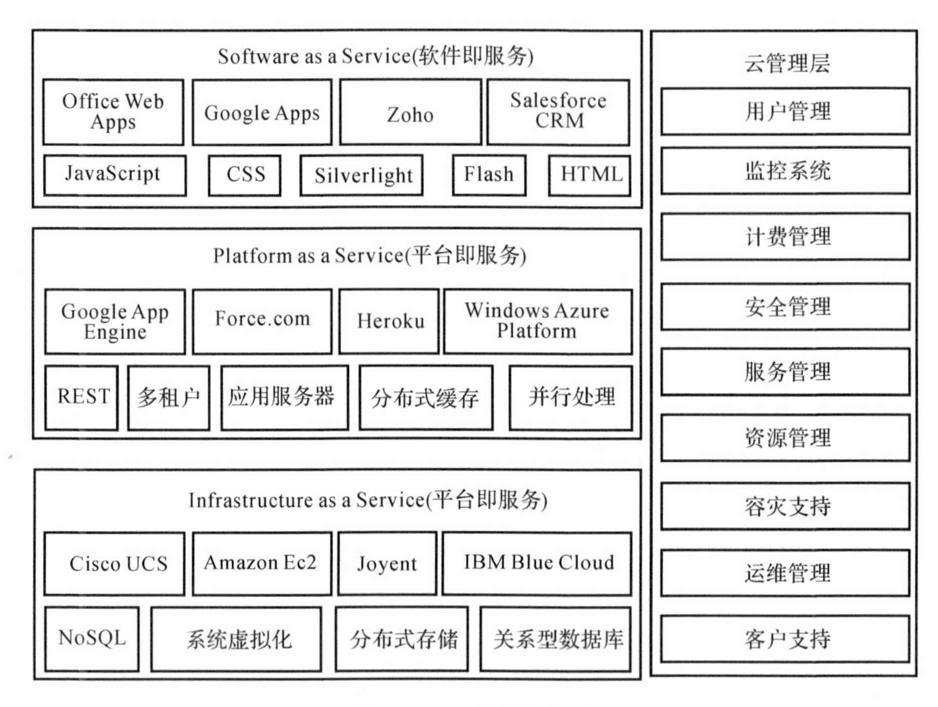

图2-1　云计算架构图

作为互联网应用的一项关键技术，云计算的存在为人们在计算数据的时候提供了很大的方便[6]。云计算必须要在网络连接的情况下才能进行，它主要是将计算的形式安插到连接的计算机中，并对计算机内部的信息进行整合处理，计算机的操作人员可以对计算机内部的信息数据进行随意切换，计算过程变得更加方便，计算结果变得更加精确。目前，该项技术应用范围非常广泛，无论是科学研究还是日常工作都可以使用到该项技术。

云计算共有如下五个特性①。

---

① https://blog.csdn.net/qq_38959715/article/details/79834013.

1. 基于互联网络

云计算是通过把一台台的服务器连接起来,使服务器之间可以相互进行数据传输,数据就像网络上的“云”一样在不同服务器之间“飘”,同时通过网络向用户提供服务。

2. 按需服务

“云”的规模是可以动态伸缩的。在使用云计算服务的时候,用户所获得计算机资源是按用户个性化需求增加或减少,并在此基础上对自己使用的服务进行付费。

3. 资源池化

资源池是对各种资源(如存储资源、网络资源)进行统一配置的一种配置机制。从用户角度看,无需关心设备型号、内部的复杂结构、实现的方法和地理位置,只需关心自己需要什么服务即可。从资源的管理者角度来看,最大的优点是资源池可以近乎无限地增减和更换设备,并且管理、调度资源十分便捷。

4. 安全可靠

云计算必须要保证服务的可持续性、安全性、高效性和灵活性。对于提供商来说,必须采用各种冗余机制、备份机制、足够安全的管理机制和保证存取海量数据的灵活机制等,从而保证用户的数据和服务安全可靠。对于用户来说,只要支付一笔费用,即可得到供应商提供的专业级安全防护,节省大量时间与精力。

5. 资源可控

云计算提出的初衷,是让人们可以像使用水电一样便捷地使用云计算服务,极大地方便人们获取计算服务资源,并大幅度提高计算资源的使用率,有效节约成本,使得资源在一定程度上属于“控制范畴”。但如何对云计算服务进行合理的、有效的计费,仍是一项值得业界关注的课题。

2.2 云计算的优势

云计算是企业摒弃 IT 资源传统思路而进行的一个重大转移[7]。以下为组织转向云计算服务的七个常见理由。

1．费用

迁移到云有助于公司优化 IT 成本。这是因为云计算让用户无需在购买硬件和软件以及设置和运行现场数据中心（包括服务器机架、用于供电和散热的全天不间断电力、管理基础结构的 IT 专家等）上投入资金，同时它还提高了速度。

2．速度

大多数云计算服务作为按需自助服务提供，因此通常只需点击几下鼠标，即可在数分钟内调配海量计算资源，赋予企业非常大的灵活性，并消除了容量规划的压力。

3．全局缩放

云计算服务的优点包括弹性扩展能力。对于云而言，这意味着能够在需要的时候从适当的地理位置提供适量的 IT 资源，例如更多或更少的计算能力、存储空间、带宽。

4．工作效率

现场数据中心通常需要大量“机架和堆栈”—硬件架设、软件修补和其他费时的 IT 管理事务。云计算避免了这些任务中的大部分，让 IT 团队可以把时间花费在实现更重要的业务目标之上。

5．性能

最大的云计算服务在安全数据中心的全球网络上运行，该网络会定期升级到最新的快速而高效的计算硬件。与单个企业数据中心相比，它能提供多项益处，包括降低应用程序的网络延迟和提高缩放的经济性。

6．可靠性

云计算能够以较低费用简化数据备份、灾难恢复和实现业务连续性，因为可以在云提供商网络中的多个冗余站点上对数据进行镜像处理。

7．安全性

许多云提供商都提供了广泛的用于提高整体安全情况的策略、技术和控件，这些有助于保护数据、应用和基础结构免受潜在威胁。

综上，“云计算”的优势显而易见[8]。首先，云计算的第一大优势是具备极高的容错率和安全性。因为云计算的数据会在同一时间被备份在各个数据节点上，所以具有很高的容错率，这样可以避免因为个别数据中心崩溃或遭黑客攻击而损害计算结果。其次是极大地降低了成本。较高的容错率允许它调用一些特别廉价的设备。在传统计算中，因为一步错误都可能引发大问题，所以需要设备可靠性较高，但云计算类似并行计算，一个错误并无大碍，从而使设备成本降到非常低。最后是高度的可拓展性。由于云计算可以调用计算资源共享池里的包括网络、服务器、存储、应用软件、服务等资源，所以，云计算具有高度的可拓展性，可以随意伸缩。云计算的性能可以调到非常高，甚至允许用户进行超级计算。另外，在突然遇到计算量较大时也可以及时拓展以应对。

同理，云计算既有优势也有不足，比如其安全性需要进一步提高，根据学者们对云计算未来发展的研究，可以从以下两个方面探讨云计算的发展趋势[9]。

1．技术方面

首先是提高安全性。云计算安全问题主要体现为云端数据非法访问与泄露，造成用户隐私、财产安全等难以获得保障。应对这些问题要不断优化安全技术，如采用数据备份技术防止数据丢失、采用区块链技术防止数据被篡改等。在云计算技术应用中还会出现新的安全问题，关于安全技术的研究不能停下脚步，必须保持动态进行，只有这样才能支撑云计算技术得到更高认可与广泛应用。其次是完善技术标准。制定技术标准既是推动云计算技术规模化与产业化发展的重要前提，同时也能为提高安全性做出贡献，而从技术层面分析，技术标准要立足于实际情况动态优化调整，如云计算平台之间进行交互操作时要设立“门槛”，但随着跨云管理进一步完善后，“门槛”则能不断降低直到完全消除，使得平台之间能够高效率完成自动交互。最后是加强技术联动。云计算技术有其优势但并不是“全能体”，应用过程中想要最大限度发挥优势需要进行技术联动，如大数据、物联网等技术要与云计算技术紧密联动。以大数据技术为例，其优势在于数据存储和收集能力，配合云计算技术超强计算能力，则能获得更好的数据计算和挖掘效果。

2．业务方面

首先是提升服务质量。云计算服务质量直接影响用户的认可度，而想要提升服务质量则需要服务商在资源供应上进行优化，如规划云平台运行时间提高用户平台访问有效性、严格划分用户权限提供对应访问服务等。安全维护也是重中之重。从业务层面分析，服务商需要组建专业安全维护团队，最大限度确保云平台安全运行。其次是打造混合云。私有云和公有云各具优缺点，比如私有云安全性较强，但由于硬件限制造成云计算优势难以充分发挥；公有云能向更多用户提供服务，但缺乏足够的安全性保障。混合云则是集两者优点进行打造，既保证安全性也能为更多用户提供服务。最后是开发更多业务。随着云计算技术进一步成熟和完善，会有更多领域引入并应用，如游戏领域可借助云计算技术开发“云游戏”，用户只需要拥有登录设备即可，并不需要本地下载，这样大幅节省存储空间，也能提高游戏效率进而获得更好的游戏体验。个性化定制业务也是一大发展趋势，这既能满足用户个性化需求，也能成为云服务供应商竞争途径，有利于产生更加优质的服务商。

2.3 云计算类型

我国的云计算技术已经迈入了成熟阶段，目前按照服务类型可以分为 IaaS、PaaS 以及 SaaS 三大层次，按照部署模式可划分为公有云、私有云、混合云和社区云[10]四种模式。企业可以根据自身需求，根据各类服务的特性逐步完成自身数字化转型。截至 2021 年，我国的云计算市场规模已经超过了 3100 亿元。根据前瞻产业研究院《中国云计算产业发展前景预测与投资战略规划分析报告》①显示，到 2025 年我国云计算整体市场规模有望突破 5 400 亿元。近些年我国云计算市场规模对比如图 2－2 所示。

在公有云细分市场中，IaaS 的市场规模最大，PaaS 的增速最快，并预计未来五年都会保持一个高速增长的状态。

1. 公有云

公有云是最常见的云计算部署类型。诸如服务器和存储空间等公有云资源由第三方云服务提供商拥有和运营，这些资源通过 Internet 提供。在公

① https://bg.qianzhan.com/trends/detail/506/210226－17a1913e.html.

有云中，所有硬件、软件和其他支持性基础结构均为云提供商所拥有和管理。Microsoft Azure 是公有云的一个示例。

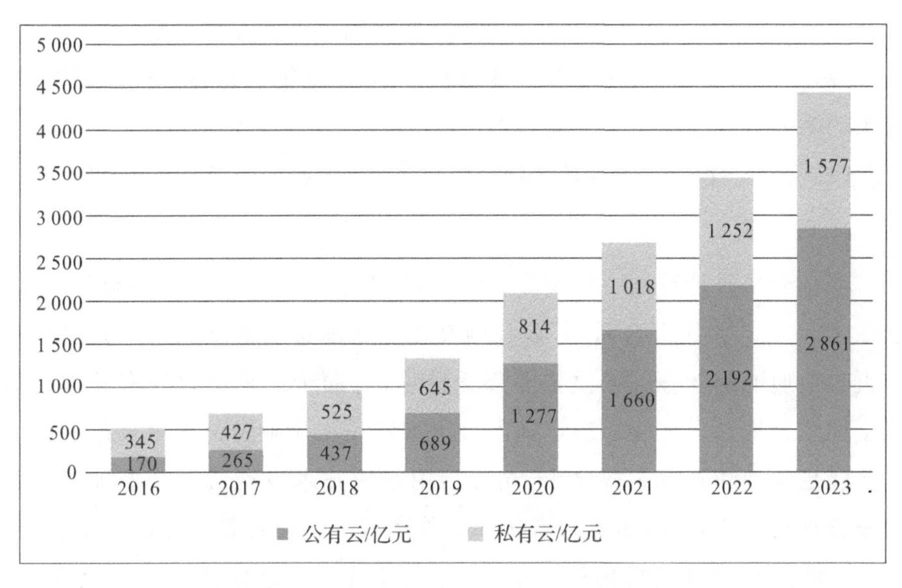

图 2-2 我国 2016—2023 年云计算市场规模

在公有云中，用户与其他组织或云“租户”共享相同的硬件、存储和网络设备，并且可以使用 Web 浏览器访问服务和管理账户。公有云部署通常用于提供基于 Web 的电子邮件、网上办公应用、存储以及测试和开发环境。

公有云的优势包括以下四个方面[11]。

(1)成本更低：无需购买硬件或软件，仅对使用的服务付费。

(2)无需维护：维护由服务提供商提供。

(3)近乎无限制的缩放性：提供按需资源，可满足业务需求。

(4)高可靠性：具备众多服务器，确保免受故障影响。

2. 私有云

私有云由专供一个企业或组织使用的云计算资源构成。私有云可在物理上位于组织的现场数据中心，也可由第三方服务提供商托管。但是，在私有云中，服务和基础结构始终在私有网络上进行维护，硬件和软件专供组织使用。

这样，私有云可使组织更加方便地自定义资源，从而满足特定的 IT 需求。私有云的使用对象通常为政府机构、金融机构以及其他具备业务关键性运营且希望对环境拥有更大控制权的中型到大型组织。

私有云的优势[12]如下。

(1)灵活性更强:组织可自定义云环境以满足特定业务需求。

(2)控制力更强:资源不与其他组织共享,因此能获得更高的控制力以及更高的隐私级别。

(3)可伸缩性更强:与本地基础结构相比,私有云通常具有更强的可伸缩性。

3. 混合云

混合云是云计算的一种类型,它将本地基础结构(或私有云)与公有云结合在一起[13]。使用混合云,可以在两种环境之间移动数据和应用,使用户能够更灵活地处理业务并提供更多部署选项,有助于用户优化现有基础结构、安全性和合规性。许多组织选择混合云方法是出于业务需求方面的原因,例如要满足法规和数据主权要求、充分利用本地技术投资或解决低延迟问题。混合云正在不断发展,也会包含边缘工作负载。边缘计算将云的计算能力引入靠近数据驻留位置的 IoT 设备。通过将工作负载迁移到边缘,设备可减少与云的通信时间并降低延迟,甚至能在较长的离线期内可靠地运行。

混合云平台为企业或组织提供了许多优势,例如更大的灵活性、更多的部署选项、更高的安全性和符合性,并能从其现有基础结构获得更多价值。当计算和处理需求发生变化时,混合云计算使企业或组织能够将其本地基础结构无缝扩展到公有云以处理任何溢出,而无需授予第三方数据中心访问其完整数据的权限。通过在云中运行特定工作负载,组织可以获得公有云提供的灵活性和创新能力,同时将高度敏感的数据保存在自己的数据中心内,满足客户需求或监管要求。

这样不仅允许公司扩展计算资源,还消除了进行大量资本支出以处理短期需求高峰的需要,以及企业释放本地资源以获取更多敏感数据或应用程序的需要。公司将仅就其暂时使用的资源付费,而不必购买、计划和维护可能长时间闲置的额外资源和设备。

混合云的优势包括以下四个方面。

(1)控制力:组织可以针对需要低延迟的敏感资产或工作负载维护私有基础结构。

(2)灵活性:需要时可利用公有云中的其他资源。

(3)成本效益:具备扩展至公有云的能力,因此可仅在需要时支付额外的计算能力。

(4)轻松使用:无需费时费力即可过渡到云,因为可根据时间按工作负载逐步迁移。

4. 社区云

社区云(Community Cloud)是指一些由有着类似需求并打算共享基础设施的组织共同创立的云,社区云的目的是实现云计算的一些优势[14]。由于共同费用的用户数比公有云少,这种选择往往比公有云贵,但隐私度、安全性和政策遵从都比公有云高。

"社区云"是大的"公有云"范畴内的一个组成部分,是指在一定的地域范围内,由云计算服务提供商统一提供计算资源、网络资源、软件和服务能力所形成的云计算形式。即基于社区内的网络互连优势和技术易于整合等特点,通过对区域内各种计算能力进行统一服务形式的整合,结合社区内的用户需求共性,实现面向区域用户需求的云计算服务模式。

社区云具有如下特点:

(1)区域性和行业性。

(2)有限的特色应用。

(3)资源的高效共享。

(4)社区内成员的高度参与性。

社区云是大的云计算的互联世界里非常富有活力的组成部分,它可以被理解为"云朵"。每一个云朵都基于云计算技术实现,实现了资源的共享、服务的统一,但同时每一个云朵都具有自己鲜明的特征,比如区域特色,也可能是行业特点。也就是说,社区云通过更大范围的互联,成为云计算世界里的组成部分。基于"社区云"的先进架构设计,结合下一代互联网的便利,我们会非常便利地提取出"云朵"的优势服务,为更大范围内的相似用户提供服务。

目前,"社区网站云计算"①是阿里云计算第一个上线的创业者云计算解

① http://www.zhiding.cn/wiki-Community_Cloud.

决方案，以阿里云计算旗下 phpwind 为依托，通过社区软件系统＋软件托管平台＋网站运营工具等一揽子服务模式，有效降低了中小互联网社区创业者的起步门槛，从而帮助他们低成本快速成长。云搜索是阿里云计算为整个互联网环境提供的搜索支持和优化服务，服务范围覆盖论坛、CMS 和手机终端应用。云搜索是将社区中的部分数据同步到云计算服务器上，将互联网服务中所有的搜索压力交给云计算处理，通过强大的搜索能力迅速检索社区网站的数据，并提供匹配度高的检索结果。这样就把社区网站的搜索压力转交给云计算处理，服务器再也不会因为大量的搜索压力导致高负载和宕机。而云搜索也会对数据进行累积和分析，使搜索结果越来越精准。通过这一功能，可以保证所有来访用户都能根据自己的需要找到相应信息，获得更高的用户满意度。

此外，"深圳大学城云计算公共服务平台"①是国内第一个依照"社区云"模式建立的云计算服务平台，已于 2011 年 9 月投入运行，服务对象为大学城园区内的各高校、研究单位、服务机构等单位以及教师、学生、各单位职工等个人。该平台第一期提供了 2 大类 10 种云计算服务，包括了云主机、云存储、云数据库等 3 种面向科研需求的 IaaS 服务以及自助建站、视频点播、视频会议等 7 种具有鲜明大学城特色的 SaaS 服务。显然，社区云将向着专业化云计算的方向，并发展成为全社会云计算服务的有机组成部分。

2.4 云计算核心技术

云计算系统运用了许多技术，其中以编程模型、海量数据分布存储技术、海量数据管理技术、虚拟化技术、智能管理平台技术最为关键[15]。

1. 编程模型

MapReduce 是谷歌公司开发的 Java、Python、C＋＋编程模型，它是一种简化的分布式编程模型和高效的任务调度模型，用于大规模数据集(大于 1 TB)的并行运算。严格的编程模型使云计算环境下的编程十分简单。

① https://baike.so.com/doc/1998184－2114513.html.

MapReduce 模式的思想是将要执行的问题分解成 Map（映射）和 Reduce（化简）的方式，先通过 Map 程序将数据切割成不相关的区块，分配（调度）给大量计算机处理，达到分布式运算的效果，再通过 Reduce 程序将结果汇整输出。

2．海量数据分布存储技术

云计算系统由大量服务器组成，同时为大量用户服务，因此云计算系统采用分布式存储的方式存储数据，用冗余存储的方式保证数据的可靠性。云计算系统中广泛使用的数据存储系统是谷歌公司的 GFS 和 Hadoop 团队开发的 GFS 的开源实现 HDFS。

3．海量数据管理技术

云计算需要对分布的、海量的数据进行处理、分析，因此，数据管理技术必须能够高效地管理大量的数据。云计算系统中的数据管理技术主要是 Google 的 BT（BigTable）数据管理技术和 Hadoop 团队开发的开源数据管理模块 HBase。

当前，云计算技术的发展面临一系列的挑战。比如：使用云计算来完成任务能获得哪些优势；可以实施哪些策略、做法或者立法来支持或限制云计算的采用；如何提供有效的计算和提高存储资源的利用率；等等。此外，云计算宣告了低成本超级计算机服务的可能，一旦这些“云”被用来破译各类密码、进行各种攻击，将会给用户的数据安全带来极大的危险。

4．虚拟化技术

虚拟化是云计算最重要的核心技术之一，它为云计算服务提供基础架构层面的支撑。从技术上讲，虚拟化是一种在软件中仿真计算机硬件，以虚拟资源为用户提供服务的计算形式，旨在合理调配计算机资源，使其更高效地提供服务。它把应用系统各硬件间的物理划分打破，从而实现架构的动态化，实现物理资源的集中管理和使用。虚拟化的最大好处是增强系统的弹性和灵活性、降低成本、改进服务、提高资源利用效率。

从表现形式上看，虚拟化又分两种应用模式：一是将一台性能强大的服务器虚拟成多个独立的小服务器，服务不同的用户；二是将多个服务器虚拟成一个强大的服务器，完成特定的功能。这两种模式的核心都是统一管理，动态分配资源，提高资源利用率。在云计算中，这两种模式都有比较多的应用。虚拟化平台将 1 000 台以上的服务器集群虚拟为多个性能可配的虚拟机，对整个集群系统中所有虚拟机进行监控和管理，并根据实际资源使用情况灵活分配和调度资源池。

5. 智能管理平台技术

云计算资源规模庞大，服务器数量众多并分布在不同的地点，同时运行着数百种应用，如何有效地管理这些服务器，保证整个系统提供不间断的服务是巨大的挑战。云计算系统的平台管理技术，需要具有高效调配大量服务器资源，使其更好地协同工作的能力。其中，方便地部署和开通新业务，快速发现并且恢复系统故障，通过自动化、智能化手段实现大规模系统可靠的运营是云计算平台管理技术的关键。

对于提供者而言，云计算可以有三种部署模式，即公共云、私有云和混合云。三种模式对平台管理的要求大不相同。对于用户而言，由于企业对于信息与通信技术(ICT)资源共享的控制、对系统效率的要求以及 ICT 成本投入预算不尽相同，所以企业所需要的云计算系统规模及可管理性能也大不相同。云计算平台管理方案要更多地考虑到定制化需求，能够满足不同场景的应用需求。

因此，云计算未来有两个发展方向：一个是构建与应用程序紧密结合的大规模底层基础设施，使得应用能够扩展到很大的规模；另一个是通过构建新型的云计算应用程序，在网络上提供更加丰富的用户体验。第一个发展方向能够从现在的云计算研究状况中体现出来，而在云计算应用的构造上，很多新型的社会服务型网络，如 Facebook 等，已经体现了这个趋势，而在研究上则开始注重如何通过云计算基础平台将多个业务融合起来。

2.5 云计算应用

云计算与大数据、人工智能是当前最火爆的三大技术领域，近年来我国政府高度重视云计算产业发展，其产业规模增长迅速，应用领域也在不断地扩展，从政府应用到民生应用，从金融、交通、医疗、教育领域到人员和创新制造等全行业延伸拓展[16]。

云计算将在IT产业各方面都有其用武之地，以下是云计算10个比较典型的应用场景①。

1. IDC云

IDC云是在IDC原有数据中心的基础上，加入更多云的基因，比如系统虚拟化技术、自动化管理技术和智慧的能源监控技术等。通过IDC的云平台，用户能够使用到虚拟机和存储等资源。还有，IDC可通过引入新的云技术来提供许多新的具有一定附加值的服务，比如PaaS等。现在已成型的IDC云有Linode和Rackspace等。

2. 企业云

企业云对于那些需要提升内部数据中心的运维水平和希望能使整个IT服务更围绕业务展开的大中型企业非常适合。相关的产品和解决方案有IBM的WebSphere CloudBurst Appliance、Cisco的UCS和VMware的vSphere等。

3. 云存储系统

云存储系统可以解决本地存储在管理上的缺失，降低数据的丢失率，它通过整合网络中多种存储设备来对外提供云存储服务，并能管理数据的存储、备份、复制和存档，云存储系统非常适合那些需要管理和存储海量数据的企业。

4. 虚拟桌面云

虚拟桌面云可以解决传统桌面系统高成本的问题，其利用了现在成熟的桌面虚拟化技术，更加稳定和灵活，而且系统管理员可以统一地管理用户在服务器端的桌面环境，该技术比较适合那些需要使用大量桌面系统的企业。

5. 开发测试云

开发测试云可以解决开发测试过程中的棘手问题，其通过友好的Web界面，可以预约、部署、管理和回收整个开发测试的环境，通过预先配置好(包括操作系统、中间件和开发测试软件)的虚拟镜像来快速地构建异构的开发测试环境，通过快速备份/恢复等虚拟化技术来重现问题，并利用云的强大的

① https://blog.csdn.net/lmseo5hy/article/details/79625745.

计算能力来对应用进行压力测试，比较适合那些需要开发和测试多种应用的组织和企业。

6. 大规模数据处理云

大规模数据处理云能对海量的数据进行大规模的处理，可以帮助企业快速进行数据分析，发现可能存在的商机和问题，从而做出更好、更快和更全面的决策。其工作过程是大规模数据处理云通过将数据处理软件和服务运行在云计算平台上，利用云计算的计算能力和存储能力对海量的数据进行大规模的处理。

7. 协作云

协作云是云供应商在 IDC 云的基础上或者直接构建一个专属的云，并在这个云搭建整套的协作软件，并将这些软件共享给用户，非常适合那些需要一定的协作工具，但不希望维护相关的软硬件和支付高昂的软件许可证费用的企业与个人。

8. 游戏云

游戏云是将游戏部署至云中的技术，目前主要有两种应用模式：一种是基于 Web 游戏模式，比如使用 JavaScript、Flash 和 Silverlight 等技术，并将这些游戏部署到云中，这种解决方案比较适合休闲游戏；另一种是为大容量和高画质的专业游戏设计的，整个游戏都将在云中运行，但会将最新生成的画面传至客户端，比较适合专业玩家。

9. HPC 云

HPC 云能够为用户提供可以完全定制的高性能计算环境，用户可以根据自己的需求来改变计算环境的操作系统、软件版本和节点规模，从而避免与其他用户的冲突，并可以成为网格计算的支撑平台，以提升计算的灵活性和便捷性。HPC 云特别适合需要使用高性能计算，但缺乏巨资投入的普通企业和学校。

10. 云杀毒

云杀毒技术可以在云中安装附带庞大的病毒特征库的杀毒软件，当发现有嫌疑的数据时，杀毒软件可以将有嫌疑的数据上传至云中，并通过云中庞大的特征库和强大的处理能力来分析这个数据是否含有病毒,这非常适合那些需要使用杀毒软件来捍卫其电脑安全的用户。

以上是云计算的十大应用场景,随着云计算的发展,其应用范围不断拓展,相信在不久的将来会有更多的应用形式的出现。

2.6　移动云计算

移动通信市场目前正经历着剧烈的创新和变革,具有开放式操作系统的智能手机正在普及。随着新功能的增加,活跃的开发者群体不断地开发出大量功能丰富的新的应用程序,手机的个性化应用变得日益丰富。用户对手机功能的要求,早已不是打电话、发短信这样简单的要求,越来越多的人向往着自己的手机可以具备更加丰富的功能,不但能够实现个人应用,而且能够进行手机办公,实现更加流畅的操作。尤其是随着企业各种业务系统的扩展以及移动办公人数和地点的增多,如在分支机构、家、咖啡室、出差旅途、酒店,人们对手机远程接入内网办公以及随时、快速、安全性提出了要求。由于手机操作系统及其计算、存储、数据处理能力、移动带宽和流量资费的限制,针对某些企业应用,如办公自动化系统(OA),需要对其某些功能裁剪,或跨平台开发,而且要求其最佳的性能、最高的安全性和最卓越的用户体验。这无疑增加了IT开发成本,侵蚀企业有限的预算投资,为企业商业创新戴上了沉重的脚链。此外,智能移动终端的移动性,决定了其尺寸不宜过大,因此,智能移动终端无论是计算能力、存储能力,还是电池的容量,都存在着难以突破的限制。为了解决此类问题,移动云计算(Mobile Cloud Computing,MCC)便诞生了[17]。

移动云是把虚拟化技术应用于手机和平板,适用于移动设备终端(平板或手机)使用企业应用系统资源,它是云计算移动虚拟化中非常重要的一部分[18]。基于云计算的定义,移动云计算是指通过移动网络以按需、易扩展的方式获得所需的基础设施、平台、软件(或应用)等的一种IT资源或(信息)服务的交付与使用模式[19]。与传统云计算相比,移动云计算突破了终端的限制,是面向像手机这样的移动终端提供云计算服务的。移动云计算与传统云计算有一个很大的区别,就是终端连接到云端的方式不同。在传统云计算中，终端首先通过有线网络连接到互联网，然后通过互联网与云端建立连接。而在移动云计算中，以手机为例，终端可以通过 Wi-Fi 等方式直接连接到互联网，也可以先与移动运营商（如中国移动、中国联通、中国电信）提供的基站建立连接，然后由基站将终端与互联网建立连接，最后同样通过互联网与云端进行信息交互。对于移动终端来说，这两种连接到云端的不同方式，只是信息交互的渠道不同，对其功能以及所需要的结果来说，并无影响。通过移动云计算技术，移动终端受其尺寸限制而带来的计算能力弱、存储空间小、电池续航时间短等问题得到改善。而移动终端及其应用的进一步发展，在给用户带来更多便利的同时，也给移动云计算技术带来了更多的挑战。

移动云计算是移动互联网的发展与传统云计算技术相结合的产物，是云计算技术在移动互联网中的应用，云计算应用模式下的移动互联网总体架构如图 2-3 所示。

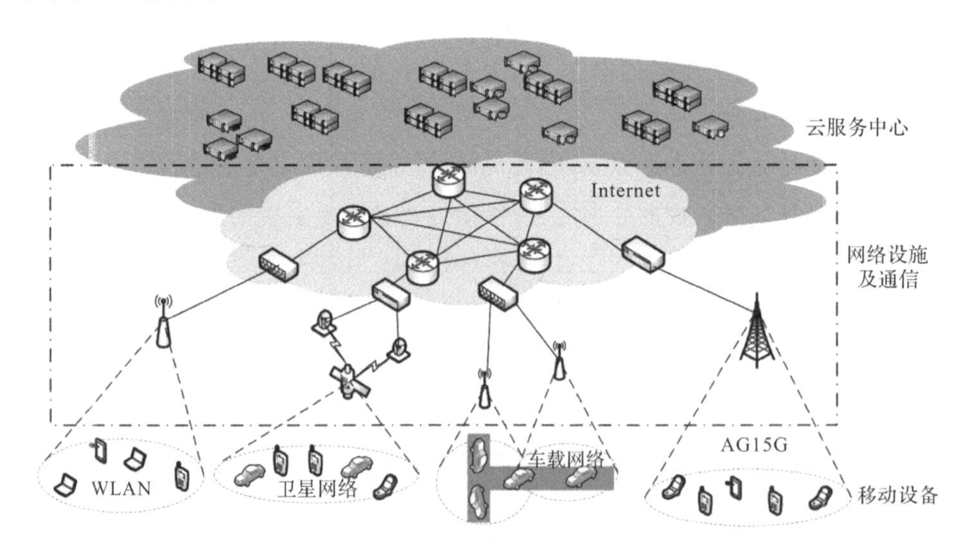

图 2-3　云计算应用模式下的移动互联网总体架构

移动云计算的优势包括以下五个方面：

(1)突破终端硬件限制；

(2)便捷的数据存取；

(3)智能均衡负载；

(4)降低管理成本；

(5)按需服务降低成本。

云计算技术在电信行业的应用必然会开创移动互联网的新时代,随着移动云计算的进一步发展,移动互联网相关设备的进一步成熟和完善,移动云计算业务必将会在世界范围内迅速发展,成为移动互联网服务的新热点,使得移动互联网站在云端之上。

伴随着移动云计算的产生,一些与之相关的技术也应运而生,如基于移动云的位置服务技术、数据安全及隐私保护技术、移动终端节能技术等。基于移动云的位置服务技术所解决的是在移动云计算中的用户移动性问题,作为移动云计算中不可或缺的一项支撑技术,一直得到学术界的广泛关注[20],如今,移动云计算已经被用来构建新型的位置服务架构。数据安全及隐私保护技术所解决的就是非法访问、恶意入侵以及隐私泄露等一些安全性问题,这些技术包括环签名技术[21]、模糊位置机制[22]、安全索引[23]、虚拟查询[24]等。

移动终端节能技术所解决的就是移动终端电池能量受限的问题,移动终端的能耗包括处理数据的能量消耗、数据发送与接收过程中的能量消耗以及定位移动终端需要的能量消耗,而移动终端节能技术所针对的就是这些问题。移动终端处理数据时的节能,需要从终端的硬件结构和终端内部软件结构两部分来做优化。随着移动云计算技术的高速发展,移动终端在无线信道中进行数据传输的频率也越来越高,因此传输过程中的节能技术显得尤为重要。蜂窝网络(Cellular Network) 和无线局域网络是目前两种最主要的数据传输渠道,因此移动终端数据传输的节能技术大部分也是以这两类网络为基础来研究的。

现如今移动终端中的一些应用,如手机中的地图、打车软件以及一些社交软件等,对于定位的要求越来越高,定位移动终端时所需要的能耗也是非常高的,因此移动终端提供位置服务过程中的节能技术同样十分重要。在移动云计算中,关于位置服务的节能技术研究主要有两类,分别是以云端为基础和以移动终端为基础。以云端为基础的节能技术,主要是通过将定位任务迁移到云端来实现,获取云端的公共定位数据完全可以达到节能效果;而以移动终端为基础的节能技术,则主要是通过操作其选择数据来源的方式来实现,该操作可以是预测,也可以是改变。

目前,移动云计算成功应用的案例存在很多[25],比如:

(1)加拿大 RIM 公司面向众多商业用户提供的黑莓企业应用服务器方案,可以说是一种具有云计算特征的移动互联网应用。在这个方案中,黑莓的邮件服务器将企业应用、无线网络和移动终端连接在一起,让用户通过应用推送(Push)技术的黑莓终端远程接入服务器访问自己的邮件账户,从而可以轻松地远程同步邮件和日历,查看附件和地址本。除黑莓终端外,RIM 公司同时也授权其他移动设备平台接入黑莓服务器,享用黑莓服务。

(2)苹果公司推出的"MobileMe"服务是一种基于云存储和计算的解决方案。按照苹果公司的整体设想,该方案可以处理电子邮件、记事本项目、通信簿、相片以及其他档案,用户所做的一切都会自动地更新至 Mac、iPad、iPhone 等由苹果公司生产的各类终端界面。

(3)微软公司推出的"LiveMesh"能够将安装有 Windows 操作系统的计算机、安装有 Windows Mobile 系统的智能手机、Xbox,甚至还能通过公开的接口将使用 Mac 系统的苹果电脑以及其他系统的手机等终端整合在一起,通过互联网进行相互连接,从而让用户跨越不同设备完成个人终端和网络内容的同步化,并将数据存储在"云"中。随着 Azure 云平台的推出,微软将进一步增强云端服务的能力,并依靠在操作系统和软件领域的成功为用户和开发人员提供更为完善的云计算解决方案。

(4)作为云计算的先行者,谷歌公司积极开发面向移动环境的安卓系统平台和终端,不断推出基于移动终端和云计算的新应用,包括整合移动搜索、语音搜索服务、定点搜索以及谷歌手机地图和安卓上的谷歌街景。

2.7 边缘计算

全球智能手机的快速发展,推动了移动终端和"边缘计算"的发展。而万物互联、万物感知的智能社会,则是跟物联网发展相伴而生的,边缘计算系统也因此应声而出①。边缘计算指的是在网络边缘节点来处理、分析数据,它

① https://baike.so.com/doc/24220297-24956115.html.

是一种分散式运算的架构，将应用程序、数据资料与服务的运算，由网络中心节点移往网络逻辑上的边缘节点来处理。边缘计算将原本完全由中心节点处理的大型服务加以分解，切割成更小与更容易管理的部分，分散到边缘节点去处理。其中，边缘节点就是在数据产生源头和云中心之间任一具有计算资源和网络资源的节点。比如，手机就是人与云中心之间的边缘节点，网关是智能家居和云中心之间的边缘节点。边缘节点更接近于用户终端装置，可以加快资料的处理与传送速度，减少延迟。在理想环境下，边缘计算指的就是在数据产生源附近提供智能分析处理服务，没有数据的流转，进而减少网络流量和响应时间，提升效率，提高安全隐私保护。

随着边缘计算的兴起，在太多场景中需要计算庞大的数据并且得到即时反馈。这些场景开始暴露出云计算的不足，主要有以下几点：

(1)大数据的传输问题。据统计，2019 年全球数据产量为 42 ZB，2022 年已增长至 81.3 ZB，复合平均增长率达 24.6%，2023 年增长至 93.8 ZB，预计到 2025 年，将达到 163 ZB。随着越来越多的设备连接到互联网并生成数据，以中心服务器为节点的云计算可能会遇到带宽瓶颈。

(2)数据处理的即时性。据统计，无人驾驶汽车每秒产生约 1 GB 数据，波音 787 飞机每秒产生的数据超过 5 GB；2020 年我国数据储存量达到约 39 ZB，其中约 30%的数据来自于物联网设备的接入。海量数据的即时处理可能会使云计算力不从心。

(3)隐私及能耗的问题。云计算将身体可穿戴、医疗、工业制造等设备采集的隐私数据传输到数据中心的路径比较长，容易导致数据丢失或者信息泄露等风险；数据中心的高负载导致的高能耗也是数据中心管理规划的核心问题。

边缘计算的发展前景广阔，被称为“人工智能的最后一千米”，但它还在发展初期，有许多问题需要解决，如框架的选用、通信设备和协议的规范、终端设备的标识、更低延迟的需求等。随着 IPv6 及 5G 技术的普及，其中的一些问题将被解决，虽然这是一段不小的历程。相较于云计算，边缘计算有以下这些优势[26]：

(1)更多的节点来负载流量，使得数据传输速度更快。比如，在人脸识别领域，响应时间由 900 ms 减少为 169 ms。

(2)更靠近终端设备,传输更安全,数据处理更及时。比如,数据在整合、迁移等方面可以减少 1/20 的时间。

(3)更分散的节点相比云计算故障所产生的影响更小,还解决了设备散热问题。比如,把部分计算任务从云端卸载到边缘之后,整个系统对能源的消耗减少了 30%～40%。

边缘计算与云计算的简要对比[①]见表 2-1。

表 2-1　云计算与边缘计算的简要对比

对比内容	云计算	边缘计算
架构	集中式	分布式
计算资源位置	数据中心	边缘网络
目标应用	一般互联网应用	物联网或移动应用
通信网络	广域网	无线局域网,4G/5G 等
网络延迟	高	低
实时性	低	高
可服务的设备数	少	多
提供的服务类型	基于全局信息的服务	基于本地信息的服务
位置感知	不支持	支持
适用对象	存储海量数据的项目和组织	受预算限制的中型企业
程序设计	通常针对一种目标平台编写,且使用一种编程语言	可使用几种不同的平台进行编程,所有平台均可具有不同的运行时间
安全性考虑	相对来说只需一个可靠的安全计划	需要强大的安全模式,包括高级身份验证方法和主动应对攻击等

万物互联将带来大量的计算能力,如果仅有端,或者仅有云,都很难满足需求。虽然今后会将越来越多的基础任务交给边缘计算来完成,但是这只能代表边缘所在的装置设备会越来越灵敏,但是不能直接说这些任务和云毫无关系。边缘计算靠近设备端,也为云端数据采集做出贡献,支撑云端应用的

① https://www.zhihu.com/question/62869157.

大数据分析,云计算也通过大数据分析输出业务规则下发到边缘处,以便执行和优化处理,它们是一种让彼此更完美的存在。因此,云(云端数据中心)、边(边缘服务器)、端(终端设备)是相互协同,各有分工的,云和边缘彼此优化补充,达到平衡,智能产业落地的速度才能更快。

5G的应用让云、边、端三位一体成为可能。5G最大的优点就是打通了云和边缘,使得云和边缘之间的同步变得更加简单。很多业务原来只开发云侧,或者只注重端侧,5G可以使得端、云协同变得更好,端、云的架构也会在5G架构下有新的面貌。

因此,云计算与边缘计算既有区别,又互相配合。云计算是人和计算设备的互动,而边缘计算则属于设备与设备之间的互动,最后再间接服务于人;边缘计算可以处理大量的即时数据,而云计算最后可以访问这些即时数据的历史或者处理结果并做汇总分析;边缘计算是云计算的补充和延伸。事实上,无论是云、雾还是边缘计算,本身只是实现物联网、智能制造等所需要计算技术的一种方法或者模式。严格讲,雾计算和边缘计算本身并没有本质的区别,都是在接近于现场应用端提供的计算。就其本质而言,都是相对于云计算而言的。

边缘计算的几个典型应用场景[27]如下:

(1)自动驾驶。自动驾驶在现场就需要极高的计算能力来完成计算机视觉和机器学习的工作,这些工作因为时延和可靠性要求极高,是不能接受异地计算的,而自动驾驶原则上没有联网的迫切需要,所以一般不归入物联网系统,也与云计算不存在直接关系。

(2)自动人脸跟踪。一些安防监控场景里,实时跟踪多个人的运行轨迹和在各个场景里的ReID跟踪,同样由于帧间时延要求高而不适合使用云计算,对计算能力的要求很高的边缘计算因为在现场计算就需要很大的计算量,所以也推动了很多开发需求。比如早期nVidia就推出过Jetson TK1,后来还有TX1等型号,使得边缘计算场景可以使用上GPU计算。同时期也有很多公司在开发机器学习/计算机视觉的专用计算芯片,可以获得更高的计算效能,以及边缘计算的恶劣环境需求。

(3)设备远程诊断与预测性维护。在装备制造中,需要对关键设备和部件实现设备的远程状态监控、故障诊断和预测性维护,从而提高设备的使用效率,保证生产的稳定运行,减少不必要的库存,降低维护成本。针对这一需求,通常需要在设备层部署大量的传感设备,同时需要采集现场控制系统数据进行边缘端的数据处理,再将数据处理结果传输到云平台,利用大数据分析和机器学习实现对设备的诊断和预测,并将分析结果回传给边缘端,实现对设备的控制,并为现场维护系统提供决策依据。因此,利用边缘计算技术,提高了工厂内部数据采集以及与云平台协作的能力,同时更好地利用了大数据和机器学习分析模型和结果的推荐能力。

(4)基于图像的产品质量自动检测。在电子元器件产品下线检测环节,通常采用图像与人工结合的产品质量检查方法,即先通过摄像头拍摄产品图像,通过本地预先设定好的模型进行判断,再将可能有问题的产品传输到人工检测台,通过人员的肉眼和经验进行进一步确认。针对这一工厂工艺环节,可以通过边缘计算辅佐 5G 和视觉分析达到自动化质检的目标,提高图像检测成功率,取代人工环节,即利用 5G 网络的带宽特点进行图像信息的传送,在云平台上利用视觉 AI 算法快速训练模型和大数据存储,再将模型回传到边缘侧,执行 AI 算法实现快速检测。

(5)智能搬运机器人(AGV)小车协作实现物流分配自动化。目前,AGV 小车在工厂内部物流上的应用十分广泛,但通常都是基于固定的任务分配和路径规划完成的。将边缘计算与厂内 5G 专网结合,使 AGV 小车间实现相互通信,并与任务发布系统、仓库管理系统等建立实时“通话”,在边缘端可以及时地处理数据,可随时接收和分配新的任务,规划路径,协作完成任务。因此,利用边缘计算的实时通信能力,实现了 AGV 小车的自动化物流协作工作。

由于每个应用场景的实际需求不同,所需要配备的边缘能力也就不同。在实现边缘计算时,通常都需要关注以下几个关键的技术点[28]:

(1)边缘设备。边缘设备是用作数据传输和数据处理的智能设备、可接入设备、传感器系统、控制系统、SCADA、DCS、MES、ERP、PLM 等,可连接私有云平台或公有云平台,它可以是单独的智能网关或服务器,或服务器集群,或本地云平台,也可以对现有自动化控制器设备进行智能化升级。需要支持中心化的部署、更新和边缘应用的迭代。

(2)边缘管理。边缘管理主要包含对边缘设备的管理和对边缘软件的管理。边缘管理可以是在本地就近执行的管理,也可以是基于云端的远程管理。其中,设备的管理包括系统诊断、设备部署、固件更新和安全管理等。边缘软件管理包括边缘计算算力和模型的配置、部署、服务的监控等。针对各个行业和场景的边缘软件可以是本地自主开发的,也可以是由第三方开发并在软件商店售卖和运营的。

(3)边云协同。边云协同指边缘端与云端的数据、模型、软件的交互和合作,这里的云端可以是私有云、公有云或混合云形式,而在协同运作模式中,包含了大量的信息传输过程,因此要考虑可靠性与安全机制问题。边云协同的最终目的是搭建可持续发展的生态环境,支持上、中、下游企业和制造业中的各个角色。

因此,边缘设备、边缘管理和边云协同这三点共同组成了边缘计算平台,即在自动化层面的边缘设备获取数据信息,通过边缘管理系统提供需要的设备和软件的能力传送给边缘设备,边缘设备对数据进行分析和处理后,传输给云端进行进一步的处理和数据挖掘等,最终将结果返回给边缘设备,再反馈给自动化系统,提供相应的结果、控制或决策。

2.8 本章小结

云计算是通过互联网按需提供 IT 资源,并且采用按使用量付费的定价方式。云计算自 2006 年被提出以来,经历十多年的发展,已经从一个概念发展成为一个庞大的产业,在此期间大众对云计算的认知各有不同,但云计算的实质是以通信和互联网等技术为基础、以数据为中心、以虚拟化技术为助力,通过将大量应用程序数据和计算资源统一管理,形成“资源池”,再按需向用户提供服务,释放企业服务器运维人力,实现资源最大化利用的技术。本章主要介绍了与云计算相关的一系列概念和技术,主要包括云计算架构、特性与优势,IaaS、PaaS、SaaS 三种云计算服务类型及其优势和特点,云计算主要部署模式,如公有云、私有云、混合云、社区云等的特征,虚拟化技术、分布式存储、智能资源管理等云计算核心技术,云计算的常见应用场景,移动云计算的概念、特点、与云计算的关系及应用案例,以及边缘计算的概念、与云计算的区别和联系、典型应用场景和关键技术点等。

参 考 文 献

[1] 杨雅颂. 基于物联网与云计算的数据挖掘技术[J]. 物联网技术，2022，12(11)：128－130.

[2] DILLON T，CHEN W，CHANG E. Cloud computing：issues and challenges[C]//Proceedings of the 24th IEEE International Conference on Advanced Information Networking and Applications. Perth，WA：IEEE，2010：20－23.

[3] RIMAL B P，CHOI E，LUMB I. A taxonomy and survey of cloud computing systems[C]//Proceedings of 2009 Fifth International Joint Conference on INC，IMS and IDC. Seoul：IEEE，2009：25－27.

[4] CHASPARIS G C，MAGGIO M，BINI E，et al. Design and implementation of distributed resource management for time－sensitive applications [J]. Automatica，2016(64)：44－53.

[5] POP F，POTOP－BUTUCARU M. ARMCO：Advanced topics in resource management for ubiquitous cloud computing：An adaptive approach [J]. Future Generation Computer Systems，2016，54：79－81.

[6] 李杰. 大数据和云计算技术在智慧城市建设中的应用[J]. 网络安全技术与应用，2023(2)：102－103.

[7] 卢川英. 云计算优势及应用研究[J]. 价值工程，2016，35(3)：188－189.

[8] 袁兵. 云计算的优势及其应用安全[J]. 电子技术与软件工程，2017，118(20)：218.

[9] 董阿亮，王志红. 云计算技术的优势及发展趋势探讨：评《云计算技术》[J]. 科技管理研究，2022，42(14)：251.

[10] 杨杰. 云计算在企业部署模式的研究[J]. 西南师范大学学报(自然科学版)，2017，42(6)：32－39.

[11] 胡欣. GB/T 41574—2022《信息技术安全技术公有云中个人信息保护实践指南》获批发布[J]. 信息技术与标准化，2022，(9)：5.

[12] 刘畅. 私有云在数据中心网络安全中的应用[J]. 无线互联科技，2023，20(5)：99－102.

[13] 闫攀，周莉，闫会峰. 混合云存储下物联网隐私数据保护模型研究[J]. 计算机仿真，2023，40(2)：530－534.

[14] 徐鑫鑫. 智慧社区云平台的设计与实现[D]. 曲阜：曲阜师范大学，2021.

[15] 张建华，吴恒，张文博. 云计算核心技术研究综述[J]. 小型微型计算机系统，2013，34(11)：2417－2424.

[16] 李玉玲. 人工智能、大数据和云计算的融合发展初探[J]. 电脑编程技巧与维护，2019(5)：106－107.

[17] 郑利阳. 移动云计算环境下基于任务依赖的计算迁移研究[D]. 南京：南京邮电大学，2019.

[18] 刘俊伟，闫政伟，王艳. 移动云存储中数据完整性验证的挑战外包算法[J]. 成都大学学报(自然科学版)，2023，42(1)：35－39.

[19] 武喜珠. 基于5G网络的移动云计算优化措施研究[J]. 中国新通信，2022，24(4)：47－49.

[20] 崔勇，宋健，缪葱葱，等. 移动云计算研究进展与趋势[J]. 计算机学报，2017，40(2)：273－295.

[21] WANG B Y, LI B C, LI H. Oruta: Privacy-preserving public auditing for shared data in the cloud [J]. IEEE transactions on cloud computing, 2014, 2(1): 43－56.

[22] DUCKHAM M, KULIK L. A formal model of obfuscation and negotiation for location privacy[C]// Proceedings of International conference on pervasive computing. Berlin: Springer, 2005: 152－170.

[23] DE CAPITANI DI VIMERCATI S, FORESTI S, JAJODIA S, et al. Private data indexes for selective access to outsourced data[C]// Proceedings of the 10th annual ACM workshop on Privacy in the electronic society. Chicago: ACM, 2011: 69－80.

[24] MASCETTI S, FRENI D, BETTINI C, et al. Privacy in geo-social networks: proximity notification with untrusted service providers

and curious buddies[J]. The VLDB Journal, 2011, 20: 541-566.

[25] 谢兵. 基于移动云计算的计算迁移能效算法[J]. 计算机应用研究, 2020, 37(10):3014-3019.

[26] SHI W S, CAO J, ZHANG Q, et al. Edge computing: vision and challenges[J]. IEEE Internet of Things Journal, 2016, 3(5): 637-646.

[27] KHAN W Z, AHMED E, HAKAK S, et al. Edge computing: a survey [J]. Future Generation Computer Systems, 2019, 97: 219-235.

[28] SATYANARAYANAN M. The emergence of edge computing[J]. Computer, 2017, 50(1): 30-39.

第3章　5G网络下移动云计算的节能措施

3.1 引　　言

绿色计算[1]如今已经成为各行业追逐的对象。文献[2]提到一个有关数据年复合增长率的技术汇报，它对2010—2016年这个时间段内全部绿色IT市场的数据做了预测，并指出到2016年其年复合增长率将增加40.5%，而同期数据总计将会高出16亿。据IBM统计，到2015年已经有1万亿左右的云端设备就绪，大多数互联网用户主要通过移动网络设备访问远程服务器上的基于混合云的应用来完成工作。麻省理工学院教授David Clark的一项研究曾预测，到2025年，全球的互联网将接入一万亿台设备，其中大多数是无线设备，这为移动互联网提供了无限的想象空间[3]。

万物皆可入网，越来越多的人通过移动终端完成各种日常工作业务或购买生活所需品。今天，在商场、地铁、公交站、候机大厅甚至大街上，人们用手机等移动设备上网刷微博、读小说、更新朋友圈、关注时事等，移动互联网正在改变人们的生活、沟通、休闲娱乐甚至消费方式。

作为一种新型信息服务模式，移动云计算顺应这种时代需求而出现，为移动互联网的应用提供了强大的计算和存储能力等。尤其是近些年随着各种终端设备的广泛应用和其未来不可估计的使用数量，以及移动通信系统及技术的发展，未来注入到移动云计算中的下一代移动技术——5G及6G技术，使其预计将达到一个快速发展的时期，并能为移动服务带来一系列全新的研究热点[4]。未来以5G甚至6G主导的移动云计算应用，在节能降耗方面也向人们提供了新的机会和挑战。

3.2 5G 网络下移动云计算的能耗问题

目前,已经开展了许多关于研究云计算能耗问题的工作。如文献[5]从云计算基础设施角度,将云服务中心领域分为硬件和软件两大类,其中硬件包括服务器和网络设备,软件包括云管理系统和各种应用程序。然后按照这四个部分分别对云计算能耗研究的成果展开讨论、总结和展望;文献[6]分析了 68 篇关于云服务中心能耗的研究成果,按照节能技术和高效节能方法分别从数据中心服务器、网络、服务器与网络的联合和再生能源技术四个方面对云计算节能研究进行分类评述和总结;文献[7]从虚拟化、系统资源、实现目标和采用的节能措施或方法等几方面对数据中心能耗研究的多项成果进行了分析讨论;文献[8]对云计算环境中当前用来保存计算机硬件及网络基础设施能量的方法和技术进行了系统分析和分类,并指出未来的一些主要的研究挑战;文献[9]对数据中心进行能源效率计算研究,并提出云的能源效率管理架构原则,考虑 QoS 期望和设备功率使用特性的节能资源分配策略和调度算法以及一些开放研究挑战,解决这些挑战可以为资源消费者和供应者带来实质性好处;为了使数据中心的能效及性能得到进一步的提升,以各种基础设施的协同工作为研究基础,文献[10]全面致力于云计算环境中动态资源分配和配置算法的开发;文献[11]评估并预测了云计算平台的能效问题;文献[12]对云数据中心的能效技术进行调研和分类研究;文献[13]探讨了云数据中心的数据节能复制技术。由这些可知,云服务中心是改善云计算能耗的重点研讨对象。

根据文献[14-18]中关于移动云计算概念的描述,图 2-3 展示了移动互联网在云计算应用模式下的总体架构。相较于云计算结构,移动云计算在体系架构上进一步突出了移动设备和无线移动网络的重要地位。在移动云计算中,降低能耗是信息和通信两个方面的一个强制需求[8]。移动云计算通过提升网络设施及通信、移动设备和云服务中心的资源节约率,共享和虚拟化处理能力,以求进一步合理地控制系统开销。在移动云计算众多能耗研究成果中,除了一些关注数据中心的节能降耗[19-20]外,许多成果从移动设备和网络通信两个方面的能耗优化对移动云计算进行节能研究，例如：文献[21]为了实现绿色移动云计算提出了一种基于动态能量感知的微云模式；文献[22]实现了一个节能的移动云计算任务卸载框架；为保护移动设备能效，文献[23]探讨了有关随机无线信道下的移动云计算能量最优化理论框架；文献[24]针对移动云计算中移动设备和服务器的整个能耗做了优化研究，将能量最小化问题模拟成一个拥塞博弈，从而提出一种博弈论方法。显然，参照云计算能耗优化的研究方法，可以根据图2-3从网络设施及通信、移动设备和云服务中心三方面展开对移动云计算的能耗优化进行研究。

思科(Cisco)公司①在《思科年度互联网报告(2018—2023)白皮书》中明确指出：全球移动用户总数将从2018年的51亿(占人口的66%)增长到2023年的57亿(占人口的71%)；全球移动设备将从2018年的88亿台增长到2023年的131亿台，其中14亿台将支持5G。社会实际需求促使了新一代移动技术——5G的出现，它具有成本低、能耗低、安全可靠的特点。5G在带来巨大便利的同时，随着移动设备的迅速增加和普及，对网络设施、服务以及相关技术都提出了新的需求，未来随着5G更进一步地融入到移动云计算模式中，必将对移动云计算的能耗研究也带来了一系列的影响。首先，影响将体现在网络设施及通信的未来主导系统——5G自身的技术改进或变革上。5G是顺应时代需求而出现的，文献[25]曾指出：降低网络能耗是实现5G高性能目标至关重要的需求，而5G系统高性能的实现主要依靠一些关键技术的实现或改进。网络接入技术(如光载无线技术、高频段通信、云无线接入网、小蜂窝和大规模MIMO技术等)、网络技术(如超密集异构网络和软件定义网络等)、机器间(M2M)通信技术以及先进的波束形成技术等等是5G具有代表性的关键技术，结合超精益的设计，无线电接口上用户数据和系统控制平面的分离，虚拟化的网络功能等特点，促使5G相较于4G在频谱效率、传输速率、峰值速率、设备连接密度和流量密度等方面得到数十倍以上的提升，使端到端的时延达到毫秒级，保证了用户在速率为500 km/h的高速移动时能够正常通信，同时在很大程度上也降低了移动云计算应用中的能量

① http://www.cisco.com/c/en/us/solutions/collateral/executive-perspectives/annual-internet-report/white-paper-cll-741490.html.

消耗。比如文献[26]对如何构建节能型5G移动网络的信息中心网络技术：自组织网络技术、超密集异构网络技术、内容分发网络技术以及软件定义网络技术等进行了分析与探讨；为了平衡和最优化异构无线网络中的频谱效率、能效和服务质量，文献[27]提出了一个合作型绿色异构网络的系统框架。其次，影响体现在因5G高性能技术的实现和应用所引起的移动云计算无线网络服务模式的变化上，即从传统的集中式云服务演化成如今的分散式云服务主导模式，如动态微云模式、雾计算或移动边缘模式和Ad-Hoc移动云任务委托服务模式等，这些模式的广泛应用也引起了网络通信能耗的测量因素、计算方法或模型等随之发生改变。再次，影响主要体现在移动设备任务迁移方面。移动设备作为移动通信系统应用的主要参与对象，随着5G的出现和应用以及无线异构网络的发展，蜂窝网与局域网的共存得到了进一步的增强，与具有高代价频谱授权的蜂窝技术相比，Wi-Fi能利用未授权的频谱资源，因此可以为移动设备提供更多蜂窝网业务的机会卸载。同时，5G无线网络服务模式的改变使D2D、M2M的通信得到广泛应用，这将引起移动设备节能措施——移动计算卸载的服务模式及卸载策略等发生变化。如文献[28]根据5G中宏蜂窝基站、小小区基站和D2D三种计算卸载方式的特点，分析了缓存与计算卸载的关系，提出了一个联合移动感知缓存和小区基站密度的节能布置方案。文献[29]指出上行蜂窝系统的研究聚焦在最大化上行频谱效率，目的在于降低电池能量受限的移动设备的能耗；下行蜂窝系统及多小区网络主要研究每个用户在服务质量受限下的网络能效的最大化问题。最后，影响主要体现在云服务中心的网络资源供应或获取方式上。云服务中心作为大数据存储基地，为移动云计算应用提供了按需随时存储或获取的根本保证。为了提高移动设备的业务运行效率，作为融合了多种高性能技术的5G系统，使云中心的服务承载量下降，即将服务下放到基站、微云或其他移动设备上，从而降低了云服务中心的能耗。如文献[30]对5G系统中云辅助移动Ad-Hoc网络绿色数据中心的实现进行了研究。结合文献[31-40]等的相关研究内容，5G系统节能降耗的研究在移动云计算体系结构的三个组成部分中均有体现，特别是网络设施与通信部分，5G技术性能的提高对其节能研究的影响尤为突出[25]，然后是移动设备任务迁移部分和云服务中心部分。

综上所述，关于5G环境下移动云计算节能降耗措施研究的问题，本章按照 5G 对移动云计算体系结构中三个组成部分影响的重要程度，顺次从网络设施及通信、移动设备和云服务中心三个方面展开分析、探讨、对比和总结。

3.3　网络设施及通信节能研究

网络设施及通信是移动设备之间、云数据中心之间及移动设备与数据中心之间交互的基本保障。网络通信包括有线和无线两种方式。在移动云计算中，有线网络通信指的是云数据中心内部的通信和云数据中心之间的通信；而无线网络通信意指云数据中心与移动用户的通信。关于移动云计算网络设施及通信的节能研究可以按以上标准进行分类，见表 3-1。由于本节重点在于探讨 5G 移动通信系统下网络设施及通信的节能研究，所以此处不再对有线网络能耗问题的研究讨论分析。

表 3-1　网络设施及通信的节能研究

能耗分类	研究范围	描述	相关文献
有线网络	常规能效	一般的软硬件节能研究，比如：ECONET 项目①	[41][42][43][44][45]
	能耗随负荷的缩放	它最初主要是设计能量感知的网络设备，即根据业务量负载管理设备功耗。休眠和速率自调整是两个具有代表性的方法	[46][47]
	业务流管理和路由	基于单一设备的能量保护策略，网络中的能量保存可以通过探索高效节能的业务流管理和路由方法来实现	[48][49][50][51]
无线网络	常规能效	减少通信网络二氧化碳的释放，降低移动通信系统能耗，比如 GreenTouch 项目和② EARTH 项目③	[52][53][54][55]

① http://www.econet-project.eu/.

② https://www.ict-earth.eu/.

③ http://www.greentouch.org/.

续表

能耗分类	研究范围	描述	相关文献
无线网络	网络框架	从传统的宏蜂窝网络框架进化到HetNet(超密集异构网络)框架,它是降低网络能耗的主要方式	[56][57][58]
	能耗随负荷的缩放	无线网络设备可根据负荷情况线性地缩放能耗,比如当组件不用时切换到空闲状态,它是设备降耗的重要手段	[59][60]
	低复杂度处理	使无线通信处理变得更复杂的有限频谱资源容量最大化情况,比如大规模 MIMO 传输、基站协作等	[61][62][63]

无线技术包含无线传输技术和无线网络技术。由表 3-1 可知,无线网络节能降耗的研究主要集中在基础硬件设施节能技术或方案的实现。作为面向 2020 年以后因移动通信需求而发展的新一代移动通信系统,5G 未来侧重于实现与其他移动无线通信技术的无缝连接,并将提供随处可用的基础性业务以适应快速发展的社会需求和移动互联网应用[64]。为了适应移动无线网络的业务需求,5G 在无线传输技术和无线网络技术方面都有新的突破[65]。这两方面技术性能的进一步提高,使移动云计算应用模式中网络设施及通信效果得到很大改善的同时,能耗也大大降低,为移动无线网络节能研究带来了新的机会和挑战。因此,分析 5G 在无线传输技术和无线网络技术两个方面的节能研究现状及应用、抽取并总结目前存在的问题、探讨下一步研究的方向是非常有必要的。

3.3.1 5G 无线传输技术节能研究与分析

在无线传输技术方面,为了使移动互联网的业务支撑能力有所上升,5G 引进成效突出的新型多载波技术、大规模 MIMO 技术、新的波形设计技术、编码调制技术及全双工技术等超高效能的无线传输关键技术,这些技术能够深入挖掘频谱效率以提升自身潜力。

1. 大规模 MIMO 技术

频谱效率的数倍增长能够促使运营商的利益最大化，多天线多用户空分技术的出现有助于运营商通过大规模 MIMO 技术实现这一目标。多天线意味着大规模的天线配置，多用户指的是基站覆盖范围内的多个移动终端，依靠前者带来的空间自由度，大规模 MIMO 技术可以大幅度提升频谱效率，使得后者在同一时频资源上能够与基站同时进行通信；同时，它还可以使用大规模天线带来的分集与阵列增益，提升基站与用户通信的功效。特别地，在大规模分布式 MIMO 研究方面，我国一直走在国际的前列[66-68]。

信道模型、信道评估与信号检测技术、预编码技术、容量和传输技术性能分析等方面是近两年针对大规模 MIMO 技术的主要研究工作[69-72]。为了获得蜂窝网络上行/下行中大规模 MIMO 的天线最佳配置情况，在非合作多蜂窝时分双工（TDD）系统的上行和下行中，Jakob Hoydis 等人[69]假定每个基站天线数目是 N 个和每个小区有 K 个用户终端是大规模的情况。结合不相关信道中预编码器/检测器（如本征波束形成限制和匹配滤波器）的优势给系统带来的好处，并通过对多个实际场景（即 N 相对于 K 不是极其大）的分析得出：每个用户终端需要多少根天线才能取得具有无限多天线的最终性能极限的 $r\%$，以及需要最多多少个具有本征波束形成限制和匹配滤波器的天线才能实现最小均方差检测和正规化迫零的性能。在整个求解目标的过程中，系统模型将信道评估、导频污染以及每个链接的任意路径损耗和天线相关性等作为主要考虑因素并进行了相关计算。Saif 等人[70]对多用户 MIMO 广播信道进行研究，其中有 M 个单天线用户和 N 个发射天线，且要求每个天线发射恒包络信号，因为恒包络信号有利于高能效射频功率放大器的应用。此项研究在一定温和的信道增益条件下，对于固定的 M，即使存在严格的每个天线恒包络约束，阵列增益也是可以实现的。这个研究采用寻找接近最优恒包络发射信号的预编码方案，使得系统运算复杂度降低，很大程度上节省了系统能量。文献[71]探究多小区干扰受限蜂窝网络中的信道评估的情况。采用多天线系统，这样的系统通过每个基站上的每小区波束形成方式处理多小区干扰问题。由于导频污染对信道评估会造成负面影响，构成了整体性能的主要瓶颈。作者采用信道评估阶段小区间低速率协作的方式解决以上问题，该协作方式利用了额外次要的关于用户信道的统计信息，它提供了一种鉴别跨干扰用户（甚至有密切相关导频序列）的有效方式。结果显示，在大数目天线系统中，导频污染影响在一定的信道协方差条件下完全消失。文献[72]探讨了一个适用于大规模 MIMO 系统的软启发式检测器。该检测器工作在比特级别且包含三个阶段，每个阶段均对 bit 进行检测和处理，检测器的工作过程主要由具有不同性能和复杂度的两个软启发式算法完成。

尽管大规模 MIMO 技术在 4G 的基础上有可能将频谱效率和功率效率再提升一个量级，但依然存在一些问题：①缺乏广泛认可的信道模型。这主要因为对信道模型进行理论建模和实测的研究工作比较少。②频分双工(FDD)系统和高速移动应用场景使得目前的信道传输方案难以实施。其原因在于常用的 TDD 系统中用户与基站间存在较大差距的天线数量、难以利用的互易型上下行信道、高复杂度的预编码与信号检测运算三个方面。③信道容量及传输方案的性能分析结果存在明显局限性。其主要因为在分析时大都假设独立同分布信道，从而将大规模 MIMO 技术的瓶颈问题认为是导频污染。因此，对一系列与信道相关的研究进行深入分析和改进是非常必要的，比如，研究更加符合实际的信道模型，并分析它在一定实现复杂度和适度导频开销下可达到的功效及频谱效率、对信道容量产生的影响、最优的无线信道信息传输和获取方法、各种联合调配无线资源的方法等，均可以作为研究提升大规模 MIMO 技术性能的潜在领域。

2. 全双工技术

全双工技术是在外围设备与微处理器之间采用接收线和发送线各自独立的方式，使数据在两个方向上同时进行传送操作，是同时、同频进行双向通信的技术。在理论上，它可以增加频谱使用的灵活性，因为它具有可将频谱利用率翻倍提升的巨大潜能。同时，随着信号处理技术和器件技术的不断改进，为了充分挖掘无线频谱资源，全双工技术已成为 5G 系统的一个重要研究方向。

尽管全双工系统实际上比半双工系统可以取得更大的速率，但全双工系统并未摒除来自硬件和误操作引起的自干扰信号的负面影响。为此，文献[73]提出一个信号模型，它可以获取并处理一些主要干扰因素，比如振荡器相位噪声、混频器噪声和模拟/数字转换器的量化噪声等。该文献对速率增益区域也做了详细研究，最后实现全双工无线通信系统中速率增益区域与设计的折中。实验证明，对于小发射功率的应用，这种折中可以取得比半双工系统近似 1.2～1.4 倍的速率。针对自干扰问题，文献[74]在应用软件无线电的全双工通信系统中，提出以模拟无线电硬件总量为界的容量比较方式，通过注销重复利用的无线电，系统自干扰影响降到最低。在全双工传输中双向信道不完美的自干扰消除效果影响下，文献[75]制定了最优的动态功率分配方案，其目的是实现无线全双工总速率的最优化。文献[76]在干扰受限的多跳网络中对全双工在延迟和吞吐量方面的影响做了研究。

全双工技术为 5G 性能提升带来巨大好处的同时，也存在一些挑战性的问题：①全双工技术性能测试实验存在局限性，比如无法实现在大量终端和大量基站组网情况下的实际测试；②天线抵消技术[77-78]效果不理想，不能适用于 MIMO 系统；③缺乏在更合理的干扰模型基础上对半双工和全双工技术在 MIMO 条件下进行全面深入的性能分析等。因此，针对大动态多小区覆盖下的全双工技术，需要深入研究的主要内容包括干扰消除技术、容量分析、资源分配技术、组网技术及大规模组网条件下的实验验证、与 MIMO 技术的结合等。

3．滤波器组多载波技术(FBMC)

干扰消除或优化和空口频谱的灵活利用等是 5G 系统的重要问题。采用多个载波信号的多载波通信技术可以解决码间干扰问题，FBMC 作为 5G 系统多载波方案的一个重要选择，吸引了诸多学者的研究兴趣[79-82]。因 FBMC 容易设计，计算效率高，且具有能提升频谱利用率和抗频率选择性衰落的优势，其调制技术也被广泛应用[83]。

随着未来 5G 的普及，FBMC 技术的节能研究重点在于设计符合 5G 需求、以滤波器组为核心的算法。由于调制和原型两种滤波器的设计可以决定 FBMC 技术中多载波的性能，因此，对这两种滤波器的设计要求较为严格，而事实上类似于改变原型滤波器的长度以满足特定频率响应的设计或硬件实现都非常难，并且复杂度也很高。同时，认知无线电[84]作为解决频谱资源匮乏、非授权频段和授权频段利用率不平衡的关键技术，伴随近几年的理论发展，进一步推动了对 FBMC 技术的研究，使其更加符合 5G 系统的要求，值得深入研究。

3.3.2 5G 无线网络技术节能研究与分析

在无线网络技术方面，超密集异构小区部署、统一的自组织网络、软件定义无线网络等将被 5G 作为更加智能和灵活的组网技术及网络架构使用。

1. 超密集异构网络技术

文献[85]指出：在未来无线网络的宏基站笼罩范围下，各种低功率节点(具有各类无线传输技术)的布置密度将是如今的 10 倍以上，且支持每 25 000 个移动终端可同时共存于 1 km^2 的范围内[86]，站点及激活终端的数目将来甚至持平，即每一个终端都拥有一个小基站①。Bhushan 等人[87]讨论了网络致密化的优点，其中包括空间致密化。小小区的密集部署和频谱聚合是 5G 网络在不同频段最大化无线频谱的利用，而且在这个密集的网络架构中，小小区的密集部署仅限于室内场景，室外用户依旧处在传统的宏蜂窝中，即致密化无线网络是对现有蜂窝网络的补充。

5G 网络是多种无线接入技术(现有的各种无线接入技术及其后续演进，如 LTE、Wi-Fi、4G 和 5G 等)的共存，既有承担热点覆盖的低功率小基站，也有担任基础覆盖的宏基站。这些基站一般属于不同的运营商或用户，具有不同的网络架构，且多个网络会出现交叉覆盖等特点。结合 5G 小小区网络中回程业务面临的挑战，文献[88]对集中式和分布式无线回程网络架构进行了对比，结果表明，分布式无线回程网络架构更适合未来采用大规模 MIMO 天线和毫米波通信技术的 5G 网络。在 5G 移动通信系统中，毫米波通信一直被认为是小小区网络中无线回程的解决方案。大多数毫米波回程技术研究专注于天线阵列的设计和收发器的无线电频率元件，如波束形成和调制方案。文献[89]提出一个采用自适应子空间采样和分层波束码本的高效光束对准技术，且在小小区网络中实现。文献[90]评估了无线回程中毫米波频率上的短距离和中距离链路的可行性，并且也分析了收发器架构和技术的需

---

① Http://www.qualcomm.com/1000x/.

求。文献[89]和[90]的实验结果表明，毫米波技术的引入及改进，很大程度上提高了5G网络的频谱性能。

5G中超密集异构网络带来了巨大利益，但也激发了一连串的问题，比如：①不同干扰类型的共存问题。由于多层次网络覆盖的存在，5G网络中的干扰类型一般分为层间的和同层的，前者指不同覆盖层次之间的干扰，后者包括不同无线接入技术之间的干扰（共享频谱）和同一种无线接入技术之间的干扰（同频部署）。因此，为避免性能的损伤，实现多层次覆盖和各种无线接入技术的共存，需要寻求降低以上所有干扰的方法[91]。②存在于邻近节点中的多个干扰源在强度上非常接近，使得5G系统不能直接使用目前比较成熟的干扰协调算法，比如：面向单个干扰源的算法。③超密集网络部署的存在，导致无线回传网络也变得越来越庞大和复杂，利用和接入链路相同的频谱及技术进行回传，能够灵活地部署节点，并降低部署成本，这是一个解决此问题的重要研究方向。④在超密集型小区部署中，小区间无明显的规则分界，通常会存在同一区域被多个小区覆盖的情况，当智能设备移动时，其频繁在小区间进行复杂的切换操作，致使其服务性能得不到保障，因此，需要开发新的更适合实际应用场景的切换算法。⑤因为不同区域大量节点的随机性关闭和开启，引发干扰图像和网络拓扑无规则的动态性大范围变化，所以研究一些网络动态部署技术以适应这种时间和空间的动态变化是极其有必要的。

2. 自组织网络技术

Ad-Hoc网络具有无中心化和节点之间的对等性、自发现、自组织、自动配置和自愈的特点，它原先被特指为自组织网络，但是随着拥有类似特性的网络的出现，比如点对点（P2P）等，其概念趋向宽泛化。目前，将Ad-Hoc网络、IP网络和P2P网络均归为自组织网络。个人智能系统和自组织智能系统是自组织网络技术的研究目标，为此，它着重研究自组织情况下的一系列网络技术（比如自组织的计算网、移动网、传感器网和存储网等）、人机交互个性化界面技术、先进的信息安全系统、高可信且高弹性的数据网络，以及低成本的实时信息处理技术等。

与现有网络相比较，采用了复杂的无线网络架构和无线传输技术的5G

系统使得网络管理更复杂,5G 网络性能的保证迫切需要网络的深度智能化,即 5G 对自组织网络技术提出了更高的要求[92]。目前,应用 5G 技术的自组织网络存在的问题和挑战有以下几方面:①5G 的网络节点部署方式,导致 5G 网络在网络拓扑结构、负载分布、干扰情况和移动性等方面与现有无线网络都存在明显的区别,因此,运营商面对的难题是网络节点的自动配置和维护;②用户移动性和低功率节点的随机关开等引起的干扰源的不稳定和不固定,以及干扰源可能存在多个的问题,使得优化干扰协调技术难度增加;③必须优化网络动态部署技术,比如优化无线资源调配和小站点的半静态与动态的开关等,目的在于使其适应业务环境(空间和时间)的动态变化;④为了避免频繁切换和优化选择切换目标小区,可以使用双连接等形式保证移动的平滑性;⑤为了实现智能化的无线回传网络,可以借助自组织网络功能解决其规模庞大、结构复杂的问题。

3. 软件定义网络技术(SDN)

SDN 是将网络虚拟化的一种技术,它把一个软件层置于网络管理员和实体网络组件之间,使网络管理员不必手工配置物理的接入网络设备和硬件,而只需通过软件接口调整网络设备。它类似于虚拟化服务器和存储,目的在于简化维护和配置操作,但作为网络解决方案又不如后者完善。虽然 SDN 存在诸多优点,但它还不是一项成熟的技术,因为主要的技术厂商还没有为所有的网络产品达成互操作的标准,但这也并不意味着 SDN 不值得研究。恰恰相反,目前,资源分片和信道隔离、监控与状态报告、切换等关键技术是 SDN 在无线网络中应用的技术挑战,这些研究刚刚开始,还需要深入进行。

将 SDN 的概念引入无线网络,形成软件定义无线网络(SDWN),这是无线网络发展的重要方向[87,93-95]。目前,SDWN 仍处于初步研究阶段,在多个方面吸引了许多研究人员的兴趣。OpenRoad[96]是第一个关于 SDWN 的研究。它设想通过从底层物理基础设施上分离网络服务,用户能自由地在任意无线基础设施之间移动,而且他们提出了一种基于 OpenFlow 的开放和保守的兼容无线网络基础设施,并部署在大学校园里[97]。另外也有一些关于 SDWN 的研究集中在底层无线网络技术,如 OpenRadio[98]提出了一种可编程无线数据平面,它在多芯硬件平台上实现,用于连续无线网络演进。

OpenRF[99]提出了软件定义跨层的结构,用于管理当今具有商业 Wi-Fi 卡的网络中的 MIMO 信号处理。OpenRF 采用 SDN 理念,使接入点能控制物理层的 MIMO 信号处理,例如干扰置零,相干波束形成和干扰对齐。软件定义的无线接入网络也是 SDWN 的一个有吸引力的方向,因为无线接入网络给移动终端用户提供无处不在的无线连接并且集成了移动和无线的功能。SoftRAN[100]就是一个无线接入网络的软件定义集中式控制平面,它通过引入虚拟大基站实现。除此之外,还有很多研究关注软件定义 LTE 网络核心网[95]、设备供应商①、Ad-Hoc 网络[87]等方面。

通过以上及相关文献可知,SDWN 在如下几个方面面临一定的考验和挑战:支持异构网络、跨层软件定义、控制策略设计、公开接口、实时移动性、可扩展性和虚拟机迁移等,同时这些也为我们在 SDWN 方面的研究指明了方向。

3.3.3　无线网络通信典型应用分析

无线技术的改进,推进了无线网络服务模式的改变,以下是目前比较典型的两个模式应用。

1. Ad-Hoc 移动云任务委托服务模式

基于 Ad-Hoc 移动云的任务委托服务,Huerta-Canepa[101]提出了一种使用移动设备作为虚拟云计算提供者(MDaVCP)的方法,其框架如图 3 - 1 所示。

虚拟云提供者的创建和使用过程是非常简单的。一个处在稳定状态的用户想要执行一个任务,如果该任务需要消耗比设备本身可用资源更多的资源和能耗,那么系统需要对该设备附近的节点进行监听。如果存在可用节点,系统会中断应用程序的装载并修改应用程序,以便可以使用虚拟云来运行。为了满足以上需求,MDaVCP 必须做到:①进行资源监测和管理以至于识别出一个任务何时不能在本地移动设备上执行;②与已经存在的云 APIs

① http://www.huawei.com/ilink/en/solutions/broader-smarter/more-material-b/HW_20420.

无缝集成；③具有适用于移动设备的分离和卸载模式；④寻找具有相同或相似目标用户的活动检测功能；⑤自发交互的网络支持；⑥保存中间结果的超高速内存缓冲模式。MDaVCP 应用使得 Ad-Hoc 网络成为一个轻量级的、资源友好的、节能的自组织无线网络框架。

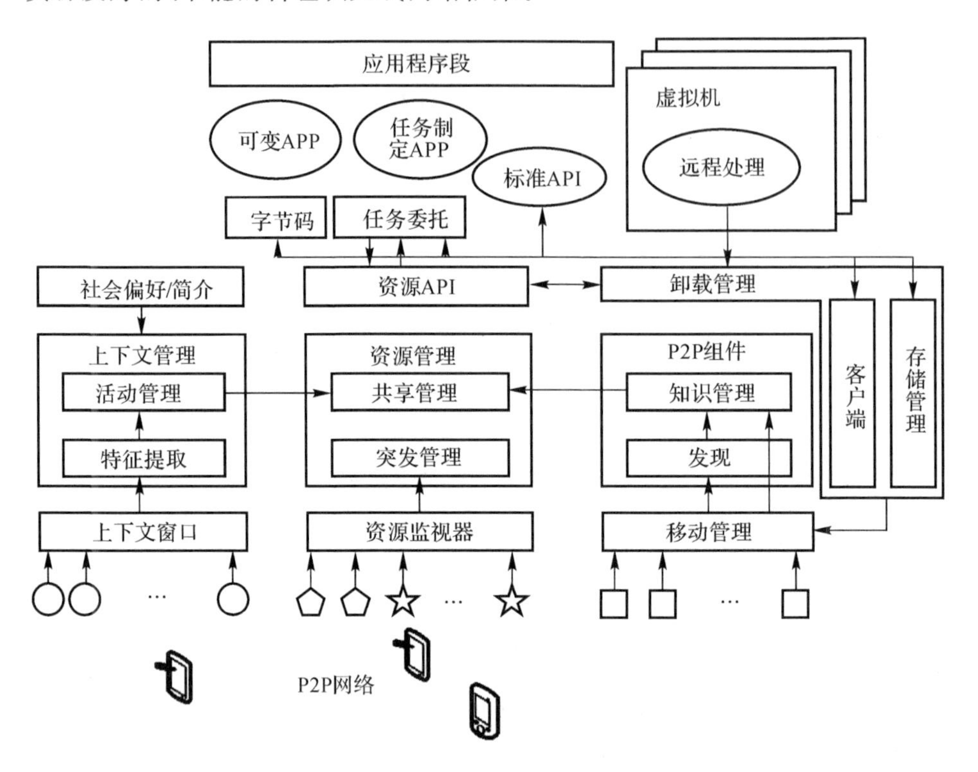

图 3－1　Ad-Hoc 移动云框架

2. 动态微云模式

动态微云模式(Dynamic Cloudlet(DCL)-based Model)是近些年网络节能研究的一种典型服务应用模式。Keke Gai 等[21]提出一个基于微云的动态节能移动云计算模式(DECM)，即利用动态微云模式解决无线通信应用中产生的额外能耗问题。图 3－2 展示了 DECM 的概念模型。

在 DECM 中，Cloudlet 作为一个连接移动设备和云服务的中间层，起到一个媒介的作用，主要执行业务逻辑判断。因为动态规划功能被嵌入到 Cloudlet，所以 Cloudlet 也称为动态 Cloudlet。DECM 的目标是找到在一定的时间限制内产生最小能耗的访问路线。整个能耗的计算与 Cloudlet 的总数、每个节点的时间代价、节点在某条方法路线上的服务性能水平和请求时传送服务的时间长度有着密切的关系。DECM 就是利用在移动设备和云中心之间加入用于完成业务逻辑功能的动态 Cloudlet，减轻了移动设备的负担，并降低了能量消耗；其不足之处主要在于实验仅采用单个服务请求进行测试，测试效果在客观普适性方面有一定的限制。

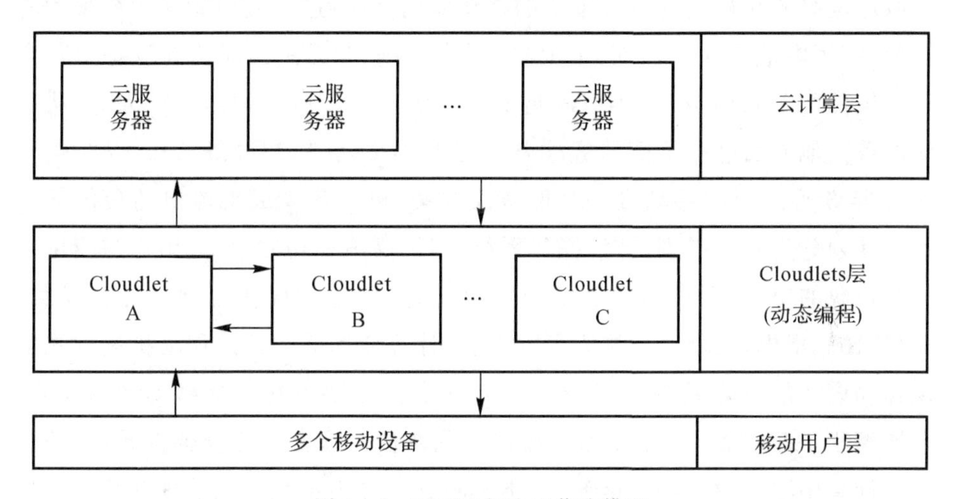

图 3－2　DECM 概念工作流模型

综上所述，在无线网络中，容量需求的增加促使异构网络架构向"宏蜂窝控制覆盖区域，小小区提供大部分容量"的框架模式转变。除了提供高容量外，这样的框架还具有降低网络能耗的巨大潜能。无论在学术方面还是工业方面，这种有效的异构网络都是一个非常值得研究的领域。为实现经济高效的小小区部署，最近的研究主要集中于提供无线回程与能量采集，因为回程和功率是两个显著的成本因素。而空闲模式控制的改进是能提高大量小小区能源效率的另一个重要研究范围。此外，对于宏蜂窝和微蜂窝，更有效的功率随负载的缩放和提高功放效率也尤为重要。同时，当小小区向更小模式发展的时候，处理复杂度成为能耗的一个限制因素。因此，低复杂度检测与编码算法和低功耗处理器也是进一步减少无线网络能源消耗的一个重要研究领域。而 5G 中高效节能的无线传输技术和无线网络技术可以促使以上这些研究的快速实现。

3.4 移动终端设备的节能研究

电池寿命是衡量移动设备是否节能的重要标准。当今,移动设备配备有类似定位服务和社交网络等丰富的移动应用程序,这些应用能够消耗很大的能量,缩短电池寿命。然而,电池技术的发展速度无法匹配移动设备上其余硬件组件的革新效果,它难以满足资源饥渴型移动应用的需求。因此,从移动设备其他方面进行节能研究非常有必要。文献[102]调研了从1999年至2011年5月之间的移动设备节能解决方案,根据各项成果提出的最优化类型将其划分为五个类别:节能操作系统、能量措施和功效模型、用户与应用和计算资源的交互、无线接口和协议的最优化、传感器优化管理和计算卸载。文献[103]指出,在软件架构方面,移动云计算使用基于云的移动扩展方式实现移动设备的节能降耗,基于云的移动扩展的主要方法包括移动计算卸载、多层编程、实时云流媒体和远程数据管理四种。综合上述分类方式,有关移动云计算中移动设备的节能研究,本节将其划分为本地资源管理和移动任务迁移两个范围,详情见表3-2。

表3-2 移动设备节能研究

研究范围	节能方法	描述	相关文献
本地资源管理	节能移动操作系统	通过移动平台和应用软件的协作统一对资源和能量进行管理	[104][105][106][107][108][109][110][111]
	能量措施和功率模型	从硬件组件能量消耗方式的角度建立节能模型或措施	[112][113][114][115][116]
	用户与应用程序和计算资源的交互	通过观察用户何时、何地、如何消耗电池电量及何时有充电的机会,确定电池充电周期和用户资源需求,设计相应节能系统	[117][118][119][120][121][122]
	无线接口与协议优化	通过对协议栈的每一层利用不同的功率状态实现更有效的无线接口(即跨层优化)	[123][124][125][126][127][128][129][130][101]

续表

研究范围	节能方法	描　述	相关文献
本地资源管理	传感器优化管理	传感器包括 GPS、基于网络的定位系统及具有不同分辨率和功率需求的定位加速度计，主要研究能耗和精确度的折中	[131] [132] [133] [134] [135] [136]
移动任务迁移	移动计算卸载	将移动设备上的计算工作迁移到云、微云或其他设备执行的节能研究	[137] [138] [139] [140] [141] [142] [143] [144] [145] [146] [28]

移动任务迁移作为移动设备实施节能的一项重要举措，主要依赖计算卸载实现。移动计算卸载是识别、分离移动应用的资源密集型组件并将其迁移到基于云的资源上的过程[103]，该过程主要包括任务如何分割、何时卸载、卸载到哪里执行三个部分，它是实现延长移动端电池寿命和提高其计算能力的主要措施[147]。移动计算卸载的完成一方面依赖于移动设备上各个本地资源的相互协作和支持，比如节能移动操作系统 ErdOS[104]（Android OS 的扩展）、Odyssey[148]或 ECOSystem[149]、无线接口[125]、传感器[55]等，即移动计算卸载借用本地资源的能耗信息进行建模，比如 TDM（Ternary Decision Maker）模型[139]和 MDP（Mobile Device Power）模型[141]。另一方面移动计算卸载可否顺利完成基本上主要依赖网络条件。结合 5G 的特征及相关文献可知，5G 下移动设备节能降耗研究主要集中在移动设备计算卸载方面，比如文献[28][137－146]等。因此，本节先分析和评述一些与 5G 相关的移动计算卸载节能研究成果并在基本信息方面进行了比较，然后总结 5G 在此方面的关注点，给出未来的研究方向。

3.4.1　5G 下移动设备任务迁移案例分析

在众多的移动云计算研究中，传统移动云框架是基于集中式的云计算，如文献[150]提出了一种基于集中式云计算的辅助药物推荐系统。但是，随着不断增长的移动数据量，集中式云架构具有更高的负荷和更长的回程链路延迟[143]，并且卸载密集型计算任务到云端和处理结果返回的通信代价也增加。5G 网络技术为这些问题带来了新的解决办法。如文献[151]考虑了用户终端和小小区基站的计算能力；文献[143][152－154]考虑了卸载计算任务到移动边缘云。通过对比，在 5G 超密集型蜂窝网络中使用小小区基站和用户终端来解决计算卸载的问题，其性能更优越。近两年相关研究成果如下。

1. 移动卸载服务模式

随着各种各样的网络资源在通信、缓存和计算等方面的普遍应用，急需一些新兴技术以满足 5G 网络中用户体验质量不断增长的需求[155-161]，尤其是物联网[162-163]和健康医疗系统[164]，异构蜂窝网络[165]的出现恰好满足以上需求，它由宏蜂窝基站、智能终端和小小区基站组成。考虑到传统集中式移动云架构的高负荷和高回程链路延迟以及终端移动性的特点，文献[28]探讨了缓存与计算卸载之间的区别与联系，并根据宏蜂窝基站、小小区基站和 D2D 三种计算卸载方式的优缺点，提出了一个混合计算卸载设计：联合移动感知缓存和小小区基站密度布置方案。该方案紧密结合 5G 的要求，根据一定的概率模型，分别计算宏蜂窝基站、小小区基站和 D2D 三种应用场景会提供服务的概率，通过对比概率值大小进行选择，这种方式充分考虑了用户的移动性特点，同时，该方案还重点关注缓存和通信能耗的计算，并给出详细的能耗计算模型，使得最终结果更符合实际情况。为了降低移动任务迁移过程中的能耗，Min Chen 等[137]根据 5G 系统中移动云计算服务模型的特点，对 Ad-Hoc Cloudlet 中计算卸载适用的服务模式：远程云服务（Remote Cloud Service，RCS）和已连接的自组织微云服务（Connected Ad-Hoc Cloudlet Service，CCS）进行了研究，提出一个全新的计算卸载适用模式：机会自组织微云服务（Opportunity Ad-Hoc Cloudlet Service，OCS）模式。该模式主要依据 5G 密集型小区部署的特征而提出，其主要优势在于不限制用户移动的同时，利用机会连接[166]实现一个计算节点和多个服务节点之间的交互，以达到通过高效的计算卸载实现节能的目的。该模式事先设定一个计算任务能被分割成多个子任务，根据特定的应用程序，子任务互不相同或有唯一标识，且每个服务节点仅仅只能运行一个子任务，当计算执行产生相对较长的时延时，在计算节点和服务节点的一个较短连接期间能够完成一个子任务的内容传送，且不考虑包的丢失和网络中传送大量数据引起的通信开销。这些设定会在很大程度上影响OCS模式的实际应用效果，并且它也未考虑移动设备空闲时的能耗和详细的通信干扰计算。

2．移动卸载策略研究

Chen Xu[138]提出了一种分散式计算卸载博弈（DCOG）方法实现移动设备的能效保护。DCOG模型主要利用分散式计算卸载博弈的有限步改善属性方法，使得在一个称为决策时间槽的时间段内只有一个移动设备用户改善他的计算卸载决策。显然，使用分散式计算卸载机制能为多个并行移动设备用户提供相互都满意的卸载决策结果，这是一个多用户合作博弈的过程[167]。DCOG采用通信和计算的能耗与执行时间的加权和最小化作为卸载决策目标，在能耗计算中详细考虑了因5G密集型小区部署引发的干扰计算问题，并使用博弈方式决策计算卸载是否要继续。DCOG的不足在于：第一，研究的应用场景采用近似静态的情况，即在一个计算卸载期间内，所有参与的移动设备用户保持不变，而两个卸载期间所参与的用户可以不同。第二，能量消耗和执行时间开销的权重取值具有主观人为性，不能很好地反映客观事实。第三，在执行干扰计算时，未考虑5G多小区协作中不同情况下干扰计算模型的不同。

移动边缘计算是由欧洲电信标准化协会提出的一种技术，它在5G演进架构的基础上，深度融合了互联网业务和基站，具有低延时、更为遍及的地理分布、位置感知、适应移动性的应用以及支持更多的边缘终端的明显特性，且能使得移动业务部署更加方便，满足更广泛的节点接入。针对计算集中式最优化的NP难题，文献[143]采用博弈论方法分析、设计和实现了一个分布式计算卸载算法，它可以实现纳什均衡，推导出收敛时间的上限，并在两个重要性能指标方面量化了针对集中式求最优解的有效比率，这是一种适用于移动边缘计算的有效计算卸载模式，重点关注移动边缘计算中在多通道无线干扰环境下多用户的计算卸载问题。对于干扰计算，作者依然采用文献[138]中用过的模型，但这一点不符合5G网络中因密集型小区部署和多小区协作而导致的干扰计算模型分情况计算问题，而干扰计算对网络数据传输速率起决定作用。

3．移动卸载能耗测量模型

为了评估应用程序在本地和云端执行时的能耗，Farhan Azmat Ali

等[141]提出一个移动设备功率(MDP)模型,其中能耗评估提供输入来决定应用程序在运行时哪一部分将被卸载。为了支持基于能量的动态卸载,MDP模型使用AIOLOS框架[168]实现安卓手机和远程云设施之间的组件卸载[169]。图3-3展示了基于节能动态卸载方法的能量消耗模型。

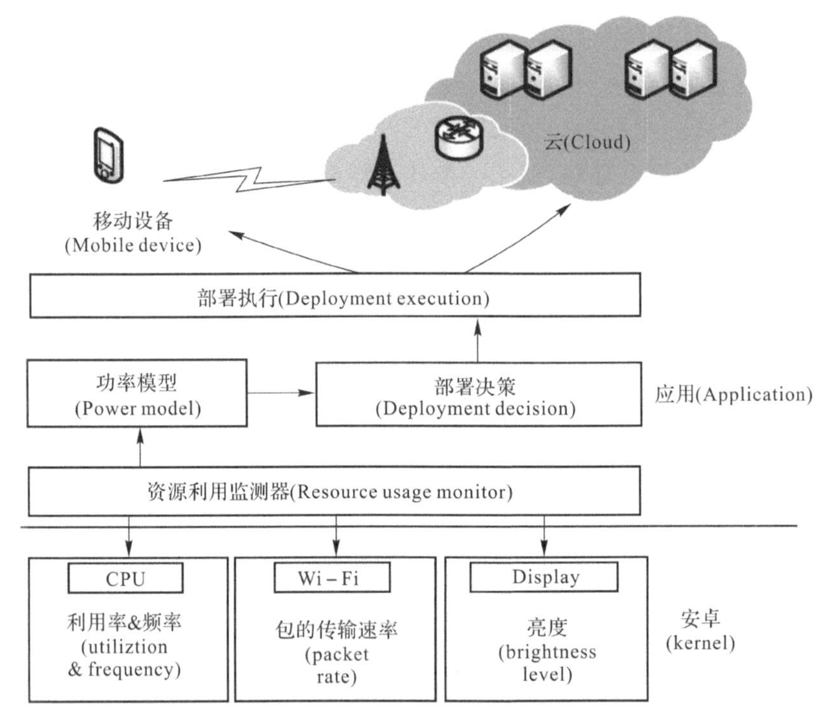

图3-3 MDP节能动态卸载框架

MDP模型将CPU、Memory、Display、Wi-Fi四方面的实际能耗作为评估是否卸载的基本标准,考虑因素具有全面性和客观性。能耗模型中所用参数的值都是通过移动设备上的一个功率监测器实际测量得到的,具有客观实时动态性。该模型无需事先分割代码,节省开销。其不足在于没有明确给出CPU、Memory、Display、Wi-Fi四种能耗之间的关系函数E。

Lin Ying-Dar等[139]提出了一个在后台运行的移动应用:三元决策(TDM)省时节能卸载框架。“三元”指CPU、图形处理器(GPU)[170]和Cloud,是移动应用程序可能被执行的三个位置,图3-4显示了其应用执行的流程。

TDM框架不用事先对任务进行分割,即不会有分割的开销生成,在移动应用程序执行期间动态决定某模块是否要分割且分割后卸载到哪个目标运行；其总代价函数客观地综合考虑性能和能耗的比例，尽可能将影响决策的主要因素都考虑到。该方法适合于所有安卓系统的移动设备，且不用再配备额外的硬件设备。其不足之处：第一，未考虑在获取影响因素值时产生的一定能量开销；第二，TDM 的准确性没有在其他不同的移动设备、移动应用及网络环境中取得验证，也没有考虑安全性等问题。

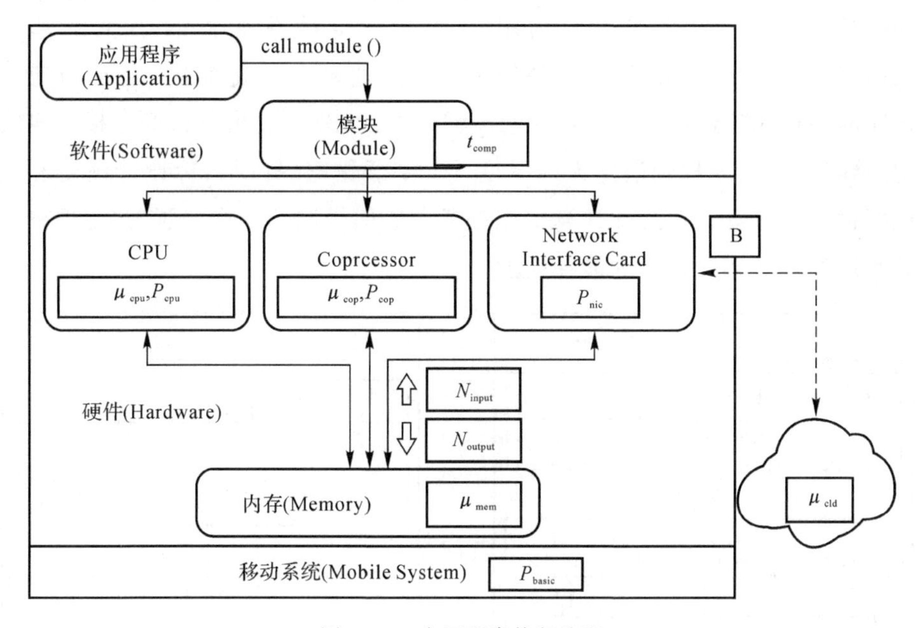

图 3-4　应用程序执行流程

事实上，文献[139]和[141]建立的无线网络能耗模型与 5G 网络没有直接关系，完全是从移动设备本身的硬件能量消耗情况作为研究出发点，但可以考虑作为 5G 网络技术应用成熟后的一种移动计算卸载能耗测量模型使用。

4. 其他

考虑线程级别的代码卸载，Mahbub E. Khoda 等[140]提出了一个“ExTrade”(Exact and Tradeoff decision making system)卸载决策系统，其框架如图 3-5 所示。ExTrade 将 5G 的特征参数充分考虑到卸载决策计算的因素中；时间和能量的节余权重根据电池余量计算，具有更高的自适应性；使用拉格朗日乘子解决多个优化目标间的非线性关系，结果更具客观性；由于环境和应用的时刻动态变化性，预估执行时间值使用回归统计方法，这使最终决策结果具有更高的准确度。其不足之处主要在于实验中对5G系统的一个移动设备仅使用了一个云服务器，这使得卸载任务时移动设备没有办法选择有更好服务性能的服务器。针对基于小小区的LTE网络，文献[142]提出一个无线资源调度和计算卸载联合优化框架。通过利用它们在信道条件和应用程序属性上的认识，能够适应在本地处理、卸载和保持空闲三个状态之间处理的决定。其中，移动用户使用附近具有一定计算能力的小小区基站(SCeNBs)提供的服务，以达到使用户终端上通过本地或远程方式运行应用程序的平均能耗最小化，且满足应用程序的平均延迟约束的目标。根据离线动态编程方法，为找到最优无线调度——卸载策略，针对目标设计确定和随机两种解决方案。在卸载计算中充分考虑通信模型的干扰问题，并使用确切的本地处理和卸载计算的能耗模型。

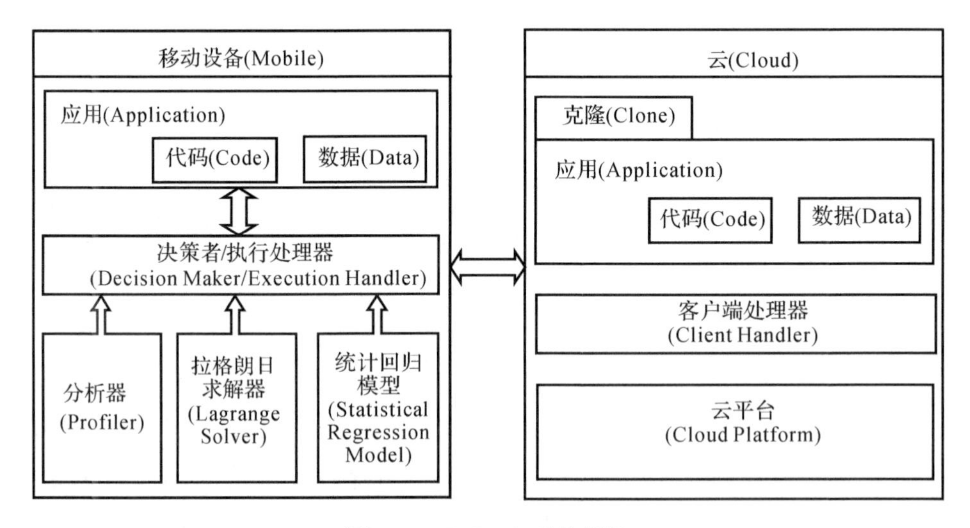

图3-5　ExTrade系统框架

3.4.2　5G下移动任务迁移节能研究分析

表3-3是对3.4.1节中列举文献能耗研究模型的分析比较。其中：能耗研究考虑因素是指移动云计算整个应用过程中大部分研究使用的、可能会产生能耗的指标因子，其中D2C指移动设备与云(包括小小区基站和宏基站)的通信；其他设备指其他移动或固定设备；研究对象粒度指研究方法中使

用的操作对象粒度级别；而代码是否事先分割和卸载目的地两个指标主要是为使用计算卸载方式降低移动设备能耗所设置的；各个研究方法在计算能耗或能耗相关因素时，会采用设计新模型、新模式或提高算法等方式，考虑到这些模式或算法本身是否还可以提高、完善，增加了指标“可扩展性”；关于这些模式或算法是否可以适用到任何通信技术的移动云计算环境中，增加了指标“适用性”；为了考察这些模型在研究时是否考虑符合 5G 特征的要求，增加指标“与 5G 相关性”的比较。另外，表 3－3 中，H、M、L 分别表示“High”“Medium”和“Low”。

表 3－3　移动任务卸载能耗研究各文献参数分析对比

文献	能耗研究考虑因素								研究对象粒度	代码事先分割	扩展性	适用性	与 5G 相关性	卸载目的地
	移动设备		云服务器		D2C 通信		其他代理							
	空闲	执行	空闲	执行	上传	下载	执行	通信						
[28]	No	Yes	No	Yes	Yes	Yes	Yes	Yes	Task	Yes	H	H	H	Cloud、Cloudlet、OtherMobile Devices
[137]	No	Yes	No	Yes	Yes	Yes	No	Yes	Task	Yes	H	H	H	Cloud、Cloudlet、OtherMobile Devices
[138]	No	Yes	No	Yes	Yes	No	No	No	Task	Yes	M	H	H	Cloud、Cloudlet
[143]	No	Yes	No	Yes	Yes	Yes	No	No	Task	Yes	M	H	H	Cloud、Cloudlet
[141]	No	Yes	No	No	Yes	No	No	No	Method	No	M	M	L	Cloud
[139]	Yes	Yes	Yes	Yes	No	No	Yes	Yes	Module	No	M	M	L	CPU、GPU、Cloud
[140]	Yes	Yes	No	No	Yes	No	No	No	Thread	Yes	M	M	H	Cloud
[142]	Yes	Yes	No	Yes	Yes	Yes	No	No	Task	Yes	H	H	H	Cloudlet

综上分析与对比可知，在传统的宏蜂窝网络中，能量以一种相对聚焦的方法传递，基站与移动设备之间的距离非常大，卸载计算任务或结果返回时需要相当高的传输功率，针对此问题，5G 网络采用密集型小区部署方案，利用小小区为用户卸载提供服务。和移动计算卸载相关的小小区基站密集型部署有两个优点：第一，它能降低计算卸载和整个无线访问通道延迟的传输

功耗，特别是能降低几个数量级的路径损耗，直到传输功率不在限制因素的范围；第二，它能增加移动设备在短距离范围内找到接入点的概率。因此，如果一些小小区基站被赋予了额外的云功能，无线通信和计算资源的可扩展性必会有所改善。目前，5G 网络密集型小区部署方案主要引起了移动计算卸载服务模式的改变，比如文献[137]和[28]。但是 5G 网络小区的密集性也增加了干扰环境的复杂度，而干扰计算是移动计算卸载中通信能耗模型的一个关键因素，比如文献[138]和[143]，5G 提倡用多小区协作方法来解决干扰计算的问题。随着移动应用的多样化和移动数据量的急剧增长，卸载任务变得比较复杂且卸载时间延长，5G 提供大规模 MIMO 举措实施处理分流，以缩短卸载任务到云端的时间。可是在最大化频谱资源有限容量的同时，大规模 MIMO 使无线通信处理变得越来越复杂，并且传统的基于集中式云计算的异构网络环境表现出了超高负荷和超长 ADSL 回程链路延迟，5G 网络应用毫米波链接技术克制了回程链路的限制，缩短计算卸载引发的延迟。毫米波链接方式具有非常高的容量和方向性，为无线接入点转发用户卸载请求到云上提供了一种有效的可缩短延迟的方法，它们常被用在家庭基站网络中。此外，这些高容量的链接在无线通信和计算方面促进了小小区基站间的合作[171]。而认知无线技术在实际应用中不仅具有自我学习的能力，还可能引起能耗模型的改变，它在制定最优跨网络计算资源卸载决策时起着重要的作用。

3.5 云服务中心节能研究

在移动云计算模式中，云中心由许多分散在世界各处的数据中心组成，主要以基础设施(Infrastructure)、平台(Platform)和软件(Software)形式向用户提供资源服务。绿色和平组织报告称：数据中心的全球电力需求大约是 31 GW，相当于将近 18 000 个家庭用度[172]，数据中心的电力需求增长非常快。J. Koomey[173]曾经指出：2010 年，通信、功率分布、冷却和服务器的能量利用率占美国整个功耗的 1.7%～2.2%之间，数据中心在运行时的能耗大约是 432 kW/h，计算服务约占整个数据中心功耗的 70%，交换和通信链路约占 30%。图 3-6 展示了整个数据中心的能耗分布情况。

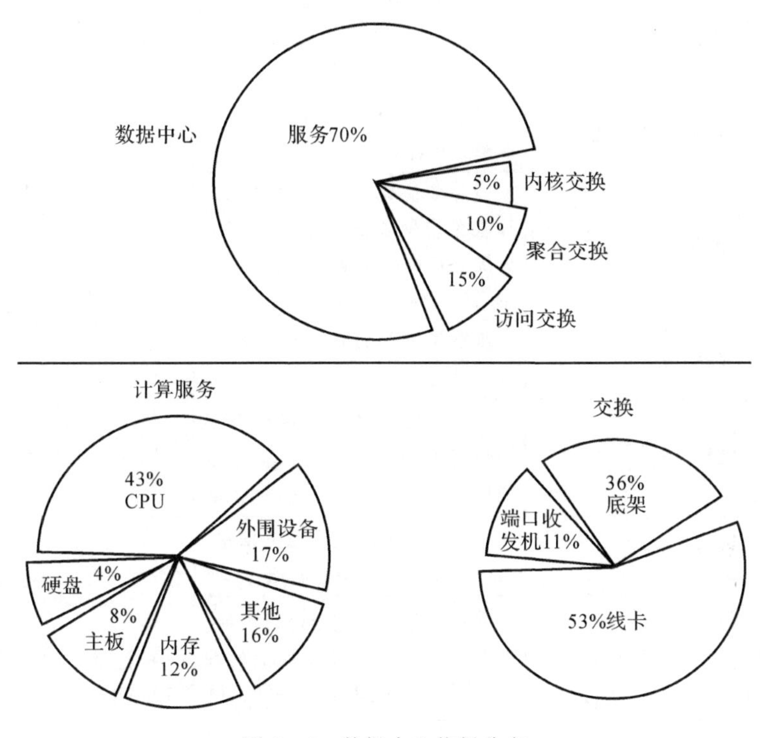

图 3-6　数据中心能耗分布

根据图 3-6 及相关文献，可将云数据中心能耗的研究分为以下四个方面：服务、网络、服务和网络的混合、再生能源技术（新的研究方向），并且每个方面都有多种不同的解决办法，见表 3-4。

表 3-4　云数据中心节能研究

研究范围	采用措施	描　述	相关文献
服务	虚拟化技术	在一个服务器上生成多个虚拟机，可减少使用中硬件的数量并降低其操作开销，提高资源利用率，是降低服务器能耗的主要技术之一	[174][175][176][177][178] 179][180][181][182][19]
	动态功率管理	通过降低计算服务的功率实现节能，主要采用使非活跃状态的服务器转到睡眠模式实现	
	动态电压/频率扩展	根据当前负载设置 CPU 的功率	

续表

研究范围	采用措施	描　述	相关文献
网络	自适应链接速率	通过动态设置链路数据速率以减少链路能耗	[183][184][185] [186] [187][188] [189] [30]
	虚拟网络嵌入	通过最优化方法使用嵌入式算法在较少数量的物理设施上分配虚拟网络资源，同时使空闲网络资源关闭或转到休眠状态	
	睡眠模式	将空闲网络资源关闭或转到休眠状态	
	绿色路由	通过向较少数量的网络资源提供路由服务达到减少能量使用	
服务与网络的混合	链路状态适配	根据每个链路上流量的信息，功率控制器适应链路状态	[190][191][192] [193] [194]
	服务器负载合并	通过消除网络冗余降低能耗。即合并少量链接和交换上的业务量，并关闭空闲的链接和交换	
	网络业务量合并	合并较少链接和交换中的网络业务量，并允许控制器关掉未用资源	
再生能源技术	可再生能源	应用实例：苹果的新北卡罗来纳州数据中心①、雅虎纽约数据中心、谷歌数据中心和微软数据中心	[195][196][197]

3.5.1　云服务中心典型节能研究分析

1. 动态电压频率扩展(DVFS)

DVFS 是降低云数据中心能耗的一种重要方式。频率越高，电压也越高，为了实现能源节约，DVFS 可根据实际运行情况对芯片的电压和运行频率做动态调整。Lin Xue 等[19]提出了一个具有 DVFS 的任务调度方法，该方法在应用

① http://www.apple.com/environment/reports/docs/Apple_Facilities_Report_2013.pdf.

完成时间的硬约束下，最小化移动设备上一个应用的整个能耗。不同于传统的本地任务调度问题[198]，在DVFS算法调度过程中，强化了任务优先级的需求；相对于文献中提到的任务调度算法，DVFS的整个计算复杂度较小，但忽略了任务执行结果返回的能耗，这将会对算法应用的任务类型有所限制。

2. 动态服务供给(ODPA)

不断变化是用户请求的特性，因为请求方式未知，甚至不能提前预测。此外，本地服务器和公共IaaS云之间的通信代价也不能忽视，如果租用的虚拟机数量动态调整，那么这个通信代价也将呈现动态变化的特性，而且IaaS云上的虚拟机租用价格也是变化的且不可预测。所有这些变化的因素都会对云服务供给产生很大作用。动态服务供给是指根据动态的用户需求，通过租用公共云上不同数量的虚拟机，SaaS提供者可以按比例扩展或缩减本身服务的计算能力。目前存在一些研究，如文献[199]和[200]，都要求对用户需求和虚拟机价格有个预先的认识或做一个精确的预测，而且不考虑用户请求的动态性，这势必不能明确提高混合云的动态服务供给性能。针对上述问题，Li S.等人提出了一种应用基于云动态服务供给的系统模型[182]，其框架如图3-7所示。

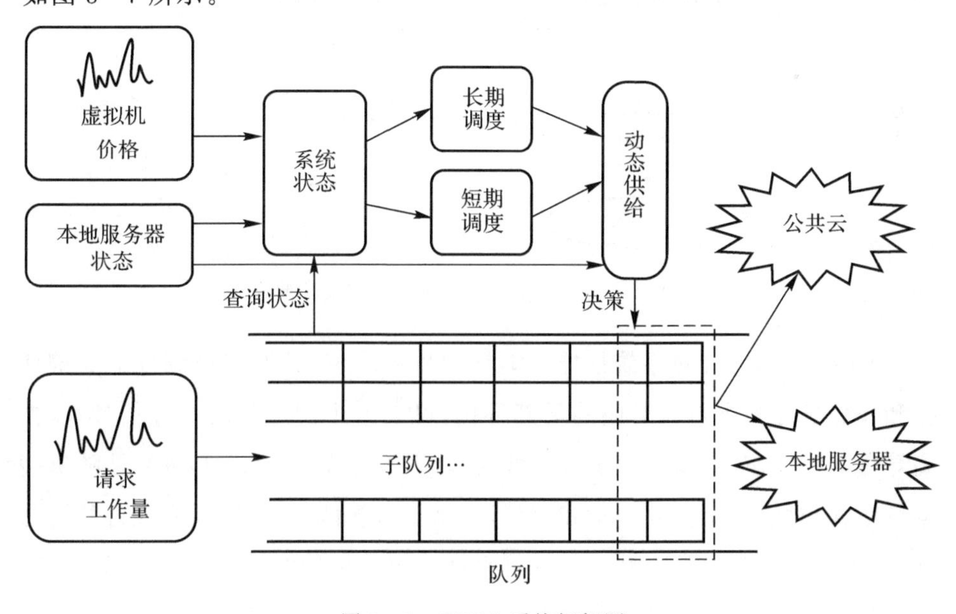

图3-7　ODPA系统框架图

相较于以往的模型，ODPA 中用户的请求是任意的，不用对公共云上虚拟机的价格做精确预测，同时也会考虑本地服务和 IaaS 云间的通信代价；对于实际问题数据，使用 Lyapunov 优化框架进行理论建模，并根据实际应用情况，实现资源或服务的在线动态分配，比传统的理想化离线优化分配方法成本更低，更节能。

3．任务调度

在异构云环境中，为了实现绿色多目标调度，李智勇等人[179]提出一个新的 Memetic 优化方法，即多目标 Memetic 调度优化算法（Multi-Objective Memetic Algorithm，MOMA）。该算法采用基于 Pareto 多目标优化的调度决策流程，如图 3－8 所示。

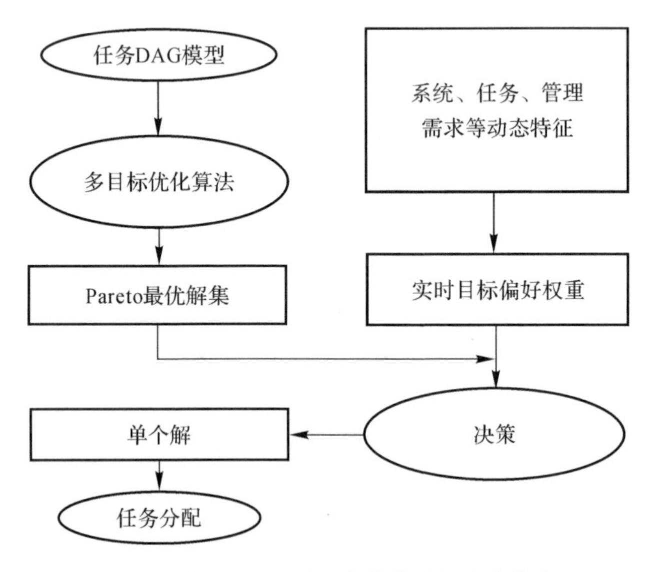

图 3－8　基于 Pareto 多目标优化的调度决策流程

MOMA 考虑计算系统性能和能耗的折中求解，并对当前调度的关键任务和非关键任务进行相对应的局部寻优，可以减少调度策略的评估计算，提高算法的收敛速度，最终达到减少算法计算开销的作用；MOMA 是随机搜索算法，会对解空间反复搜索和评估，是基于群智能优化的，具有较好的平行性，其服务的对象也是一种并行计算系统。相对于传统多目标算法，MOMA 的不足在于多了有向无环图（Directed Acyclic Graph，DAG）[201]任务图分层处理和局部搜索两个操作，虽然两个操作的计算复杂度远小于种群适应度评估的计算复杂度，但一定程度上增加了系统的计算开销。

4. 虚拟机迁移

为了保证车载网络中各种操作过程的顺利执行，针对不同虚拟机间的通信延迟和调度不同虚拟机时的环境切换延迟，Neeraj Kumar 等人[181]提出了一个贝叶斯联合博弈(BCG)[202-203]和基于学习自动机(LA)[204-205]的智能虚拟机迁移方法。其中，博弈论是对展现竞争或搏斗的行为进行研究的理论和方法，将其应用到虚拟机迁移和调度过程中，能有效地控制虚拟机负载均衡的问题，在一定程度上达到节能降耗的效果；学习自动机是具有可变结构的随机自动机与随机环境相互作用的模型，将其应用到车载网的移动设备上，使移动设备根据环境条件和以往自己的动作进行学习判断，选择对自身和大家都有利的决策；在不完全的信息获取情况下，贝叶斯决策首先用主观概率评估部分未知状态，其次，对于发生概率的修正则使用贝叶斯公式，然后，最优结果由修正概率和期望值联合给出。贝叶斯与博弈论的联合应用能减少虚拟机迁移和调度过程中的不必要的复杂操作，降低了能耗。其不足之处主要在于没有考虑整个过程中的通信和存储能耗，也忽视了基于贝叶斯的虚拟机管理器在为请求创建和使用 DAG 过程中的能耗。

3.5.2　5G 下云数据中心节能研究分析

在不考虑与外围设备交互的情况下，云数据中心节能降耗的研究主要体现在数据中心服务器及通信(数据中心内部及区间的通信)、数据中心云管理系统(虚拟化、监测系统和调度)和应用(运行环境、应用程序和操作系统)[5]三个方面。另外，根据表 3-4 和相关文献的详细评述，5G 作为一种移动无线网络技术，对云数据中心在以上三个方面的节能降耗研究不会起到直接的作用，除非数据中心内部或数据中心之间使用移动无线网络进行通信。

虽然 5G 不能直接影响云服务中心节能的研究，但是 5G 技术的某些应用情况会充分考虑云数据服务器的能耗问题。如为了解决 5G 应用中由于用户移动致使连接丧失，进而因重新路由选择和搜索服务器资源导致的能耗激增和性能的下降，Nguyen Dinh Han 等人[30]提出的一种 5G 中云辅助[206]

的移动 Ad-Hoc 网络(MANET)机制，云辅助的 MANET 是一个 P2P 的网络覆盖，由移动设备(peers)和接入 MANET 的云数据服务器组成，逻辑上连入 MANET 的云数据服务器，即能和 peers 形成间接或直接通信的云服务器，被称为 super-peer。当 super-peers 进入这个 P2P 网络覆盖区域时，区域内所有 super-peers 都知道彼此数据信息，当在这个区域内因用户移动发生连接丧失时，super-peers 间互相合作从而有效地进行路由选择和信息搜索。这个机制作用在网络协议的应用层，主要由服务通知、服务更新和服务分发三部分组成。图 3-9 展示了它的能耗计算模型性能验证效果。

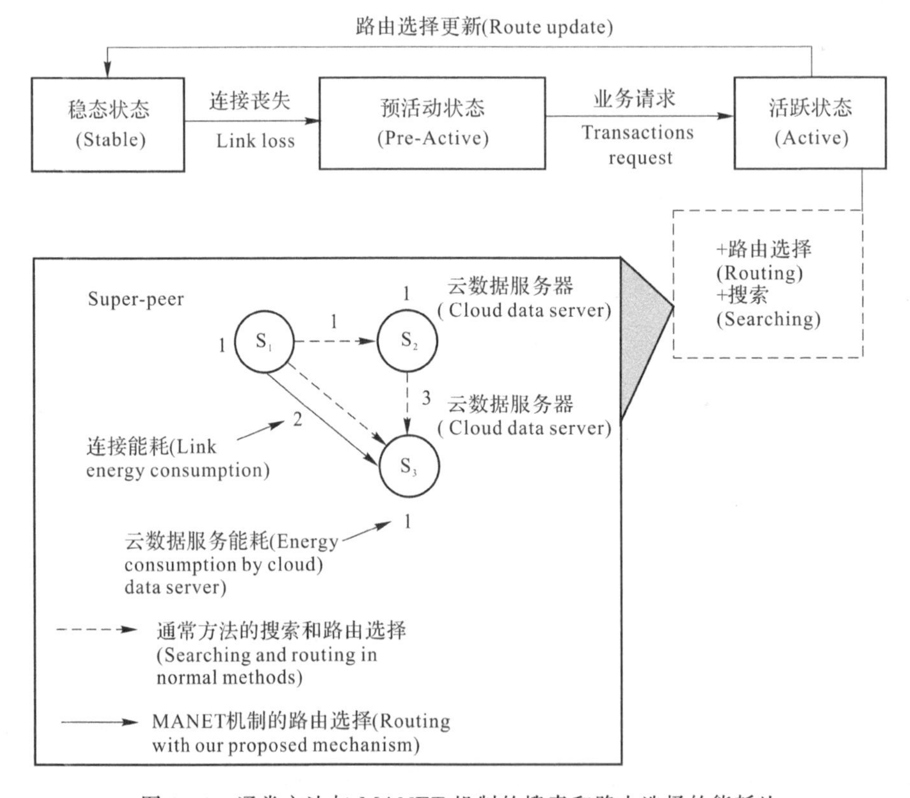

图 3-9 通常方法与 MANET 机制的搜索和路由选择的能耗比

云辅助的 MANET 机制的主要优点在于它能减少云数据服务中因搜索和路由选择引起的能耗问题。其不足在于使用云辅助的 MANET 机制降低能耗的同时没有考虑整个网络的性能，也没有考虑信息交换和生成节点关系结构图产生的能耗。虽然这样的方式存在很大的不足，但今后依然可以考虑通过扩展或提高类似的方法对与 5G 相关的云数据中心进行节能降耗研究。表 3－5 列出了 3.5.1 节中 4 个案例和 3.5.2 节中的 1 个案例在能耗研究中多个参数的对比情况，其参数含义同表 3－3。

表 3－5　云服务中心能耗研究各案例参数对比

案例（按举措命名）	能耗研究考虑因素								研究对象粒度	扩展性	适用性	与 5G 相关性
	移动设备		云服务器		D2C 通信		其他代理					
	空闲	执行	空闲	执行	上传	下载	执行	通信				
动态电压频率扩展	No	Yes	No	Yes	Yes	No	No	No	Task	M	H	M
动态服务供给	No	No	No	Yes	Yes	Yes	No	Yes	Request	M	H	M
任务调度	No	No	Yes	Yes	No	No	No	No	Task	M	H	L
虚拟机迁移	No	No	Yes	Yes	No	No	No	No	Request	M	H	L
路由选择和搜索	No	No	Yes	Yes	Yes	Yes	No	Yes	Data	H	H	H

3.6　存在的问题与展望

3.6.1　存在的问题及解决方案

5G 还未给出明确的标准，但 5G 是未来移动通信系统发展的必然结果，它的主要目标在于使移动用户时刻处于联网状态。相对于 4G 蜂窝网络的多天线技术（8 端口 Multi User－MIMO），5G 网络在基站安装几百根天线（128 根、256 根或者更多），从而实现几百个天线同时发送数据，可以带来更多的性能优势。高频段毫米波通信可以为 5G 应用提供充足的可用带宽和较优的天线增益。5G 的超密集小区覆盖使得小区边界消失，获得小区分裂增益，并结合有效改善网络覆盖的技术，比如中继等，在一定程度上大大地提升了系统容量。针对频谱资源紧缺的无线通信系统问题，5G 应用中使用了能够提升蜂窝通信系统频谱效率的终端直连 D2D 技术。全双工技术在理论上可使 5G 空闲频谱效率提升一倍。为了降低网络的建设成本和维护难度，未来5G采用基于无线电协作、处理集中化和实时云计算架构的绿色无线接入网架构——C-RAN,该架构能够使网络的复杂度和层级降低,从而使系统时延减少。作为未来主导的无线通信系统和技术,由于多种无线接入方式的协作,5G将不再是孤立的。未来随着大数据与移动云计算的融合需求,联网终端不断多元化、智能化和便携式的发展趋势及其数量呈指数级的增长速度,在很多方面都对终端提出了至高需求,比如终端的数据传输和处理能力。作为服务类型的终端,融合的接入技术的应用使其进一步泛网化,若以用户利益为主,它必须具有综合感知及交互、用户体验良好和应用的多样化等核心特性。总之,系统稳定、成本低、功耗低将成为5G下移动云计算应用的重要指标。

无疑,5G系统自身技术性能的实现和提升,在本质上能够提高移动云计算的服务质量,并降低移动云计算的能耗,但同时也激发了一连串的问题和挑战,比如,在未来网络流量成1 000倍增长的情况下,为保证总体网络能耗不增加,那么端到端的比特能耗效率需要提升1 000倍,这对各方面的协议设计和技术(内容分发、路由交换、网络架构、空口传输等)带来巨大挑战;随着技术的进步,可以预见未来的智能终端需要支持10多个无线电技术,如果想要多模终端达到空口速率1 Gb/s且成本低、功耗低,待机时间是目前的四五倍,则终端电池技术、芯片及应用等都面临着一系列的挑战。除此之外,复杂的网络拓扑结构,如何智能化无线回传网络,如何设计或选择合理的大规模MIMO的天线形态、频段,依赖于场景和应用的合适的MU(Multi User)配对算法与天线分块或者分布式的天线分配方法又是什么,如何设计网络节点动态部署方案以适应时间和空间的变化,信道模型、容量及传输方案如何选择,如何对干扰环境进行分析及建模,需要考虑智能终端的实时移动性的特点,以及支持移动用户频繁切换的技术、物理资源的调度和资源分配、频谱资源、大规模组网技术、控制策略的设计、可扩展性等等,为5G系统的应用及移动云计算的节能研究也带来了严峻的挑战。为了灵活应对上述挑战,结合本章第3、4、5节的分析、评述和探讨,5G下移动云计算节能措施研究将从如下方面分别提出相应的解决方案。

1. 网络设施及通信

(1)移动无线技术。为提升5G无线技术的性能,可以从影响或决定其效果的方法、措施着手。比如干扰模型或计算问题会对全双工技术、超密集异构网络技术、自组织网络技术等的性能产生一定的决定作用。因此，可以从详细分析干扰产生的原因并进行分类，构建合理的干扰模型，设计高效的干扰协调算法或优化干扰协调技术，寻求降低干扰带来的性能损伤方法等方面进行研究；信道的模型、容量及传输方案和天线抵消技术会影响到大规模MIMO技术在频谱效率和功效上的改善。因此，深入研究切合实际环境的信道模型，分析信道模型对信道容量的影响，分析实际信道模型在适度的导频开销和一定实现复杂度下可达到的频谱效率及功效，以及研究最优信道信息获取方法、无线传输方法、多用户共享空间无线资源的联合调配方法等，均可以作为研究提升大规模MIMO技术性能的潜在领域。复杂且庞大的无线回传网络、移动用户的频繁切换和网络节点的部署方案是超密集异构网络技术和自组织网络技术提高性能均需亟待解决的问题。因此，可以从分析无线回传网络的环境特点开始，利用和接入链路相同的频谱及技术进行回传，设计灵活的且能适应业务等随时间和空间动态变化的节点部署方案，能使网络节点自动配置和维护，开发或优化适合超密集型异构网络应用场景的切换算法，保障移动终端的服务性能等等。

(2)网络服务模式。根据实际需求，设计或选择适合5G系统应用的移动云计算网络服务模式。超密集异构网络部署方式和大规模的MIMO天线阵列促使5G系统采用“宏基站提供覆盖范围，小基站或小区提供容量”的服务部署模式。密集型小区部署使得D2D或M2M通信在5G环境的移动云计算中将普遍存在，这势必在根本上改变以往移动环境中以移动设备直连云数据中心为主的交互模式。D2D通信使得5G下移动云计算向“微云计算”“雾计算”或“移动边缘计算”等的服务模式转变。在这些新的服务模式中，服务功能基本都是依靠多小区协作的方式共同完成的。因此，为支持5G中新网络服务模式的顺利进行，在技术上必须使以下问题达到很好的解决效果，比如网络节点的动态部署、自动配置和维护，良好的信号模型，高性能的干扰消除技术和认知无线电技术，回传网络的智能化，足够的频谱资源，实时移动性，控制策略的设计等。在新的服务模式应用方面，需要设计或选择合理的、贴合实际需要的模型及算法等。

2. 移动设备

(1)移动设备配置。5G 网络会为计算、存储、网络资源、连接提供一体化的分布式平台,延迟可以低到毫秒级,将实现真正的物联网。5G 网络下,移动设备可高效地实现跨 4G LTE、5G、Wi-Fi 的并发连接和聚合[47],相对于 4G,大屏智能终端是 5G 时代的特征,终端体积的轻便化、主频性能的持续提升以及芯片的多核多模化等均对终端的耗电性能提出了更高的需求,因此,可以开发或改进屏幕显示技术、芯片架构、低复杂度算法及射频功放技术等以改善终端功耗。除此之外,还可以考虑提高支持 5G 通信的移动操作系统性能和优化 5G 下移动设备的无线多接口及协议等。

(2)移动任务迁移。移动任务迁移是 5G 系统应用对移动设备节能研究产生影响最大的一项,主要表现在移动卸载模式、卸载决策策略、卸载能耗评估模型及其他等方面。5G 密集型小区部署使得移动用户不仅可以将任务卸载的云端或微云,还可以卸载到附近的、具有处理能力的其他移动设备,这个移动设备可能是同小区的,也可能是不同小区的。多种卸载目的地的并存使得移动卸载模式变得复杂,这种复杂的移动卸载模式,也使得移动卸载决策策略随之复杂化,并且移动性或动态性的突显使计算结果取回的情况更难控制。由表 3－3 及相关文献分析可知,5G 环境下移动计算卸载考虑的能耗因素还不够全面,尤其是附近终端设备的计算能耗、D2D 间通信的能耗和移动设备空闲的能耗,同时存在为数不多的研究会将 5G 通信中对能耗影响不容忽视的噪声干扰和其他执行无线传输但不包含在移动云计算环境中的干扰因素作为重点考虑指标。而且,对于一个能耗研究方法的性能是否优于其他同类研究方法的评价是一个非常困难的工作,在表 3－3 列举的能耗研究模型中,有的仅仅以能耗为目标,有的以系统能耗和性能的各种关系(简单和、加权和、非线性关系等)为目标评价函数,并且评价大多采用模拟实验的方法进行功能的评价,很少进行实际性能评测。即使存在以硬件设备实际能耗建模作为性能评测标准的研究,但由于 5G 技术还未被应用,所以其效果很难评价。

因此,结合与移动任务迁移紧密相关的 5G 特征,如超密集小区覆盖、高频段毫米波通信、终端直连 D2D、终端多种无线接入方式的合作等,对 5G 下的移动卸载场景进行详细分析，确定移动卸载参与对象及角色分配，设计合理的移动卸载模式，选择适合的移动卸载策略，构建正确的移动卸载能耗模型，开发或改进并实现高效低复杂度的移动卸载算法等均可以作为5G下移动任务迁移实现能耗优化的解决方案。

3. 云数据中心

5G在云数据中心节能研究中不存在直接的表现，但是5G超密集型异构网络部署和大规模MIMO天线阵列等技术引起的一系列变化，如网络服务模式的变化、用户与数据中心交互模式的变化、网络拓扑结构的变化等等都会对云数据中心节能降耗产生很大的影响，可以考虑作为提升云服务中心能耗优化的措施或方法。

3.6.2　展望

结合第3.6.1节中提出的问题及相应的解决方案，可以从以下几个方面对5G环境下移动云计算节能降耗的研究做进一步的工作：

(1)对于5G作用下的移动云计算，无论研究哪一个组成部分或过程的能耗，为了使测量结果具有客观真实性，对于重要能耗指标要尽可能考虑全面，比如使用计算卸载降低移动设备能耗的方式中，移动设备空闲时的能耗、其他代理执行期间的能耗、决定通信能耗的复杂干扰计算模型的选取等都应该考虑到能耗模型的构建中。

(2)在5G下移动云计算的应用场景中，应进一步给出更合理的能耗目标评价标准，比如用硬件组件的实际能耗作为测量标准或采用最真实场景的数据参数。这里要尽可能同时考虑系统能耗和性能的折中问题，也即服务质量与服务体验折中的问题。

(3)尽量结合5G移动通信系统的技术指标和重要特征，进一步提高移动云计算中云数据中心的节能降耗效果。比如可以通过改进无线移动网络服务模式或提高搜索云服务器的路由算法降低云数据中心的能耗等。

(4)结合如人工智能、机器学习、随机几何理论、数据挖掘等其他学科的知识，探索适合5G环境下绿色移动云计算各种应用的新模型、新方法，比如由移动无线技术带来的能耗问题。对于全双工总速率最大化问题，它本身不是凸优化问题，但是可以通过制定最严格的下界功能和使用变量变动对数使其转化成凸优化问题；采用随机几何理论可以对异构网络的覆盖概率、中继正交频分复用(OFDM)或FBMC的系统容量以及认知无线Ad-Hoc网络容量等进行分析建模；可以通过改进机器学习中的算法等提高认知无线电技术的性能；也可以应用或改进机器学习中的小波神经网络、广义小神经模型计算机、核学习机和支持向量机等算法解决通信系统中的信道均衡问题。可以用蚁群算法、粒子群算法、博弈论等智能算法或几种算法的结合实现移动计算卸载中最优目标网络资源的选取或任务调度等性能的提高。同时，也可以结合这些知识对无线网络服务模式做进一步优化，比如移动边缘计算模式。

3.7 本章小结

从绿色计算的概念被提出以来，关于移动云计算在绿色计算方面的各种研究就层出不穷，尤其是能耗或能效保护措施及技术的研究，这些研究涉及了移动设备、网络设施及通信和云服务中心的软件和硬件等多方面。而5G移动技术的到来及其在可扩展性、多用途、能量效率、容量、智能性、用户体验等方面的新要求，进一步对移动云计算能耗模型研究提出了新的挑战，可以说，实现5G环境下移动云计算的节能降耗是非常活跃的一个方向。通过本章可以看出，5G环境下移动云计算的各个物理组成部分的节能研究还处于起始阶段，仍需广大研究工作者们的继续努力。

参考文献

[1] 郭兵，沈艳，邵子立. 绿色计算的重定义与若干探讨[J]. 计算机学报，2009，32(12):2311-2319.

[2] 黎远松，梁金明. 基于移动云计算架构下的能效保护研究[J]. 火力与指挥控制，2015，40(8):150-154.

[3] 过敏意. 绿色计算:内涵及趋势[J]. 计算机工程, 2010, 36(10):1 - 7.

[4] WANG X B, HAN G J, DU X J, et al. Mobile cloud computing in 5G: Emerging trends, issues, and challenges[J]. IEEE Network, 2015, 29(2):4 - 5.

[5] MASTELIC T, OLEKSIAK A, CLAUSSEN H, et al. Cloud computing[J]. ACM Computing Surveys,2015, 47(2):1 - 36.

[6] GHANI I, NIKNEJAD N, JEONG S R. Energy saving in green cloud computing data centers: a review[J]. Journal of Theoretical and Applied Information Technology, 2015, 74(1):16 - 30.

[7] BELOGLAZOV A, BUYYA R, LEE Y C, et al. A taxonomy and survey of energy-efficient data centers and cloud computing systems [J]. Advances in Computers,2011, 82(2): 47 - 111.

[8] BERL A, GELENBE E,DI GIROLAMO M, et al. Energy-efficient cloud computing[J]. Computer Journal, 2010, 53(7):1045 - 1051.

[9] BELOGLAZOV A, ABAWAJY J, BUYYA R. Energy-aware resource allocation heuristics for efficient management of data centers for cloud computing[J]. Future Generation Computer Systems, 2012, 28(5): 755 - 768.

[10] BUYYA R,BELOGLAZOV A,ABAWAJY J. Energy-efficient management of data center resources for cloud computing: a vision, architectural elements, and open challenges[J]. Eprint Arxiv, 2010, 12(4):6 - 17.

[11] SUBIRATS J, GUITART J. Assessing and forecasting energy efficiency on Cloud computing platforms [J]. Future Generation Computer Systems, 2015, 45: 70 - 94.

[12] KAUR T, CHANA I. Energy efficiency techniques in cloud computing [J]. ACM Computing Surveys, 2015, 48(2):1 - 46.

[13] BORU D, KLIAZOVICH D, GRANELLI F, et al. Energy-efficient data replication in cloud computing datacenters [J]. Cluster Computing, 2015, 18(1): 385 - 402.

[14] SANAEI Z, ABOLFAZLI S, GANI A, et al. Heterogeneity in

mobile cloud computing: taxonomy and open challenges[J]. IEEE Communications Surveys Tutorials, 2014, 16(1): 369 - 392.

[15] LIU F M, SHU P, JIN H, et al. Gearing resource-poor mobile devices with powerful clouds: architectures, challenges, and applications[J]. IEEE Wireless Communications, 2013, 20(3):14 - 22.

[16] BONINO D, DE RUSSIS L, CORNO F, et al. JEERP: Energy-aware enterprise resource planning[J]. IT Professional, 2014(4): 50 - 56.

[17] SABHARWAL M, AGRAWAL A, METRI G. Enabling green IT through energy-aware software[J]. IT Professional, 2013, 15(1): 19 - 27.

[18] CHEN M, ZHANG Y, LI Y, et al. EMC: Emotion-aware mobile cloud computing in 5G[J]. IEEE Network, 2015, 29(2): 32 - 38.

[19] LIN X, WANG Y Z, XIE Q, et al. Task scheduling with dynamic voltage and frequency scaling for energy minimization in the mobile cloud computing environment[J]. IEEE Transactions on Services Computing, 2015, 8(2): 175 - 186.

[20] ZHANG W W, WEN Y G, WU D O. Energy-efficient scheduling policy for collaborative execution in mobile cloud computing[C]// 2013 Proceedings IEEE International Conference on Computer Communications. Turin: IEEE, 2013: 190 - 194.

[21] GAI K K, QIU M K, ZHAO H, et al. Dynamic energy-aware cloudlet-based mobile cloud computing model for green computing[J]. Journal of Network and Computer Applications, 2016, 59: 46 - 54.

[22] SHIRAZ M, GANI A, SHAMIM A, et al. Energy efficient computational offloading framework for mobile cloud computing[J]. Journal of Grid Computing, 2015, 13(1): 1 - 18.

[23] ZHANG W W, WEN Y G, GUAN K, et al. Energy-optimal mobile cloud computing under stochastic wireless channel[J]. IEEE Transactions on Wireless Communications, 2013, 12(9): 4569 - 4581.

[24] GE Y, ZHANG Y K, QIU Q R, et al. A game theoretic resource

allocation for overall energy minimization in mobile cloud computing system [C]//Proceedings of the 2012 ACM/IEEE international symposium on Low power electronics and design. New York: Association for Computing Machinery, 2012: 279 - 284.

[25] FRENGER P, OLSSON M, YADING Y. 5G energy effieiency: key concept and potential technology[J]. Telecommunications Network Technology, 2015, 5:48 - 53.

[26] 周波. 关于构建节能型 5G 移动网络的技术探讨[J]. 中国新通信, 2016,18(11): 55 - 55.

[27] HU R Q, QIAN Y. An energy efficient and spectrum efficient wireless heterogeneous network framework for 5G systems [J]. IEEE Communications Magazine, 2014, 52(5): 94 - 101.

[28] CHEN M, HAO Y, QIU M, et al. Mobility-aware caching and computation offloading in 5g ultra-dense cellular networks [J]. Sensors, 2016, 16(7): 974.

[29] WU G, YANG C Y, LI S Q, et al. Recent advances in energy-efficient networks and their application in 5G systems[J]. IEEE Wireless Communications, 2015, 22(2): 145 - 151.

[30] HAN N D, CHUNG Y, JO M. Green data centers for cloud-assisted mobile ad hoc networks in 5G[J]. IEEE Network, 2015, 29(2): 70 - 76.

[31] ZHANG S, XU X, LU L, et al. Sparse code multiple access: An energy efficient uplink approach for 5G wireless systems [C]// Proceedings of the 2014 IEEE Global Communications Conference. Austin:IEEE, 2015: 4782 - 4787.

[32] SABELLA D, DE DOMENICO A, KATRANARAS E, et al. Energy Efficiency benefits of RAN-as-a-Service concept for a cloud-based 5G mobile network infrastructure[J]. IEEE Access, 2014, 2: 1586 - 1597.

[33] LIU Y, ZHANG Y, YU R, et al. Integrated energy and spectrum harvesting for 5G wireless communications [J]. IEEE Network,

2015，29(3)：75－81.

[34] HONG X M，WANG J，WANG C X，et al. Cognitive radio in 5G：a perspective on energy-spectral efficiency trade-off [J]. IEEE Communications Magazine，2014，52(7)：46－53.

[35] MAVROMOUSTAKIS C X，BOURDENA A，MASTORAKIS G，et al. An energy-aware scheme for efficient spectrum utilization in a 5G mobile cognitive radio network architecture[J]. Telecommunication Systems，2015，59(1)：63－75.

[36] BAI Q，NOSSEK J A. Energy efficiency maximization for 5G multi-antenna receivers[J]. Transactions on Emerging Telecommunications Technologies，2015，26(1)：3－14.

[37] CAVALCANTE R L G，STANCZAK S，SCHUBERT M，et al. Toward energy-efficient 5G wireless communications technologies：tools for decoupling the scaling of networks from the growth of operating power[J]. IEEE Signal Processing Magazine，2014，31(6)：24－34.

[38] MUMTAZ S，HUQ K M S，RODRIGUEZ J. Direct mobile-to-mobile communication：Paradigm for 5G [J]. IEEE Wireless Communications，2014，21(5)：14－23.

[39] CHIH-LIN I，ROWELL C，HAN S F，et al. Toward green and soft：a 5G perspective[J]. IEEE Communications Magazine，2014，52(2)：66－73.

[40] ZAPPONE A，SANGUINETTI L，BACCI G，et al. Energy-efficient power control：a look at 5G wireless technologies [J]. IEEE Transactions on Signal Processing，2016，64(7)：1668－1683.

[41] GUPTA M，SINGH S. Greening of the Internet[C]//Proceedings of the 2003 Conference On Applications，Technologies，Architectures，And Protocols For Computer Communications. New York：Association for Computing Machinery，2003：19－26.

[42] BOLLA R，BRUSCHI R，DAVOLI F，et al. Energy efficiency in

the future internet: a survey of existing approaches and trends in energy-aware fixed network infrastructures[J]. IEEE Communications Surveys & Tutorials, 2011, 13(2): 223－244.

[43] BIANZINO A P, CHAUDET C, ROSSI D, et al. A survey of green networking research [J]. IEEE Communications Surveys & Tutorials, 2012, 14(1): 3－20.

[44] GE J, YAO H B, WANG X, et al. Stretchable conductors based on silver nanowires: improved performance through a binary network design[J]. Angewandte Chemie, 2013, 125(6): 1698－1703.

[45] BARI M F, BOUTABA R, ESTEVES R, et al. Data center network virtualization: a survey [J]. IEEE Communications Surveys & Tutorials, 2013, 15(2): 909－928.

[46] GUPTA V K, SINGH A K, AL KHAYAT M, et al. Neutral carriers based polymeric membrane electrodes for selective determination of mercury (II) [J]. Analytica Chimica Acta, 2007, 590(1): 81－90.

[47] NEDEVSCHI S, POPA L, IANNACCONE G, et al. Reducing network energy consumption via sleeping and rate-adaptation[C]//Proceedings of the 5th USENIX Symposium on Networked Systems Design and Implementation. Berkeley: USENIX Association, 2008: 323－336.

[48] ZHANG Z K, LIU C, ZHANG Y C, et al. Solving the cold-start problem in recommender systems with social tags [J]. EPL (Europhysics Letters), 2010, 92(2): 28002.

[49] VASIĆ N, KOSTIĆ D. Energy-aware traffic engineering [C]//Proceedings of the 1st International Conference on Energy-Efficient Computing and Networking. New York: Association for Computing Machinery, 2010: 169－178.

[50] VASIĆ N, BHURAT P, NOVAKOVIĆ D, et al. Identifying and using energy-critical paths [C]//Proceedings of the Seventh Conference on emerging Networking EXperiments and Technologies.

New York: Association for Computing Machinery, 2011: 1 - 12.

[51] CIANFRANI A, ERAMO V, LISTANTI M, et al. An OSPF-integrated routing strategy for QoS-aware energy saving in IP backbone networks [J]. IEEE Transactions on Network and Service Management, 2012, 9(3): 254 - 267.

[52] SUAREZ L, NUAYMI L, BONNIN J M. An overview and classification of research approaches in green wireless networks[J]. Eurasip Journal On Wireless Communications and Networking, 2012(1):142.

[53] OLIVEIRA L, SADOK D H, GONÇALVES G, et al. Collaborative algorithm with a green touch[J]. Lecture Notes of the Institute for Computer Sciences Social Informatics & Telecommunications Engineering, 2012, 73:51 - 62.

[54] AUER G, GIANNINI V, DESSET C, et al. How much energy is needed to run a wireless network? [J]. IEEE Wireless Communications, 2011, 18(5): 40 - 49.

[55] CORREIA L M, ZELLER D, BLUME O, et al. Challenges and enabling technologies for energy aware mobile radio networks[J]. IEEE Communications Magazine, 2010, 48(11): 66 - 72.

[56] CLAUSSEN J C, FRANKLIN A D, UL HAQUE A, et al. Electrochemical biosensor of nanocube-augmented carbon nanotube networks[J]. Acs Nano, 2009, 3(1): 37 - 44.

[57] RAZAVI R, CLAUSSEN H. Urban small cell deployments: Impact on the network energy consumption[C]//Proceedings of the IEEE Wireless Communications and Networking Conference Workshops. Paris: IEEE, 2012: 47 - 52.

[58] YANG H, MARZETTA T L. Performance of conjugate and zero-forcing beamforming in large-scale antenna systems[J]. IEEE Journal on Selected Areas in Communications, 2013, 31(2): 172 - 179.

[59] GREBENNIKOV A, BULJA S. High-efficiency Doherty power amplifiers: Historical aspect and modern trends[J]. Proceedings of

the IEEE，2012，100(12)：3190－3219.

[60] CLAUSSEN H，ASHRAF I，HO L T W. Dynamic idle mode procedures for femtocells[J]. Bell Labs Technical Journal，2010，15(2)：95－116.

[61] MESLEH R Y，HAAS H，SINANOVIC S，et al. Spatial modulation [J]. IEEE Transactions on Vehicular Technology，2008，57(4)：2228－2241.

[62] HOCHWALD B M，TEN BRINK S. Achieving near-capacity on a multiple-antenna channel [J]. IEEE transactions on Communications，2003，51(3)：389－399.

[63] CLAUSSEN H，KARIMI H R，MULGREW B. Low complexity detection of high-order modulations in multiple antenna systems[J]. IEE Proceedings-Communications，2005，152(6)：789－796.

[64] 尤肖虎，潘志文，高西奇，等. 5G 移动通信发展趋势与若干关键技术[J]. 中国科学：信息科学，2014，5(16)：551－563.

[65] WANG C X，HAIDER F，GAO X Q，et al. Cellular architecture and key technologies for 5G wireless communication networks[J]. IEEE Communications Magazine，2014，52(2)：122－130.

[66] TAO X F，XU X D，CUI Q M. An overview of cooperative communications[J]. IEEE Communications Magazine，2012，50(6)：65－71.

[67] YOU X H，WANG D M，SHENG B，et al. Cooperative distributed antenna systems for mobile communications：coordinated and distributed MIMO[J]. IEEE Wireless Communications，2010，17(3)：35－43.

[68] YOU X H，WANG D M，ZHU P C，et al. Cell edge performance of cellular mobile systems [J]. IEEE Journal on Selected Areas in Communications，2011，29(6)：1139－1150.

[69] HOYDIS J，TEN BRINK S，DEBBAH M. Massive MIMO in the UL/DL of cellular networks：how many antennas do we need? [J].

IEEE Journal on Selected Areas in Communications, 2013, 31(2): 160 - 171.

[70] MOHAMMED S K, LARSSON E G. Per-antenna constant envelope precoding for large multi-user MIMO systems [J]. IEEE Transactions on Communications, 2013, 61(3): 1059 - 1071.

[71] YIN H F, GESBERT D, FILIPPOU M, et al. A coordinated approach to channel estimation in large-scale multiple-antenna systems [J]. IEEE Journal on Selected Areas in Communications, 2013, 31(2): 264 - 273.

[72] ŠVAČ P, MEYER F, RIEGLER E, et al. Soft-heuristic detectors for large MIMO systems[J]. IEEE Transactions on Signal Processing, 2013, 61(18): 4573 - 4586.

[73] AHMED E, ELTAWIL A M, SABHARWAL A. Rate gain region and design tradeoffs for full-duplex wireless communications [J]. IEEE Transactions on Wireless Communications, 2013, 12(7): 3556 - 3565.

[74] AGGARWAL V, DUARTE M, SABHARWAL A, et al. Full-or half-duplex? A capacity analysis with bounded radio resources[C]// Proceedings of the 2012 IEEE Information Theory Workshop. Lausanne: IEEE, 2012: 207 - 211.

[75] CHENG W, ZHANG X, ZHANG H. Optimal dynamic power control for full-duplex bidirectional-channel based wireless networks[C]// Proceedings of the 32nd IEEE International Conference on Computer Communications. Turin: IEEE, 2013: 3120 - 3128.

[76] JU H, LIM S, KIM D, et al. Full duplexity in beamforming-based multi-hop relay networks[J]. IEEE Journal on Selected Areas in Communications, 2012, 30(8): 1554 - 1565.

[77] JAIN M, CHOI J I, KIM T, et al. Practical, real-time, full duplex wireless[C]//Proceedings of the 17th Annual International Conference On Mobile Computing and Networking. New York: Association for Computing Machinery, 2011: 301 - 312.

[78] CHOI J I, JAIN M, SRINIVASAN K, et al. Achieving single channel,

full duplex wireless communication[C]//Proceedings of the sixteenth annual international conference on Mobile computing and networking. New York: Association for Computing Machinery, 2010: 1-12.

[79] WUNDER G, KASPARICK M, TEN BRINK S, et al. 5G NOW: Challenging the LTE design paradigms of orthogonality and synchronicity[C]//Proceedings of the 2013 IEEE 77th Vehicular Technology Conference (VTC Spring). Dresden: IEEE, 2013: 1-5.

[80] ESTELLA I, PASCUAL-ISERTE A, PAYARÓ M. OFDM and FBMC performance comparison for multistream MIMO systems [C]//Proceedings of the 2010 IEEE Future Network & Mobile Summit. Florence: IEEE, 2010: 1-8.

[81] SAHIN A, GUVENC I, ARSLAN H. A survey on multicarrier communications: Prototype filters, lattice structures, and implementation aspects [J]. IEEE Communications Surveys & Tutorials, 2014, 16(3): 1312-1338.

[82] PINCHON D, SIOHAN P. Derivation of analytical expressions for flexible PR low complexity FBMC systems [C]//Proceedings of European Signal Processing Conference. Marrakech: IEEE, 2013: 1-5.

[83] WANG G, CHEN Q, REN Z. Modelling of time-varying discrete-time systems[J]. IET Signal Processing, 2011, 5(1): 104-112.

[84] FARHANG-BOROUJENY B, KEMPTER R. Multicarrier communication techniques for spectrum sensing and communication in cognitive radios[J]. IEEE Communications Magazine, 2008, 46(4): 80-85.

[85] HWANG I, SONG B, SOLIMAN SS. A holistic view on hyper-dense heterogeneous and small cell networks[J]. IEEE Communications Magazine, 2013, 51(6): 20-27.

[86] LIU S, WU J J, KOH C, et al. A 25 Gb/s ($/km^2$) urban wireless network beyond IMT-advanced[J]. IEEE Communications Magazine, 2011, 49(2): 122-129.

[87] COSTANZO S, GALLUCCIO L, MORABITO G, et al. Software defined wireless networks: Unbridling sdns[C]//Proceedings of the 2012 IEEE European Workshop on Software Defined Networking. Berlin: IEEE, 2012: 1-6.

[88] GE X, CHENG H, GUIZANI M, et al. 5G wireless backhaul networks: challenges and research advances[J]. IEEE Network, 2014, 28(6): 6-11.

[89] HUR S, KIM T, LOVE D J, et al. Millimeter wave beamforming for wireless backhaul and access in small cell networks[J]. IEEE Transactions on Communications, 2013, 61(10): 4391-4403.

[90] DEHOS C, GONZÁLEZ J L, DE DOMENICO A, et al. Millimeter-wave access and backhauling: the solution to the exponential data traffic increase in 5G mobile communications systems? [J]. IEEE Communications Magazine, 2014, 52(9): 88-95.

[91] GALIOTTO C, MARCHETTI N, DOYLE L. Flexible spectrum sharing and interference coordination for low power nodes in heterogeneous networks [C]//Proceedings of the 2012 IEEE Vehicular Technology Conference (VTC Fall). Québec City: IEEE, 2012: 1-5.

[92] ALIU O G, IMRAN A, IMRAN M A, et al. A survey of self organisation in future cellular networks[J]. IEEE Communications Surveys & Tutorials, 2013, 15(1): 336-361.

[93] DEMESTICHAS P, GEORGAKOPOULOS A, KARVOUNAS D, et al. 5G on the horizon: key challenges for the radio-access network [J]. IEEE Vehicular Technology Magazine, 2013, 8(3): 47-53.

[94] SAVARESE G, VASER M, RUGGIERI M. A software defined networking-based context-aware framework combining 4G cellular networks with m2m[C]//Proceedings of the 2013 16th International Symposium on Wireless Personal Multimedia Communications (WPMC). Atlantic City: IEEE, 2013: 1-6.

[95] LI L E, MAO Z M, REXFORD J. Toward software-defined cellular networks[C]//Proceedings of the 2012 IEEE European Workshop on Software Defined Networking. Darmstadt: IEEE, 2012: 7 - 12.

[96] YANG M, LI Y, JIN D, et al. Software-defined and virtualized future mobile and wireless networks: A survey[J]. Mobile Networks and Applications, 2015, 20(1): 4 - 18.

[97] YAP KK, KOBAYASHI M, UNDERHILL D, et al. The stanford openroads deployment [C]//Proceedings of the 4th ACM International Workshop On Experimental Evaluation and Characterization. New York: Association for Computing Machinery, 2009: 59 - 66.

[98] BANSAL M, MEHLMAN J, KATTI S, et al. Openradio: a programmable wireless dataplane [C]//Proceedings of the First Workshop on Hot Topics in Software Defined Networks. New York: Association for Computing Machinery, 2012: 109 - 114.

[99] KUMAR S, CIFUENTES D, GOLLAKOTA S, et al. Bringing cross-layer MIMO to today's wireless LANs[J]. ACM Sigcomm Computer Communication Review, 2013, 43(4):387 - 398.

[100] GUDIPATI A, PERRY D, LI L E, et al. SoftRAN: Software defined radio access network[C]//Proceedings of the second ACM SIGCOMM workshop on Hot topics in software defined networking. New York: Association for Computing Machinery, 2013: 25 - 30.

[101] HUERTA-CANEPA G, LEE D M. A virtual cloud computing provider for mobile devices[C]//Proceedings of the 1st ACM Workshop on Mobile Cloud Computing & Services: Social Networks and Beyond. New York: Association for Computing Machinery, 2010: 1 - 5.

[102] VALLINA-RODRIGUEZ N, CROWCROFT J. Energy management techniques in modern mobile handsets[J]. IEEE Communications Surveys & Tutorials, 2013, 15(1): 179 - 198.

[103] ABOLFAZLI S, SANAEI Z, SANAEI M, et al. Mobile cloud

computing: the-state-of-the-art, challenges, and future research. Hoboken[D]. Hoboken: John Wiley & Sons Inc, 2015.

[104] VALLINA-RODRIGUEZ N, CROWCROFT J. ErdOS: achieving energy savings in mobile OS [C]//Proceedings of the Sixth International Workshop on MobiArch. New York: Association for Computing Machinery, 2011: 37 - 42.

[105] BELAY A, PREKAS G, KLIMOVIC A, et al. IX: a protected dataplane operating system for high throughput and low latency [C]//Proceedings of the Usenix Conference on Operating Systems Design and Implementation. Broomfield: USENIX Association, 2014: 49 - 65.

[106] LIN F X, WANG Z, ZHONG L. K2: a mobile operating system for heterogeneous coherence domains[J]. ACM SIGPLAN Notices, 2014, 49(4): 285 - 300.

[107] RUMBLE S M, STUTSMAN R, LEVIS P, et al. Apprehending joule thieves with cinder [J]. ACM SIGCOMM Computer Communication Review, 2010, 40(1): 106 - 111.

[108] ROY A, RUMBLE S M, STUTSMAN R, et al. Energy management in mobile devices with the cinder operating system[C]//Proceedings of the Sixth Conference on Computer Systems. New York: Association for Computing Machinery, 2011: 139 - 152.

[109] CHU D, KANSAL A, LIU J, et al. Mobile apps: it's time to move up to CondOS[C]//Proceedings of the Usenix Conference on Hot Topics in Operating Systems. Napa: USENIX Association, 2011: 1 - 5.

[110] FLINN J, SATYANARAYANAN M. Managing battery lifetime with energy-aware adaptation[J]. ACM Transactions on Computer Systems (TOCS), 2004, 22(2): 137 - 179.

[111] SNOWDON D C, LE SUEUR E, PETTERS S M, et al. Koala: a platform for OS-level power management[C]//Proceedings of the

4th ACM European Conference on Computer Systems. New York: Association for Computing Machinery, 2009: 289 - 302.

[112] SHYE A, SCHOLBROCK B, MEMIK G. Into the wild: studying real user activity patterns to guide power optimizations for mobile architectures[C]//Proceedings of the 42nd Annual IEEE/ACM International Symposium on Microarchitecture. New York: Association for Computing Machinery, 2009: 168 - 178.

[113] XIAO Y, BHAUMIK R, YANG Z, et al. A system-level model for runtime power estimation on mobile devices[C]//Proceedings of the IEEE/ACM International Conference on Green Computing and Communications (GreenCom). Hangzhou: IEEE, 2011: 27 - 34.

[114] PERRUCCI G P, FITZEK F H P, SASSO G, et al. On the impact of 2G and 3G network usage for mobile phones' battery life[C]//Proceedings of the 2009 European Wireless Conference. Aalborg: IEEE, 2009: 255 - 259.

[115] RICE A, HAY S. Decomposing power measurements for mobile devices[C]//Proceedings of the IEEE International Conference on Pervasive Computing and Communications. Mannheim: IEEE, 2010: 70 - 78.

[116] HANG L, TIWANA B, QIAN Z, et al. Accurate online power estimation and automatic battery behavior based power model generation for smartphones[C]//Proceedings of the International Conference on Hardware/software Codesign and System Synthesis, CODES+ISSS. New York: Association for Computing Machinery, 2010: 105 - 114.

[117] SHEPARD C, RAHMATI A, TOSSELL C, et al. LiveLab: measuring wireless networks and smartphone users in the field[J]. ACM SIGMETRICS Performance Evaluation Review, 2011, 38(3): 15 - 20.

[118] OLIVER E, KESHAV S. Data driven smartphone energy level prediction[R]. University of Waterloo Technical Report: CS-2010-06, 2010.

[119] FALAKI H, MAHAJAN R, KANDULA S, et al. Diversity in smartphone usage [C]//Proceedings of the 8th International Conference on Mobile Systems, Applications, and Services. New York: Association for Computing Machinery, 2010: 179-194.

[120] VALLINA-RODRIGUEZ N, HUI P, CROWCROFT J, et al. Exhausting battery statistics: understanding the energy demands on mobile handsets[C]//Proceedings of the Second ACM SIGCOMM Workshop on Networking, Systems, and Applications on Mobile Handhelds. New York: Association for Computing Machinery, 2010: 9-14.

[121] FALAKI H, LYMBEROPOULOS D, MAHAJAN R, et al. A first look at traffic on smartphones[C]//Proceedings of the 10th ACM SIGCOMM Conference on Internet Measurement. New York: Association for Computing Machinery, 2010: 281-287.

[122] TRESTIAN I, RANJAN S, KUZMANOVIC A, et al. Measuring serendipity: connecting people, locations and interests in a mobile 3G network [C]//Proceedings of the 9th ACM SIGCOMM Conference on Internet Measurement Conference. New York: Association for Computing Machinery, 2009: 267-279.

[123] KRASHINSKY R, BALAKRISHNAN H. Minimizing energy for wireless web access with bounded slowdown [J]. Wireless Networks, 2005, 11(1-2): 135-148.

[124] ZHOU R, XIONG Y, XING G, et al. ZiFi: wireless LAN discovery via ZigBee interference signatures[C]//Proceedings of the Sixteenth Annual International Conference on Mobile Computing and Networking. New York: Association for Computing Machinery,

2010：49－60.

[125] PENG Q，CHEN M，WALID A，et al. Energy efficient multipath TCP for mobile devices[C]//Proceedings of the 15th ACM International Symposium on Mobile Ad Hoc Networking and Computing. New York：Association for Computing Machinery，2014：257－266.

[126] PLUNTKE C，EGGERT L，KIUKKONEN N. Saving mobile device energy with multipath TCP[C]//Proceedings of the Sixth International Workshop on MobiArch. New York：Association for Computing Machinery，2011：1－6.

[127] LIM Y，CHEN Y C，NAHUM E M，et al. How green is multipath TCP for mobile devices?[C]//Proceedings of the 4th Workshop on All Things Cellular：Operations，Applications，& Challenges. New York：Association for Computing Machinery，2014：3－8.

[128] PATHAK A，HU Y C，ZHANG M. Where is the energy spent inside my app? fine grained energy accounting on smartphones with Eprof[C]//Proceedings of the 7th ACM European Conference on Computer Systems. New York：Association for Computing Machinery，2012：29－42.

[129] PERRUCCI G P，FITZEK F H P，WIDMER J. Survey on energy consumption entities on the smartphone platform[C]//Proceedings of the IEEE 73rd Vehicular Technology Conference (VTC Spring). Budapest：IEEE，2011：1－6.

[130] RAICIU C，NICULESCU D，BAGNULO M，et al. Opportunistic mobility with multipath TCP[C]//Proceedings of the Sixth International Workshop on MobiArch. New York：Association for Computing Machinery，2011：7－12.

[131] LANE N D，MILUZZO E，LU H，et al. A survey of mobile phone sensing[J]. IEEE Communications Magazine，2010，48(9)：140－150.

[132] CONSTANDACHE I, GAONKAR S, SAYLER M, et al. Enloc: Energy-efficient localization for mobile phones[C]//Proceedings of the 28th IEEE Conference on Computer Communications. Rio De Janeiro: IEEE, 2009: 2716 - 2720.

[133] LIN K, KANSAL A, LYMBEROPOULOS D, et al. Energy-accuracy trade-off for continuous mobile device location[C]//Proceedings of the 8th International Conference on Mobile Systems, Applications, and Services. New York: Association for Computing Machinery, 2010: 285 - 298.

[134] PAEK J, KIM J, GOVINDAN R. Energy-efficient rate-adaptive GPS-based positioning for smartphones[C]//Proceedings of the 8th International Conference on Mobile Systems, Applications, and Services. New York: Association for Computing Machinery, 2010: 299 - 314.

[135] ZHUANG Z, KIM K H, SINGH J P. Improving energy efficiency of location sensing on smartphones[C]//Proceedings of the 8th International Conference on Mobile Systems, Applications, and Services. New York: Association for Computing Machinery, 2010: 315 - 330.

[136] LU H, YANG J, LIU Z, et al. The Jigsaw continuous sensing engine for mobile phone applications[C]//Proceedings of the 8th ACM Conference on Embedded Networked Sensor Systems. New York: Association for Computing Machinery, 2010: 71 - 84.

[137] CHEN M, HAO Y, LI Y, et al. On the computation offloading at ad hoc cloudlet: architecture and service modes[J]. IEEE Communications Magazine, 2015, 53(6): 18 - 24.

[138] CHEN X. Decentralized computation offloading game for mobile cloud computing[J]. IEEE Transactions on Parallel & Distributed Systems, 2014, 26(4): 974 - 983.

[139] LIN Y D, CHU T H, LAI Y C, et al. Time-and-energy-aware computation offloading in handheld devices to coprocessors and clouds[J]. IEEE Systems Journal, 2015, 9(2):393 - 405.

[140] KHODA M E, RAZZAQUE M A, ALMOGREN A, et al. Efficient computation offloading decision in mobile cloud computing over 5G network[J]. Mobile Networks and Applications, 2016, 21 (5): 777 - 792.

[141] ALI F A, SIMOENS P, VERBELEN T, et al. Mobile device power models for energy efficient dynamic offloading at runtime[J]. Journal of Systems and Software, 2016, 113: 173 - 187.

[142] LABIDI W, SARKISS M, KAMOUN M. Energy-optimal resource scheduling and computation offloading in small cell networks[C]//Proceedings of the 22nd International Conference on Telecommunications (ICT). Sydney: IEEE, 2015: 313 - 318.

[143] CHEN X, JIAO L, LI W, et al. Efficient multi-user computation offloading for mobile-edge cloud computing [J]. IEEE/ACM Transactions on Networking, 2016,5(24):2795 - 2808.

[144] FLINN J, PARK S Y, SATYANARAYANAN M. Balancing performance, energy, and quality in pervasive computing[C]//Proceedings of the 22nd International Conference on Distributed Computing Systems. Paris: IEEE, 2002: 217 - 266.

[145] CUERVO E, BALASUBRAMANIAN A, CHO D, et al. MAUI: making smartphones last longer with code offload[C]//Proceedings of the 8th international conference on Mobile systems, applications, and services. New York: Association for Computing Machinery, 2010: 49 - 62.

[146] GURUN S, KRINTZ C, WOLSKI R. NWSLite: a light-weight prediction utility for mobile devices[C]//Proceedings of the 2nd international conference on Mobile systems, applications, and

services. New York: Association for Computing Machinery, 2004: 2 - 11.

[147] KUMAR K, LIU J, LU Y H, et al. A survey of computation offloading for mobile systems [J]. Mobile Networks and Applications, 2013, 18(1): 129 - 140.

[148] NOBLE B, PRICE M, SATYANARAYANAN M. A programming interface for application-aware adaptation in mobile computing[J]. Computing Systems, 1995, 8(4): 345 - 363.

[149] ELLIS C S. The case for higher-level power management[C]// Proceedings of the Seventh Workshop on Hot Topics in Operating Systems. Rio Rico: IEEE, 2022: 162 - 167.

[150] ZHANG Y, ZHANG D, HASSAN MM, et al. CADRE: Cloud-assisted drug recommendation service for online pharmacies[J]. Mobile Networks and Applications, 2015, 20(3): 348 - 355.

[151] LI Y, WANG W. Can mobile cloudlets support mobile applications? [C]//Proceedings of the IEEE INFOCOM 2014 - IEEE Conference on Computer Communications. Toronto: IEEE, 2014: 1060 - 1068.

[152] TONG L, LI Y, GAO W. A hierarchical edge cloud architecture for mobile computing[C]//Proceedings of the IEEE International Conference on Computer Communications (INFOCOM). San Franciso: IEEE, 2016: 1 - 9.

[153] LIU Q, MA Y, ALHUSSEIN M, et al. Green data center with IoT sensing and cloud-assisted smart temperature control system[J]. Computer Networks, 2016, 101: 104 - 112.

[154] GE X, HUANG X, WANG Y, et al. Energy-efficiency optimization for MIMO-OFDM mobile multimedia communication systems with QoS constraints[J]. IEEE Transactions on Vehicular Technology, 2014, 63(5): 2127 - 2138.

[155] LI J, QIU M, MING Z, et al. Online optimization for scheduling

preemptable tasks on IaaS cloud systems[J]. Journal of Parallel and Distributed Computing, 2012, 72(5): 666 - 677.

[156] LI J, MING Z, QIU M, et al. Resource allocation robustness in multi-core embedded systems with inaccurate information [J]. Journal of Systems Architecture, 2011, 57(9): 840 - 849.

[157] GE X, TU S, MAO G, et al. 5G ultra-dense cellular networks[J]. IEEE Wireless Communications, 2016, 23(1): 72 - 79.

[158] VOLK M, STERLE J, SEDLAR U, et al. An approach to modeling and control of QoE in next generation networks: next generation telco IT architectures[J]. IEEE Communications Magazine, 2010, 48(8): 126 - 135.

[159] LIN K, WANG W, WANG X, et al. Qoe-driven spectrum assignment for 5G wireless networks using sdr [J]. IEEE Wireless Communications, 2015, 22(6): 48 - 55.

[160] HOSSAIN M S, MUHAMMAD G, ALHAMID M F, et al. Audio-visual emotion recognition using big data towards 5G[J]. Mobile Networks and Applications, 2016, 21(5): 753 - 763.

[161] ZHENG K, ZHANG X, ZHENG Q, et al. Quality-of-experience assessment and its application to video services in LTE networks [J]. IEEE Wireless Communications, 2015, 22(1): 70 - 78.

[162] STERLE J, SEDLAR U, RUGELJ M, et al. Application-driven OAM framework for heterogeneous IoT environments [J]. International Journal of Distributed Sensor Networks, 2016, 2016:3.

[163] SEDLAR U, RUGELJ M, VOLK M, et al. Deploying and managing a network of autonomous internet measurement probes: lessons learned[J]. International Journal of Distributed Sensor Networks, 2015, 2015: 1 - 8.

[164] ZHANG Y, QIU M, TSAI C W, et al. Health-CPS: healthcare cyber-physical system assisted by cloud and big data[J]. IEEE

Systems Journal, 2017, 11(1):88 - 95.

[165] QIU M, SHA E H M. Cost minimization while satisfying hard/soft timing constraints for heterogeneous embedded systems[J]. ACM Transactions on Design Automation of Electronic Systems (TODAES), 2009, 14(2): 25.

[166] HAN B, HUI P, KUMAR V S A, et al. Mobile data offloading through opportunistic communications and social participation[J]. IEEE Transactions on Mobile Computing, 2012, 11(5): 821 - 834.

[167] YANG L, CAO J, YUAN Y, et al. A framework for partitioning and execution of data stream applications in mobile cloud computing [J]. ACM SIGMETRICS Performance Evaluation Review, 2013, 40(4): 23 - 32.

[168] VERBELEN T, SIMOENS P, DE TURCK F, et al. AIOLOS: middleware for improving mobile application performance through cyber foraging[J]. Journal of Systems and Software, 2012, 85(11): 2629 - 2639.

[169] HUANG J, QIAN F, GERBER A, et al. A close examination of performance and power characteristics of 4G LTE networks[C]// Proceedings of the 10th international conference on Mobile systems, applications, and services. New York: Association for Computing Machinery, 2012: 225 - 238.

[170] WANG Y C, DONYANAVARD B, CHENG K T. Energy-Aware Real-Time Face Recognition System on Mobile CPU-GPU Platform [J]. Trends and Topics in Computer Vision, 2012, 6554: 411 - 422.

[171] RAPPAPORT T S, SUN S, MAYZUS R, et al. Millimeter wave mobile communications for 5G cellular: It will work! [J]. IEEE Access, 2013, 1(1): 335 - 349.

[172] COOK G. How clean is your cloud? [D]. Haryana, India: Cyber Media India Ltd, 2012.

[173] KOOMEY J. Growth in data center electricity use 2005 to 2010 [D]. Palo Alto:Stanford University, 2011.

[174] HSU C H, SLAGTER K D, CHEN S C, et al. Optimizing energy consumption with task consolidation in clouds [J]. Information Sciences, 2014, 258: 452－462.

[175] WANG L, KHAN S U, CHEN D,et al. Energy-aware parallel task scheduling in a cluster[J]. Future Generation Computer Systems, 2013, 29(7): 1661－1670.

[176] GHRIBI C, HADJI M, ZEGHLACHE D. Energy efficient VM scheduling for cloud data centers: exact allocation and migration algorithms[C]//Proceedings of the 13th IEEE/ACM International Symposium on Cluster, Cloud and Grid Computing (CCGrid). Delft: IEEE, 2013: 671－678.

[177] AROCA R V, GONÇALVES L M G. Towards green data centers: a comparison of x86 and ARM architectures power efficiency[J]. Journal of Parallel and Distributed Computing, 2012, 72(12): 1770－1780.

[178] LEE Y C, ZOMAYA A Y. Energy efficient utilization of resources in cloud computing systems[J]. The Journal of Supercomputing, 2012, 60(2): 268－280.

[179] 李智勇，陈少淼，杨波，等. 异构云环境多目标 Memetic 优化任务调度方法[J]. 计算机学报，2016，39(2):377－390.

[180] DABBAGH M, HAMDAOUI B, GUIZANI M, et al. Toward energy-efficient cloud computing: Prediction, consolidation, and overcommitment[J]. IEEE Network, 2015, 29(2): 56－61.

[181] KUMAR N, ZEADALLY S, CHILAMKURTI N, et al. Performance analysis of Bayesian coalition game-based energy-aware virtual machine migration in vehicular mobile cloud[J]. IEEE Network, 2015, 29(2): 62－69.

[182] LI S, ZHOU Y, JIAO L, et al. Towards operational cost minimization in hybrid clouds for dynamic resource provisioning with delay-aware optimization[J]. IEEE Transactions on Services Computing, 2015, 8(3): 398-409.

[183] BOTERO J F, HESSELBACH X, DUELLI M, et al. Energy efficient virtual network embedding[J]. IEEE Communications Letters, 2012, 16(5): 756-759.

[184] FISCHER A, BOTERO J F, BECK M T, et al. Virtual network embedding: A survey[J]. IEEE Communications Surveys & Tutorials, 2013, 15(4): 1888-1906.

[185] HELLER B, SEETHARAMAN S, MAHADEVAN P, et al. Elastic Tree: saving energy in data center networks[C]//Proceedings of the Usenix Symposium on Networked Systems Design and Implementation, NSDI 2010. San Jose: USENIX Association, 2010: 249-264.

[186] SI W, TAHERI J, ZOMAYA A. A distributed energy saving approach for Ethernet switches in data centers[C]//Proceedings of the 2012 IEEE 37th Conference on Local Computer Networks (LCN). Clearwater: IEEE, 2013: 505-512.

[187] SHANG Y, LI D, XU M. Energy-aware routing in data center network[C]//Proceedings of the First ACM SIGCOMM workshop on Green Networking. New York: Association for Computing Machinery, 2010: 1-8.

[188] XU M, SHANG Y, LI D, et al. Greening data center networks with throughput-guaranteed power-aware routing[J]. Computer Networks, 2013, 57(15): 2880-2899.

[189] CHIARAVIGLIO L, MATTA I. Greencoop: cooperative green routing with energy-efficient servers[C]//Proceedings of the 1st International Conference on Energy-Efficient Computing and

Networking. New York: Association for Computing Machinery, 2010: 191 - 194.

[190] KLIAZOVICH D, BOUVRY P, KHAN S U. GreenCloud: a packet-level simulator of energy-aware cloud computing data centers[J]. The Journal of Supercomputing, 2012, 62(3): 1263 - 1283.

[191] FANG W, LIANG X, LI S, et al. VMPlanner: optimizing virtual machine placement and traffic flow routing to reduce network power costs in cloud data centers[J]. Computer Networks, 2013, 57(1): 179 - 196.

[192] SHIRAYANAGI H, YAMADA H, KENJI K. Honeyguide: A vm migration-aware network topology for saving energy consumption in data center networks[J]. IEICE TRANSACTIONS on Information and Systems, 2013, 96(9): 2055 - 2064.

[193] GILL B S, GILL S K, JAIN P. Analysis of energy aware data center using green cloud simulator in cloud computing[J]. International Journal Computer Trends & Technology, 2013, 5(3): 154 - 159.

[194] KOSEOGLU M, KARASAN E. Joint resource and network scheduling with adaptive offset determination for optical burst switched grids[J]. Future Generation Computer Systems, 2010, 26(4): 576 - 589.

[195] LIU Z, CHEN Y, BASH C, et al. Renewable and cooling aware workload management for sustainable data centers[J]. ACM Sigmetrics Performance Evaluation Review, 2012, 40(1):175 - 186.

[196] CHIRIAC V A, CHIRIAC F. Novel energy recovery systems for the efficient cooling of data centers using absorption chillers and renewable energy resources[C]//Proceedings of the 13th IEEE Intersociety Conference on Thermal and Thermomechanical Phenomena in Electronic Systems (ITherm). San Diego: IEEE, 2012: 814 - 820.

[197] DUMITRU I, FAGARASAN I, ILIESCU S, et al. Increasing energy efficiency in data centers using energy management[C]// Proceedings of the 2011 IEEE/ACM International Conference on Green Computing and Communications (GreenCom). Chengdu: IEEE, 2011: 159 - 165.

[198] TOPCUOUGLU H, HARIRI S, WU M Y. Performance-effective and low-complexity task scheduling for heterogeneous computing [J]. IEEE Transactions on Parallel & Distributed Systems, 2002, 13(3):260 - 274.

[199] ARDAGNA D, PANICUCCI B, PASSACANTANDO M. A game theoretic formulation of the service provisioning problem in cloud systems[C]//Proceedings of the 20th international conference on World wide web. New York: Association for Computing Machinery, 2011: 177 - 186.

[200] GUO T, SHARMA U, WOOD T, et al. Seagull: intelligent cloud bursting for enterprise applications[C]//Proceedings of the the 2012 USENIX Annual Technical Conference (USENIX ATC 12). Boston: USENIX Association, 2012: 361 - 366.

[201] XU Y, LI K, HE L, et al. A DAG scheduling scheme on heterogeneous computing systems using double molecular structure-based chemical reaction optimization [J]. Journal of Parallel and Distributed Computing, 2013, 73(9): 1306 - 1322.

[202] KUMAR N, LEE J H, RODRIGUES JJ P C. Intelligent mobile video surveillance system as a bayesian coalition game in vehicular sensor networks: learning automata approach [J]. IEEE Transactions on Intelligent Transportation Systems, 2015, 16(3): 1148 - 1161.

[203] SONG L, NIYATO D, HAN Z, et al. Game-theoretic resource allocation methods for device-to-device communication[J]. IEEE

Wireless Communications, 2014, 21(3): 136 - 144.

[204] KUMAR N, KIM J. ELACCA: efficient learning automata based cell clustering algorithm for wireless sensor networks[J]. Wireless Personal Communications, 2013, 73(4): 1495 - 1512.

[205] KUMAR N, CHILAMKURTI N, RODRIGUES JJ P C. Learning automata-based opportunistic data aggregation and forwarding scheme for alert generation in vehicular ad hoc networks [J]. Computer Communications, 2014(39): 22 - 32.

[206] WANG X, KWON TT, CHOI Y, et al. Cloud-assisted adaptive video streaming and social-aware video prefetching for mobile users [J]. IEEE Wireless Communications, 2013, 20(3): 72 - 79.

第 4 章　基于用户可信的移动边缘网络非协作博弈转发模型

4.1　概　　述

作为一种新型的动态分布式自组织网络，移动边缘计算（MEC）网络利用无线接入技术实现附近电信用户所需的服务和云计算功能，创造了一个高性能、低延迟、高带宽的电信级服务环境，将广泛应用于民用、军事等领域[1]。MEC 网络中的自主对等节点使用直接交互的方式来传输数据，并协作处理各种服务。然而，节点的高速移动、无线链路的带宽和能量限制以及恶意攻击造成的不稳定性等问题，使得 MEC 网络的有效运行比传统的分布式网络更加困难。简单地将以前的转发策略应用于 MEC 网络将导致查询延迟较长、转发失败率过高以及数据传输过程中容易泄露隐私等问题。

节点之间的信任度越高，数据传输的安全性和成功率越高，传输延迟越小。因此，根据用户之间的可信度来选择 MEC 网络路由请求的中继是非常必要的。

网络实体对象在实际活动中的社会关系可以在一定程度上评价它们之间的可信度。因此，在设计网络数据转发模型时，通常使用对象节点之间的联系概率和节点服务度等多个社交属性来衡量节点之间的交互强度。这是因为，对象之间的联系概率反映了节点之间的交互密度，对象的服务度反映了节点的可靠性，使用它们度量下一跳中继节点可以有效抵御恶意或自私节点的不良行为。一般情况下，这些社交属性的计算可能取决于不同情况下的联系时间和持续时间[2]或贝叶斯网络[3]等不同的网络因素或方法。我们在之前的研究[4,5]中曾使用“节点相互交互的频率”和“节点转发数据包的成功率”来定义对象间的联系概率和对象的服务程度，并构建了移动物联网的可信度转发模型。尽管这些模型可以有效地提高数据传输的可靠性，但实验存在与其他研究类似的致命缺陷[2,3,6,7]，即它们没有考虑设备能量的限制，始终认为所有设备都有足够的能量来传输数据包。事实上，随着设备的运行和时间的推移，它们的能量会逐渐丧失，一些高信任度的用户可能会拒绝转发数据，因为他们可能需要使用设备剩余的能量来做更重要的工作，或者他们的设备已经耗尽了能量。文献[8]将设备剩余能量作为节点间信任关系的测量因素之一，并结合联系概率和服务度，构建了一个具有能量约束的移动物联网可信转发模型。该文献中大量的实验结果都证明了在设计数据转发方案时应用节点剩余能量的必要性。然而，它在选择中继节点时忽略了一个事实，即一个节点的所有相邻节点可能比其本身离目标节点更远。网络链路的稳定性预测可以有效避免由上述问题引起的数据包传输中断，并减少网络开销，这已被现有研究证明[9,10]。综上所述，本章将考虑使用节点间的联系概率、节点的服务度、设备的剩余能量和网络链路的稳定性来构建 MEC 网络节点之间的可信关系度量模型。

此外，携带转发包的用户在某个时间通常会遇到多个具有高信任度和等效能力的节点。如何选择最佳中继是提高数据传输成功率和系统运行性能的关键。

作为人类行为研究的主要方法之一，博弈论在解决多用户竞争和设计网络中组织良好的安全方法方面发挥着重要作用[11]。一般来说，多用户之间的博弈包括合作博弈和非合作博弈。前者是指交互各方之间存在约束协议，即节点在做出决策时需要考虑其他节点的决策结果，以实现网络的最佳运行性能。这使得合作博弈方法不适用于大多数 MEC 网络数据传输决策场景。主要原因是 MEC 网络节点移动频繁，节点之间的联系时间通常较短，合作博弈的高复杂性会增加每个节点的决策难度，导致数据传输成功率低，数据冗余过多。相反，非合作静态博弈将在 MEC 网络多用户博弈的即时决策应用中占据更大的市场，因为它们不必考虑彼此的决策结果，可以使个人利益最大化。同时，按需转发协议由于其路由开销低、无需维护整个网络信息等优点，早在国内外引起了广泛关注，并在 MEC 网络中得到了广泛应用。传统的基于洪泛机制的按需转发协议容易导致广播风暴。为了缓解这个问题，研究者们提出了确定性广播方案和概率广播方案。前者选择接收广播分组的一部分节点转发分组，后者中的所有节点以概率方式转发分组。与前者相比，后者在路由故障、网络攻击和动态拓扑条件下表现出更好的鲁棒性。概率广播方案的关键问题是如何获得节点的转发概率。这也是 MEC 网络转发模型中需要解决的主要问题之一，使用节点之间的可信度来计算转发概率是一种有效的方法，这在文献[2][4][5][8][11 - 13]中已经研究过。然而，上述研究中的每个转发判断都需要比较和筛选所有相邻节点，这不仅消耗了节点能量和信道带宽，而且增加了网络开销。

因此，为了避免向可信度较低的节点转发数据，实现节点传输容量、链路稳定性和整体网络性能的平衡，本章提出了一种基于用户可信度的非协作博弈转发方案（sNCGT），其贡献主要包括如下几点。

（1）NCGT 基于节点性能和节点剩余能量比、节点间的联系概率、节点的服务度和网络链路的稳定性等社交关系，利用熵权（EW）方法客观地对相遇节点的可信强度进行衡量，从根本上保证了中继节点选择的可靠性和数据传输的安全性。

（2）NCGT 利用黄金分割比 GSR 为每次转发筛选最佳博弈对象，有效提高了该模型的运行效率。

（3）NCGT 在转发请求中增加节点的可信度，将转发和不转发作为博弈策略集，通过纳什均衡获得节点的转发概率，从而减少网络冗余、竞争和冲突，提高转发效率。

（4）通过与 S - MODEST[14] 和 AODV + FDG[11] 进行比较，在包括来自模拟网络和真实数据集的移动边缘混合网络环境下评估 NCGT 的性能。仿真结果表明，NCGT 在累积传输速率、平均传输延迟、传输能耗和系统吞吐量四个方面具有最大的优势。

本章的其余部分内容如下：4.2 节回顾与本节主题相关的研究；4.3 节介绍基于多因素的用户可信度测量方法；4.4 节提出博弈对象的选择方法和 NCGT 策略，并设计 NCGT 模型的规则和算法；4.5 节提供 NCGT 模型的仿真参数和性能分析，并简要说明存在的问题和今后的工作；4.6 节对本章内容做简单的总结。

4.2　相关研究工作

数据转发或路由和任务计算卸载[15]是 MEC 网络应用实现高效率和/或低能耗的基本手段。特别是随着移动设备的迅速普及,网络资源的分配已从个人计算中分离出来,并逐渐以人与人之间相互合作的社会互动的形式呈现[16]。社交活动的爆炸性增长导致了计算和通信方面的瓶颈,也极大地影响了网络提供的服务质量和定制交付内容的质量。如何测量社交关系并使用它们来建立节点之间交互的可信强度,在为 MEC 网络应用设计高效和/或低能数据转发模型[17,18]中起着重要作用。

首先,本章重点阐述了所选取的节点间四个可信度量因子的相关研究。Bai 等人[3]利用贝叶斯网络来评估延迟容忍网络节点之间的联系概率。该估计方法在查全率和查准率方面具有较好的性能。Li 等人[19]仅使用节点之间的联系人数量和组合社区结构来计算联系人概率,以设计社交网络的转发模型。Dhelim 等人[20]提出了一种上下文感知信任评估方法,以防止车辆因在车辆边缘网络中传输虚假信息和数据而变得危险。Hui 等人[2]基于联系时间和持续时间对节点中心性进行建模,并结合实际人流轨迹下的社区关系,提出了著名的 Bubble Rap 延迟容忍网络路由算法。Li 等人[4]利用基于联系概率和服务度的社交相似性和个体中心性提高节点之间的信任。同时,根据设备的实际操作,Klaiqi 等人[21]对多跳 D2D 通信网络中传输数据时设备的能耗进行了细化和计算,并设计了一种自适应路由机制,以减少网络开销。Wu 等人[22]使用传感器的剩余能量和初始能量来评估节点能量消耗水平对无线体域网(WBAN)转发方案的影响。此外,Fu 等人[9]利用设备之间的通信距离、物理距离和相对平移速度来预测从源节点到目标节点的链路稳定性。Jiao 等人[23]使用基于动态网络序列图序列的训练模型预测了链路。

尽管这些研究已尽最大努力提高节点之间的可信度,但由于其中存在理想化或片面性的因素,导致这些实验结果可能与现实存在一定的偏差。

其次,重点研究移动网络中多用户可信博弈转发的相关问题。Mohammad

等人[11]将源驱动路由协议(AODV)[13]和节点度相结合,提出了一种基于博弈的概率转发策略,即 AODV+FDG,其性能优于 AODV,为了准确检测攻击者,提高资源利用率,显著降低系统能耗,Kiran 等人[14]利用非合作博弈和特定上下文信任评估等四种模型或理论构建了物联网中的轻量级路由安全策略。Balaji 等人[25]设计了"无限重复的博弈和合作方法"来识别恶意设备并提高能源效率,然而,无限重复的博弈增加了时间复杂性。Wang 等人[26]提出了"三维水声传感器网络的博弈路由方案",但在平均碰撞方面存在一定的劣势。Das 等人[27]将"博弈论与线性规划方法"相结合,提出了一种自适应智能节能路由策略,该策略仅从线性规划约束的角度考虑求解,计算量大。Huang 等人[28]开发了一个博弈论模型,以提供"道路连接内部速度控制下的自动车辆的最优驾驶策略和交叉点的路线选择"。Qin 等人[29]利用博弈论设计了一个概率路由模型,以提高自私设备之间合作的积极性。该方案没有针对网络中的合伙欺骗现象提供对策,无法有效识别和屏蔽转发中的恶意和攻击性节点。Attiah 等人[30]开发了"进化反协调路由博弈模型",以解决无线传感器网络中的路由选择问题。该模型只分析了自私节点不作为情况下所提出的均衡解的公平性,没有验证恶意攻击的影响。

上述研究采用了多种方法或策略来提高博弈转发的效率和可靠性,但由于节点间的可信度测量方法不完善或博弈组没有提前优化,数据传输的安全性和效率并不理想。

4.3 基于多因素的用户可信度度量

本节根据参与节点自身的能力和网络条件,综合考虑数据包转发过程中的多个属性因素,优化路由选择,确保系统资源的合理分配。因此,本节对每个参与转发的节点提出了以下三个基本要求:

(1)确保节点能量的合理利用,以延长网络寿命。

(2)确保数据传输的安全性。尽量选择可信度高的节点,避免恶意或自私节点造成的窃听、主动攻击和拒绝服务等潜在网络攻击。

(3)确保拓扑结构的稳定性。尽量选择具有强链接的路径,以减少路由更改和网络负担。

为了满足上述要求，并确保数据传输的效率，本章选择与节点密切相关的剩余能量比、联系概率、服务度[8]和链路稳定性四个属性因子来度量参与节点在数据包转发中的可信度。显然，每个节点在转发数据包时都有不同的属性值和首选项。因此，可以根据节点实际情况设置相应的值，本章将参考相关研究[4,5,8,9]给出这四个因素的定义。

(1) 剩余能量比。假设 RE_{r_i} 表示中继节点 $r_i(i=1,2,\cdots,n)$ 的剩余能量的影响因子，e_{r_i} 是 r_i 的初始能量，Δe_{r_i} 是节点在某个时间转发数据包所消耗的所有能量，则

$$\mathrm{RE}_{r_i}=\frac{e_{r_i}-\Delta e_{r_i}}{e_{r_i}} \tag{4-1}$$

其中：$\Delta e_{r_i}=P^{r_i}D_{r_i}$，$P^{r_i}$ 是 r_i 和其他节点之间的无线链路传输单位比特数据(J/bit)所消耗的能量，D_{r_i} 是 r_i 传递的数据量，这两个参数是常数。显然，$0\leqslant \mathrm{RE}_{r_i}\leqslant 1$。请注意，当节点的剩余能量未达到预设阈值时，该节点不具备转发数据的资格。

(2) 联系概率。节点的联系概率是指该节点与网络中其他节点的交互频率，可以根据设备之间的联系时间来计算。注意，本章不考虑设备之间的实时语音联系。假设 c_{r_i} 是网络中与节点 r_i 的联系人数量，那么其联系概率为[4,5,8]

$$\mathrm{CP}_{r_i}=\frac{c_{r_i}}{\sum_{i=1}^{n}c_{r_i}} \tag{4-2}$$

(3) 服务度。在 MEC 网络中，它可以测量节点转发数据的可靠性，并有效识别恶意或自私等异常设备节点[4,5]，则某一时刻 r_i 的服务度 SD_{r_i} 为

$$\mathrm{SD}_{r_i}=\frac{f_{r_i}}{b_{r_i}} \tag{4-3}$$

式中：f_{r_i} 表示 r_i 成功转发的数据包总数；b_{r_i} 是 r_i 接收的数据包的总数。

(4) 链路稳定性。提前预测链路稳定性可以有效避免节点移动或损坏造成的传输中断，从而减少无线传输过程中的控制开销。假设 LS_{r_i} 是链路稳定性，其定义为[9]

$$\mathrm{LS}_{r_i}=\left(\alpha\times\frac{d_{r_ig}-\min(d_{r_ig},dc)}{\max(d_{r_ig},dc)}+\beta\times\frac{v_{r_id}}{v_{\max}}\right)^2 \tag{4-4}$$

式中：g 是目标节点；d_{r_ig} 和 dc 分别表示节点 r_i 和 g 之间的物理距离和最小通信距离；v_{r_id} 表示 r_i 和 g 之间的相对移动速度；$v_{\max}$ 是节点最大移动速度；α 和 $\beta(\alpha+\beta=1,0\leqslant\alpha,\beta\leqslant1)$ 是通过参考层次分析法 AHP[31] 分析获得的权重系数。

本章首先利用最小距离 $\min(d_{r_ig},dc)$ 以及 r_i 和 g 之间的相对移动速度 v_{r_id} 来建立 AHP 中标准层的判断矩阵，每个矩阵元素表示比较时上述两个因素的相对重要性的标度值。本章主观地将两个同等重要的因素的标度值设置为 1，将其中一个比另一个因素轻微、明显、强烈、极端重要的标度分别设置为 3、5、7 和 9，并将 2、4、6 和 8 作为上述相邻判断的中值，而后者相对于前者的标度值是上述值的倒数。注：在实验部分，为了反映测试结果的客观性，判断矩阵中对角线上方的元素值从 2 ～ 9 及其倒数集中随机选择。利用上述判断矩阵可以计算出标准层的权重向量。其次，AHP 方案层中比较矩阵元素的值遵循准则层的规则设置，比较矩阵的数量取决于 r_i 和 g 之间的链接数。根据上述比较矩阵可以获得方案层的权重向量。显然，权重向量中的元素数是 r_i 和 g 之间的链接数，每个向量元素中的子元素数是标准层中的因子数。最后，方案层中的权重向量与准则层中的加权向量的乘积是计算出的权重向量，即式(4－4) 中由 α 和 β 组成的权重向量。

多属性效用方法的核心思想是解决不同属性之间难以比较的问题。在本章中，每个相遇节点都需要提交一个由不同属性组成的可信度向量，该向量可用于计算其可信值。假设 T_{r_i} 表示节点 r_i 在某个时间的可信度值，本章将其定义如下：

$$T_{r_i}=\sum_{j=1}^{m}w_jA_j^{r_i} \tag{4-5}$$

其中，$w_j\left(0\leqslant w_j\leqslant1,\sum_{j=1}^{m}w_j=1\right)$ 是权重系数，用来表示用于测量节点 r_i 的可信度的每个属性 $A_j^{r_i}$ 的不同重要性。本章主要采用 EW 方法[32] 确定节点 r_i 的每个属性的权重，根据文献[32] 建立的以下公式计算节点 r_i 的第 j 个属性：

$$\mathrm{EW}_j = -(\ln n)^{-1} \sum_{r_i=1}^{n} p_{jr_i} \ln p_{jr_i}\ , \quad j=1,2,\cdots,m \tag{4-6}$$

式中：$p_{jr_i}=A_j^{r_i} \sum_{i=1}^{n} A_j^{r_i}$，$A_j^{r_i}$ 表示第r_i 个中继节点的第j 个属性的状态值；n 是在携带有转发数据包的节点的有效通信范围内的中继节点的数量；m 是度量中继节点性能的属性的数目。因此，中继节点的第 j 个属性的 EW 方法可以使用下式获得，有

$$w_j = \frac{1-\mathrm{EW}_j}{m-\sum_{j=1}^{m}\mathrm{EW}_j}\ , \quad j=1,2,\cdots,m \tag{4-7}$$

显然，属性的信息熵 EW_j 越小，权重越大；相反地，属性的信息熵越大，其权重就越小。

4.4　基于可信度的非协作博弈转发(NCGT)模型

4.4.1　博弈对象的选取

由于网络节点的移动特性，MEC 网络拓扑是动态的。当源节点和目标节点都在某个时间确定时，选择哪种节点作为中继最终将影响数据包传输的成功率、安全性和效率。之前的研究大多通过计算和比较当前承载转发数据包的节点的所有相邻节点的性能，然后根据人工设置的比例直接选择最佳节点或选择一些节点参与数据传输。这种计算方式有两个缺点：一是数据传输成功率可能会降低，因为可能会筛选掉传输路径更稳定或安全性更高的次优中继节点；二是由于人为给定的筛选比，实验结果将失去客观性。因此，本章首先使用 3.3 节中的节点可信度度量来评估当前节点通信范围内的所有邻居。其次，“优化学”[33] 中的 GSR 方法被作用在前一步骤的结果上，实现对所有邻居节点的筛选优化，以确保每个转发节点筛选的客观性。假设某一时间转发中有 n'个用户，此时博弈对象的选择算法如算法 4-1 所示。

算法 4-1　博弈对象的选取

输入：	携带转发包的节点 r_i；　用户集合 V''； 节点可信度度量的相关参数；　目标节点 g；　黄金分割点 GSR ψ；
输出：	博弈对象集合 V.
1	V'=NULL；V=NULL；$n=0$；
2	for 每一个 $r_q(q\neq i)\in V''$ do
3	根据式(4-1)计算 RE_{r_q}；
4	根据式(4-2)计算 CP_{r_q}；
5	根据式(4-3)计算 SD_{r_q}；
6	根据式(4-4)计算 LS_{r_q}；
7	根据式(4-5)～式(4-7)计算 T_{r_q}；
8	end for
9	将 T_{r_q} 降序中排除 r_i 的 V''的结果赋值给 V'；
10	$n=\lfloor n'\times\psi\rfloor$；
11	V'中的前 n 个邻居放入集合 V 中；
12	返回 V；

但是，由于用户的状态可能随时发生变化，用户之间的关系也可能随时间动态变化，不同时间的博弈对象也可能发生变化，显然，博弈对象的选择算法基于用户的状态和交互数据。为了便于计算，本章不实时计算参与者，其主要原因包括以下两个方面：

(1)在分布式计算环境中，实时计算将消耗更多的计算资源。

(2)用户行为是周期性的[34]，博弈对象也有周期性变化的规律。频繁的用户计算不能显著提高数据传输的性能。

因此，为了反映用户状态和交互变化对博弈对象的影响，本章采用周期性更新方法来更新博弈对象的信息，更新周期由系统设置。

4.4.2　NCGT 策略

事实上，NCGT 是一种按需路由策略[35]，由于按需路由策略具有路由成本低且不需要维护整个网络信息的优点，因此受到了国内外研究者的关注。当目标节点不在具有转发数据的节点的有效范围内时，后者将启动路由发现过程。与文献[35]相似，NCGT将路由发现操作中的数据请求转发过程视为多用户非合作博弈过程。也就是说，“参与转发请求的节点在做出决策时不知道其他节点的策略，参与博弈转发的节点之间不存在博弈信息的交换。”一旦一个节点做出决策，它就不能再对博弈另一方的发展产生任何影响。此外，由于动态性是MEC网络的主要特征，而且每个时隙参与转发数据的对象也是不同的，因此网络会随时间而变化。根据以上特征，本章将$G=\{V,S,B\}$定义为某一时刻的网络模型，其中$V=\{r_1,r_2,\cdots,r_i,\cdots,r_n\}$表示某一时刻参与转发的节点集合；$S$表示策略集包括两个元素：转发($F$)和非转发(NF)；$B$是节点数据包转发博弈的收益函数。假设有$n$个节点在某一时间参与非合作博弈转发，然后选择其中任意一个节点作为当前转发包的节点，例如r_i，节点组博弈转发策略见表4-1。

表4-1　博弈转发策略

r_i	其他$n-1$节点	
	F(至少一个节点)	NF(所有节点)
F	$b-b'$	$b-b'$
NF	b	0

在表4-1中，$b\geqslant b'>0$。从表4-1可知，当节点r_i选择转发数据包时，其他$n-1$个节点不转发数据包，或者，当r_i和其他$n-1$个节点都不转发数据包时，r_i的收益为$b-b'$。同时，当r_i不转发数据，其他$n-1$个节点选择转发数据包时，r_i的收益为b。然而，当节点r_i和其他$n-1$个节点都不转发数据包时，r_i的收益为0。如果其中一个中继节点转发数据包的概率为Y，则参考文献[35]，其他$n-1$个节点中至少一个节点转发数据包的概率如下：

$$Y_{n-1}=1-(1-Y)^{n-1} \tag{4-8}$$

在上述数据包博弈转发中，纳什均衡点是：当r_i转发数据包时的收益等于r_i不转发数据包而其他$n-1$个节点中至少一个节点转发数据包的收益，即

$$b-b'=b\times Y_{n-1} \tag{4-9}$$

设$b=\Omega\times b'$，以及Ω是一个常数且$\Omega>1$。式(4-9)引入b后，它将转

换为以下形式：

$$Y=1-\Omega^{-\frac{1}{n-1}} \tag{4-10}$$

其中：当 $n=1$ 时设置 $Y=1$。

4.4.3 NCGT 规则和算法

从上述描述可知，NCGT 转发协议是一种用户之间的非合作转发策略，它符合用户彼此不认识并且在实际移动边缘网络中不预先讨论对策的特点。此外，本节将节点的可信度视为数据包转发请求中的关键信息，并通过使用源节点地址和广播 ID 来唯一地标识数据包转发要求。在 NCGT 模型中，通过使用与节点可信度密切相关的式（4－10）来计算数据包的转发概率。NCGT 策略的伪代码如算法 4－2 所示。

算法 4－2　NCGT 模型

```
输入：  携带数据包的节点 r_i；  目标节点 g；
 1    BEGIN
 2    V′＝｛r_i 有效通信范围内所有邻居节点｝；
 3    V＝null；rand＝0；
 4    for 每一个 r_j∈V′ do
 5        if ((r_i＝＝ g) or (从 r_i 到 g 存在路由)) and (r_i 从未收到被转发的数据)
 6        then{ r_i 直接或通过 r_j 传递数据给 g；
 7            跳转到步骤 20；}
 8    end for
 9    V← 对 V′执行算法 1；
10    for 每一个 r_o∈V do
11        根据式(4－8)～式(4－10)计算 Y；
12        rand＝ Random()；   //Random()是随机函数.
13        if(rand<Y) and (r_o 从未收到被转发的数据)
14        then { 通过式(4－5)获得 T_{r_o}；
15              将 T_{r_o} 增加到被转发数据中；
16              r_i 转发数据给 r_o；
17              跳转到步骤 1 并在 r_o 上执行相关操作；
18        }
19    end for
20    END
```

显然，在某个时间，转发数据包的移动设备需要判断其有效通信范围内的所有邻居 V'，然后根据以下规则发送数据包。第一，遍历 V' 以确定 V' 的某个元素是否是目标节点或是否存在到目标节点的路径，并且从未接收到转发包。如果上述搜索结果为真，则具有转发包的移动设备将数据直接或通过元素节点传递到目标节点，然后结束博弈。否则，第二，利用算法 4－1 获得当前移动设备的最优邻居节点集 V。第三，遍历 V 以寻找能够向目标节点发送转发数据包的自适应邻居节点，相应的操作包括以下三个步骤：①基于式(4－8)～式(4－10)为每个 $r_o \in V$ 计算 Y；②生成 0～1 之间的随机数；③如果步骤②中的随机数小于 Y 并且 r_o 未接收到转发包，则当前移动设备将包括由式(4－5)计算的 T_{r_o} 的数据包转发到 r_o，然后跳转到该算法的开始并对 r_o 重新执行上述操作。从算法 4－2 来看，其时间复杂度与携带转发包的移动设备的邻居的数量 m 有关，即 $O(m)$。

4.5　NCGT 模型性能评估与分析

4.5.1　模拟环境设置

实验在 MATLAB R2017b 中执行，该环境基于 Intel(R)i5－4210 U CPU 1.70 GHz 2.39 GHz、RAM 8 G 和 64 位 Windows 10 操作系统。为了使实验结果更接近真实场景，本节考虑使用基于真实网络和模拟网络的混合实验环境来评估 NCGT 模型的有效性。选择基于人际联系的 MIT Reality Mining 数据集[36]作为真实世界网络。该数据集收集了约 9 个月内 100 位用户的 1 086 404 条蓝牙交互记录，其中 85 位用户的交互数据被视为用户间关系的原始数据，排除了一些数据较少的用户。同时，本章构建了一个面积为 1 000×1 000 m^2 的模拟网络环境，并且将坐标位置随机分配给 85 个用户。在每个实验中，源节点和目标节点都是随机确定的，均被视为正常节点，恶意节点也以不同比例从剩余节点中随机选择，以反映恶意节点的随机性和不确定性。恶意节点可以通过截取或丢弃数据来模拟女巫攻击等恶意行为，在网络运行的初始阶段，它们的累积投递率(CDR)设置为 90%，以更真实地模拟恶意网络攻击。实验结果是所有模拟测试的平均值，表 4－2 给出了实验中其他参数的名称和取值。

表 4－2　实验参数和值

参　数	值
数据包大小/KB	50～100
节点上的队列长度	300～500
节点的缓冲区大小/MB	5～10
节点的初始能量/(%)	19～100
恶意节点所占比例/(%)	5,15,35,60,85
节点的运动模式	随机站点移动
节点的最大运动速度/($m \cdot s^{-1}$)	6
数据流	CBR
数据传输速率/($Mb \cdot s^{-1}$)	1
节点通信半径/m	250
P^{r_i}/($J \cdot b^{-1}$)	10
仿真时长/s	300
暂停时长/s	10
生存时长(TTL)/h	5

4.5.2　对比算法和度量指标

为了验证 GSR 在 NCGT 策略中的作用以及 NCGT 模型对黑洞攻击的有效性，本章将 S－MODEST[14] 和 AODV＋FDG[11] 与 NCGT 模型进行了比较，其中，NCGT 模型分为两类，一个使用了 GSR，另一个不使用 GSR。S－MODEST 是一种轻量级路由安全策略，它集成了特定上下文信任模型 DODAG 和特定秩方差因子 RPL，以便准确检测攻击者并显著减少资源消耗。AVOD＋FDG 是一种基于博弈的概率转发方案。它使用节点度信息来获得转发概率,并将其应用于 AODV 协议。这两个转发模型都基于具有社交感知特性的经典转发算法,并且在某些功能和实现上与我们提出的模型相似。

此外,本章还使用累积投递率(CDR)、平均传输延迟(ADL)、平均传输能耗(TEC)和系统吞吐量(ST)来衡量所有转发方案的性能。根据实验需要,本章对它们重新进行了如下定义。

(1) 累积投递率 CDR 为

$$\mathrm{CDR}=\frac{\mathrm{PK}_{\mathrm{received}}}{\mathrm{PK}_{\mathrm{sent}}} \tag{4-11}$$

式中:$\mathrm{PK}_{\mathrm{received}}$ 表示所有目标节点成功接收的数据包总数;$\mathrm{PK}_{\mathrm{sent}}$ 表示网络中所有源节点发送的数据包总数。

(2) 平均传输延迟 ADL 为

$$\mathrm{ADL}=\frac{1}{K}\sum_{\kappa=1}^{K}(R_{\kappa}^{t}-S_{\kappa}^{t}) \tag{4-12}$$

式中:K 是网络中成功传输的数据包总数;R_{κ}^{t} 表示第 κ 个数据包到达目标节点的时间;S_{κ}^{t} 表示第 κ 个数据包被发送的时间。

(3) 传输能耗 TEC 为

$$\mathrm{TEC}=\sum_{i=1}^{n}\Delta e_{r_i}=\sum_{i=1}^{n}P^{r_i}D_{r_i} \tag{4-13}$$

其中忽略了设备节点的数据计算能耗,这主要是因为本节关注的是移动设备之间的数据传输。

(4) 系统吞吐量 ST 为

$$\mathrm{ST}=\frac{1}{T_{\mathrm{receive}}-T_{\mathrm{send}}}\sum_{\kappa=1}^{K}R_{\mathrm{bytes}}(\kappa) \tag{4-14}$$

式中:T_{send} 是系统中开始接收数据包的时间;T_{receive} 是系统中数据包结束接收的时间;$R_{\mathrm{bytes}}(\kappa)$ 表示第 κ 个数据包成功到达目标节点的字节数。

4.5.3　对比结果与分析

1. 网络恶意攻击强度对转发性能的影响

改变网络中恶意节点的比例可以获得转发性能随网络恶意攻击强度的

变化，图4-1描述了当源节点收缩率为20%、恶意节点数量变化时，所有模型的性能比较。

图4-1(a)显示了网络恶意攻击强度对CDR的影响。显然，随着恶意节点密度的增加，与其他两个相比，NCGT模型在有或没有GSR的情况下表现最佳。主要原因是，NCGT模型采用了基于多交互属性度量的节点间可信度的非合作博弈转发策略，它着重于数据转发能力和节点对之间链路的稳定性，最大限度地保证数据不会因网络拓扑的变化而丢失。S-MODEST模型可以在传输过程后保持相同的路径传输。这样，不仅存在路由冗余，而且由于节点能量的过度消耗，节点提前退出网络，恶意节点的增加将导致中间无用节点的增加而数据丢失。AODV+FDG模型周期性地广播Hello消息，这导致网络冲突的增加和累积投递率的降低。

从图4-1(b)中可以看出，所有模型的ADL都随着网络中恶意节点数量的增加而增加，NCGT模型无论是否使用GSR都优于S-MODEST和AODV+FDG。这是因为NCGT模型使用节点间的多可信度因子来筛选转发邻居节点，并利用概率博弈来转发数据包，从而抑制了网络拥塞，减少了节点间的竞争和冲突，减少了传输延迟。

图4-1(c)显示了不同网络恶意攻击强度下所有模型的TEC的变化趋势。显然，NCGT模型比其他两个模型都具有更好的能量特性，即在相同的恶意节点比例下消耗更少的能量。原因是NCGT模型利用多个可信度属性因素使节点进行博弈，以获得战略均衡解，避免能源浪费，并且比其他算法具有更长的生命周期。S-MODEST模型使用单一标准来选择传输节点，无法清晰地屏蔽恶意节点，节点能耗过大的问题突出。AODV+FDG模型要求节点定期广播Hello消息，这增加了路由开销。

图4-1(d)显示了所有模型的吞吐量随恶意攻击的强度而变化。尽管所有模型的系统吞吐量ST都随着恶意节点数量的增加而降低，但NCGT模型的总体性能仍然是最好的。NCGT主要采用基于多属性的可信度分析算法和非合作博弈方法，不依赖Hello消息获取节点可信度，具有较高的传递率和延迟性能。因此，与其他两种模型相比，它具有优越的系统吞吐量。

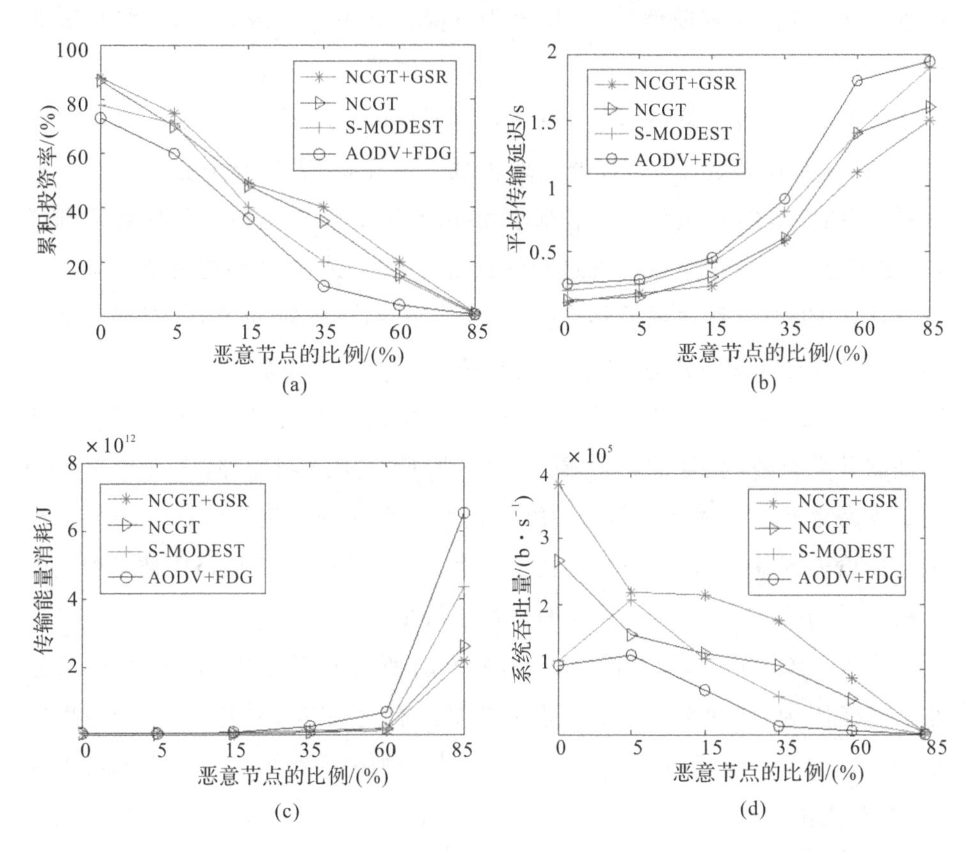

图 4－1　当源节点的收缩率为 20％时，在不同比例的恶意节点下，所有模型的性能比

(a)累积投递率；（b)平均传输延迟；（c)传输能量消耗；（d)系统吞吐量

2．网络负载对转发性能的影响

通过改变源节点的收缩率，可以获得转发性能随网络负载的变化。图 4－2 显示了恶意节点比例为 5％时，源节点不同收缩率下所有模型的性能比较。

图 4－2(a)显示了 CDR 随网络负载的变化情况。尽管 SMODEST 模型的曲线与无 GSR 的 NCGT 曲线接近，但 NCGT 的 CDR 仍然是最好的，而且当源节点收缩率小于 40％时，所有曲线都呈现先增大后减小的趋势。原因是，随着网络负载的增加，到达目标节点的数据包数量逐渐增加，网络负载呈指数增长，但到达目标节点数据包数量的增长速度不如网络负载快。当收缩

率大于 40%时，所有模型的 CDR 急剧下降。其主要原因是，当网络负载急剧增加时，所有的模型广播路由请求容易导致严重的竞争和冲突。在这种情况下，NCGT 的转发策略和不广播 Hello 消息可以降低网络性能。

图 4-2(b)描述了 ADL 随网络负载的变化，两者明显成正比。主要原因是，网络负载的增加导致网络竞争和冲突的加剧，数据包重传次数逐渐增加，源节点重新启动路由发现过程的数量增加，因此延迟性能逐渐下降。尽管如此，NCGT 仍然表现最佳，这是因为它采用概率转发策略，不需要节点周期性地发送 Hello 消息，以缓解这种情况下的网络拥塞。

图 4-2(c)显示了 TEC 随网络负载的变化。当收缩率小于 40%时，所有曲线几乎重叠，且增加不明显。此后，增长开始急剧增加，表现也大不相同。这是由严重的网络竞争和网络负载增加引起的冲突造成的。NCGT 模型之所以表现最佳，是因为它减轻了路由发现过程中由广播路由请求引起的广播风暴，并减少了网络中传输的数据包数量。

图 4-2(d)显示，随着网络负载的增加，所有模型的 ST 先增大，然后减小。这是因为，初始网络中的数据包数量没有达到其最佳容量，系统可以完全消化它们。然而，随着数据包的不断增加，网络负载变大，网络拥塞程度加剧，资源竞争加剧，冲突严重，导致到达目标节点的数据包数量减少，系统吞吐量下降。同时，NCGT 模型在这种情况下表现最佳的原因与 TEC 中的相似。

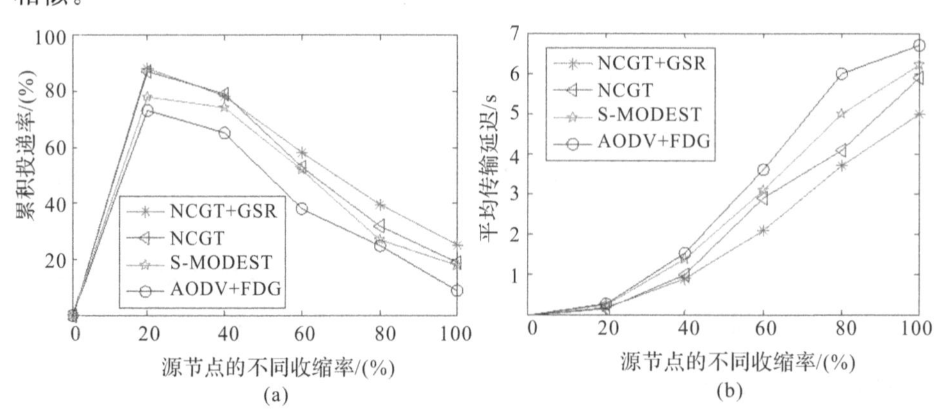

图 4-2 当恶意节点的比例为 5%时，在源节点的不同收缩率下所有模型的性能比较

(a)累计投递率；(b)平均传输延迟

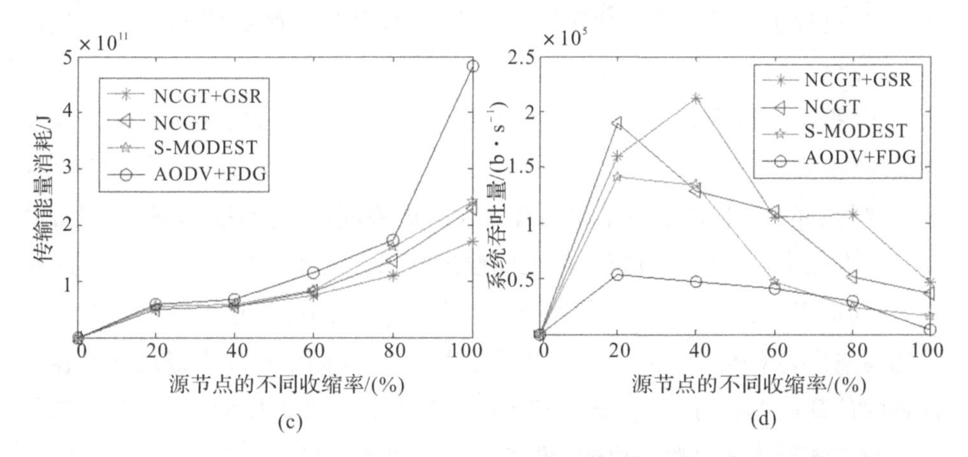

续图 4-2　当恶意节点的比例为 5%时，在源节点的不同收缩率下所有模型的性能比较

(c)传输能量消耗；(d)系统吞吐量

此外，从以上实验中可以看出，具有 GSR 的 NCGT 模型比没有 GSR 的模型具有更好的性能，这充分说明了 GSR 的积极作用及其在 NCGT 中存在的必要性。

总之，本章所提出的 NCGT 方案通过利用基于多属性的用户可信度和高性能非合作博弈算法，尽最大努力减少网络恶意行为对数据转发性能的影响。与其他模型相比，所有性能数据和数值结果都证明了 NCGT 方案的准确性和有效性。然而，NCGT 没有提供准确的方法来识别恶意或自私节点，也没有为参与节点设置奖励和惩罚机制。此外，NCGT 通常用在节点分布不均匀的网络环境中，这一点也是该模型的一个不足，需要进一步改进，这些缺陷将在未来的工作中考虑解决。

4.6　本章小结

为了减少恶意攻击和自私行为对移动边缘计算 MEC 网络数据传输性能的影响，本章首先基于节点间的多个信任属性构建了相应的中继节点可信度强度度量计算模型，然后使用 GSR 对博弈对象进行初步筛选，以提高 NCGT 模型的计算效率。最后，根据移动网络节点间决策的先验相互忽略的特点，设计了一种非合作博弈转发策略，以满足实际移动网络的现实需求。实验结果表明，与 S－MODEST 和 AODV＋FDG 相比，NCGT 方案在累积投递率、平均传输延迟、传输能量消耗和系统吞吐量方面始终能够达到最佳性能。

尽管 NCGT 与比较模型相比有很大的优势，但它的不足和 MEC 网络设备的特点也决定了它仍有很大的性能改进空间。因此，我们计划在不久的将来，在前期研究的基础上，从两个方面来优化节点间的可信度评估机制。一是选择或组合 CPU、内存、Wi-Fi 和其他因素，这些因素可以更好地反映移动设备的计算能力和可靠性，作为节点间可靠强度的测量因素的一部分。二是尝试为正常设备提供奖励机制，提高其参与转发的积极性，为异常节点建立惩罚机制，降低参与转发的概率。

相关研究成果已经发表在 SCI 期刊 *Sustainability*（SCI 3 区，影响因子：3.90）；同时还申请一项国家发明专利《一种基于用户可信度的移动边缘网络非协作博弈转发方法》（专利号：202210363950.5）。

参考文献

［1］ SHAKARAMI A，SHAHIDINEJAD A，GHOBAEI-ARANI M. An autonomous computation offloading strategy in mobile edge computing：a deep learning-based hybrid approach［J］. Journal of Network and Computer Applications，2021，178：102974.

［2］ HUI P，CROWCROFT J，YONEKI E. BUBBLE rap：social-based forwarding in delay-tolerant networks［J］. IEEE Transaction on Mobile Computing，2011，10(11)：1576－1589.

［3］ BAI Y B，SHAO X，YANG W，et al. Nodes contact probability estimation approach based on Bayesian network for DTN［C］// Proceedings of NOMS 2018－2018 IEEE/IFIP Network Operations and Management Symposium. Taipei：IEEE，2018：1－4.

［4］ LI J R，LI X Y，CHENG X L，et al. A trustworthiness-enhanced reliable forwarding scheme in mobile internet of things[J]. Journal of Network and Computer Applications, 2019, 140:40-53.

[5] LI J R, LI X Y, YUAN J, et al. Fog computing-assisted trustworthy forwarding scheme in mobile Internet of Things[J]. IEEE Internet of Things Journal, 2019, 6(2): 2778-2796.

[6] WANG R, WANG Z, MA W, et al. Epidemic routing performance in DTN with selfish nodes[J]. IEEE Access, 2019, 7:65560-65568.

[7] HARRATI Y, ABDALI A. Performance analysis of adaptive fuzzy spray and wait routing protocol[J]. Journal of Communications, 2019, 14(8): 739-744.

[8] LI J R, LI X Y, YUAN J, et al. An energy-constrained forwarding scheme based on group trustworthiness in mobile internet of things [J]. IEEE Systems Journal, 2022, 16(1): 531-542.

[9] FU W, ZHOU X. Data forwarding optimization algorithm based on game model in unmanned aerial vehicle network [J]. Computer Engineering, 2019, 45(8):146-151.

[10] KANTHIMATHI N. Void handling using geo-opportunistic Routing in underwater wireless sensor networks[J]. Computers & Electrical Engineering, 2017, 64:365-379.

[11] MOHAMMAD N, KEMAL T. Game theoretic approach in routing protocol for wireless ad hoc networks[J]. Ad Hoc Networks, 2009, 7: 569-578.

[12] TIAN X Z, ZHU Y H, CHI K K, et al. Reliable and energy-efficient data forwarding in industrial wireless sensor networks[J]. IEEE Systems Journal, 2017, 11(3): 1424-1434.

[13] SAINI T K, SHARMA S C. Recent advancements, review analysis, and extensions of the AODV with the illustration of the applied concept[J]. Ad Hoc Networks, 2020, 103:102148.

[14] KIRAN V, RANI S, SINGH P. Towards a light weight routing security in iot using non-cooperative game models and dempster-shaffer theory[J].

Wireless Personal Communications, 2020, 110(4):1729 - 1749.

[15] NAOURI A, WU H X, NOURI N A, et al. A novel framework for mobile-edge computing by optimizing task offloading [J]. IEEE Internet of Things Journal, 2021, 8(16):13065 - 13076.

[16] DHELIM S, NING H, FARHA F, et al. IoT-enabled social relationships meet artificial social intelligence [J]. IEEE Internet of Things Journal, 2021, 8(24):17817 - 17828.

[17] HAO K, DING Y Y, LI C, et al. An energy-efficient routing void repair method based on an autonomous underwater vehicle for UWSNs[J]. IEEE Sensors Journal, 2020, 21: 5502 - 5511.

[18] KHAN Z A, KARIM O A, ABBAS S, et al. Q-learning based energy-efficient and void avoidance routing protocol for underwater acoustic sensor networks [J]. Computer Networks, 2021, 197: 108309.

[19] LI Z, WANG C, YANG S Q, et al. Lass: local-activity and social-similarity based data forwarding in mobile social networks[J]. IEEE Trans. Parallel and Distributed Systems, 2015, 26(1): 174 - 184.

[20] JANG S Y, PARK S K, CHO J H, et al. CARES: context-aware trust estimation system for realtime crowdsensing services in vehicular edge networks [J]. ACM Transactions on Internet Technology, 2022,22:92 - 116.

[21] KLAIQI B, CHU X L, ZHANG J. Energy-and spectral-efficient adaptive forwarding strategy for multi-hop device-to-device communications overlaying cellular networks[J]. IEEE Trans. Wireless Communications, 2018, 17(9):5684 - 5699.

[22] WU D P, YANG B R, WANG H G, et al. An energy-efficient data forwarding Strategy for heterogeneous WBANs[J]. IEEE Access, 2016, 4: 7251 - 7261.

[23] JIAO P F,GUO X, JING X, et al. Temporal network embedding for link prediction via vae joint attention mechanism[J]. IEEE Trans.

Neural Networks and Learning Systems, 2021,33(12): 7400 - 7433.

[24] ZARZOOR A R. Enhancing dynamic source routing (DSR) protocol performance based on link quality metrics[C]//Proceedings of 2021 IEEE International Seminar on Application for Technology of Information and Communication (iSemantic). Semarangin: IEEE, 2021: 17 - 21.

[25] BALAJI S, JULIE E G, ROBINSON Y H, et al. Design of a security-aware routing scheme in mobile ad — hoc network using repeated game model [J]. Computer Standards & Interfaces, 2019, 66: 103358.

[26] WANG Q W, LI J H, QI Q, et al. A Game-Theoretic Routing Protocol for 3 - D Underwater Acoustic Sensor Networks[J]. IEEE Internet of Things Journal, 2020, 7(10):9846 - 9857.

[27] DAS S K, TRIPATHI S. Adaptive and intelligent energy efficient routing for transparent heterogeneous ad-hoc network by fusion of game theory and linear programming [J]. Applied Intelligence, 2018,48: 1825 - 1845.

[28] HUANG K, CHEN X, DI X, et al. Dynamic driving and routing games for autonomous vehicles on networks: A mean field game approach [J]. Transportation Research Part C: Emerging Technologies, 2021,128:103189.

[29] QIN X Y, WANG X M, WANG L, et al. An efficient probabilistic routing scheme based on game theory in opportunistic networks[J]. Computer Networks, 2019, 149:144 - 153.

[30] ATTIAH A, AMJAD M F, CHATTERJEE M, et al. An evolutionary routing game for energy balance in Wireless Sensor Networks[J]. Computer Networks, 2018, 138: 31 - 43.

[31] RICARDO J E, ROSADO Z M M, PATARON E K C, et al. Measuring legal and socioeconomic effect of the declared debtors usign the ahp technique in a neutrosophic framework[J]. Neutrosophic Sets and

Systems, 2021, 44: 357 - 366.

[32] CHEN P Y. Effects of the entropy weight on TOPSIS[J]. Expert Systems with Applications, 2021, 168: 114186.

[33] BAHRI H, HARRAG A. Ingenious golden section search MPPT algorithm for PEM fuel cell power system[J]. Neural Computing and Applications, 2021, 33:8275 - 8298.

[34] ZHANG D Q, WANG Z, GUO B, et al. A dynamic community creation mechanism in opportunistic mobile social networks[C]//Proceedings of 2011 IEEE Third International Conference on Privacy, Security, Risk and Trust and 2011 IEEE Third International Conference on Social Computing. Boston: IEEE, 2011: 509 - 514.

[35] WANG Q W, QI Q, CHENG W, et al. Node degree estimation and static game forwarding strategy based routing protocol for ad hoc networks[J]. Journal of Software, 2020, 31(6), 1802 - 1816.

[36] SARKER I H. Behavminer: Mining user behaviors from mobile phone data for personalized services[C]//Proceedings of IEEE International Conference on Pervasive Computing and Communications Workshops (PerCom Workshops). Athens: IEEE, 2018: 452 - 453.

第5章　MANET中基于动态Cloudlet的节能路由策略

5.1　概　　述

MANET作为移动物联网应用的主要网络形态之一[1]，近些年，诸如5G或边缘计算等新兴技术或服务计算模式出现已经为MANET网络的节能研究带来了新的机会和挑战。D2D通信是一种基于蜂窝系统的短程数据直接传输技术，具有提高系统性能、增强用户体验、降低基站压力、提高频谱利用率的潜力。在未来的5G网络中，D2D作为关键技术之一，可以同时在授权频段和非授权频段被部署。因此，5G的普及将使D2D技术在MANET中得到高度应用[2]，因为D2D可以增强节点间的直接通信能力，并有助于减少延迟。同时，相较于云计算的思想，边缘计算使服务器的位置从遥远的云端下降到离终端设备最近的网络边缘，更适合实时的用户数据分析和智能化处理，也更加高效而且安全。Cloudlet代表一系列移动增强型的小范围数据中心，通常位于互联网的边缘，可以通过无线网络将通信信息传输到移动节点[3]。基于边缘计算的优势，利用Cloudlet服务器来扩展MANET中的现有接入点APs的能力，可以加强移动终端和云服务器之间的通信，减少服务延迟。

然而，尽管Cloudlet可以为MANET提供更快速的计算服务，且D2D可以增强MANET设备间的通信能力，但由于终端的频繁移动，它们往往会离开所连接的Cloudlet的覆盖范围，这可能导致移动设备之间或MANET与Cloudlet之间的链路断开。一旦链路丢失，其他覆盖MANET的Cloudlet应提供相应的服务或搜索并路由连接已丢失的Cloudlet，而在搜索和路由的过程中势必消耗大量的能量。除此之外，越来越多的移动物联网应用、较低的延迟和5G中较高数据聚合速率的要求也会使网络中的能耗问题变得更为突出。因此，迫切需要为移动终端间的D2D通信和移动终端与Cloudlet间的通信设置合理的机制，以确保这些网络的应用更加节能。

因此，本章创建了一个基于动态Cloudlet的节能路由机制(Dynamic Cloudlet-assisted Energy-saving Routing Mechanism，DCRM)，它是一个将Cloudlet和D2D通信结合到MANET中的强大而有效的网络服务模型，主要解决MANET中因链路频繁丧失[4-5]引发再搜索再路由服务过程中出现的大量能量浪费的问题。本章的主要贡献如下：

(1)基于5G技术和边缘计算模式的优势，本章提出的DCRM机制从以下两个方面实现MANET的节能：基于D2D的MANET内部节能研究和基于Cloudlet的MANET外部辅助节能措施。据多方面调研所知，这是第一个尝试在MANET应用中同时利用Cloudlet之间的协作关系和移动终端间的D2D有效通信实现系统节能的研究。

(2)基于边缘计算模式，DCRM机制使用Cloudlet作为MANET的数据中心。其中，对于每个Cloudlet，该机制都事先假设它保存了一个共享的关系映射表，这个表记录了与当前Cloudlet覆盖同一个MANET的其他Cloudlet的主要服务信息。另外，DCRM在Cloudlet之间创建了一个协作机制，可以保证当提供服务的Cloudlet和MANET之间的连接丢失时，不需要再搜索或再路由已丧失的Cloudlet服务，相反，借助Cloudlet之间共享的信息映射表，可以快速找到所需服务的位置。

(3)对于MANET中的移动终端设备，DCRM机制假设每个终端都有一个临时信息文件，这个文件记录了该终端在一定时间内与其他终端或Cloudlet的联系信息，这些信息可以用于提供快速搜索功能。显然，基于终端间的临时信息文件，DCRM机制使用5G中的D2D通信技术能够有效提高或增强MANET中移动终端之间的通信能力。

本章其余部分的内容结构如下：5.2节介绍相关研究工作。5.3节首先给出移动物联网应用中用于实现MANET节能的DCRM体系结构；其次，分析当DCRM中的链路丢失时，现有的常规网络业务处理方法所消耗的能量问题；再次，针对链路丧失引起的能量浪费问题，提出相应的解决方案；最后，给出 DCRM 机制的主要实现伪代码及能耗模型。5.4 节介绍 DCRM 实验模拟参数的设置，并对其性能评估结果进行详细的对比分析。5.5 节总结本章的研究内容。

5.2 相关研究工作

MANET 网络是移动物联网应用的一个重要组成部分，其终端需要的服务数据可能来自其他移动终端，也可能来自云数据中心。随着入网移动终端的迅速普及，MANET 内及 MANET 与云之间的链路丧失现象越来越严重，再搜索服务的能耗也逐渐增加。因此，MANET 路由服务的节能措施应该从两个方面考虑：移动终端间的有效连接和移动终端与云之间的低能耗交互。因此，本节将针对这两部分的相关主要文献进行分析。

增强 MANET 内移动终端间通信的机会和能力、以防止其连接的频繁丧失将是 MANET 节能路由研究首先要考虑的问题。利用 5G 的 D2D 技术可以实现终端间的直接通信，它为提高无线网络能量效率提供了一种有效途径。文献[6]采用新的推理管理策略以扩展蜂窝网络和 D2D 通信系统的总容量。文献[7]提出了检测相邻设备和建立实时 D2D 连接的方法。文献[8]和[9]提出了一种分布式的 D2D 通信应用感知接近服务机制，该机制不仅能够同时进行邻居发现和服务发现，还能够实现物理通信定时和服务兴趣的同步。不同的应用或系统可能需要特殊的节能模型[10-15]。根据现有无线 D2D 网络中能量会话模型存在的不足，文献[10]提出了契约理论方法来设计用户贡献定价机制，并开发了匹配算法来解决需要数据的用户与愿意中继数据的用户之间的匹配问题。类似地，文献[11]研究了用于协作多跳 D2D 网络的节能中继选择方案，并提出一个基于信噪比(Signal-to-Noise Ratio，SNR)的中继选择模型，该模型提供了所需的 QoS。显然，上述方法或机制是从无线链路质量的角度考虑提高 MANET 网络设备的数据传输能力。因此，本节选择 D2D 作为 MANET 中移动设备之间的通信方式，但为了加快终端间提供服务的速度以响应用户的及时需求，本章仅在每个移动设备中建立一个临时文件来记录其身份，利用终端间的 D2D 直接通信快速路由或搜索到要访问的服务。

针对已有的一些相关研究代码，文献[16]利用编码分析方法建立了一个元模型，并指出决策计算模式将是新兴的、最广泛被采用的一个实现终端与云通信节能的解决方案。移动云计算（Mobile Cloud Computing，MCC）通过提供友好环境的方式为 MANET 中的移动用户带来了许多好处。比如，通过无线接入到资源丰富的云来卸载繁重的计算任务[17]，同时增强了资源匮乏的移动设备的应用能力[18]。文献[19－23]也介绍了 MCC 应用的一些具体的节能措施。然而，人们对延迟和抖动很敏感，如果移动用户通过广域网与公共云进行交换，他们可能会经历较长的延迟，这会损害到交互响应的实时体验效果[24]。为了克服这一限制，边缘计算模式被提出，与传统的中心化思维不同，它主要利用靠近数据源的边缘地带来完成服务的运算。文献[25]阐述了面向智能手机的雾体系结构的关键挑战和相应策略，并对智能手机服务在连接云和边缘方面的可预测性进行了重点探讨。文献[26]讨论了 Fog-RAN（Radio Access Network）中的流量转发、内容缓存、互通和安全性等关键的设计问题。

显然，边缘计算模型可以为 MANET 应用带来更多的好处。尤其是，选择 Cloudlet 作为 MANET 的数据中心可以大大提高 MANET 的计算能力，并减少移动设备与云之间的通信延迟。Cloudlet 利用设备间的物理接近性来减少延迟，因此它是一个有效的节能解决方案[27]。基于具有不同资源容量和成本的可用异构 Cloudlet 服务器，文献[28]在不违反预定 QoS 的情况下研究了如何以成本-效益均衡的方式部署服务器，并且提出了一种具有低复杂度的启发式算法。利用 Cloudlet，文献[29]为 MCC 应用提出了一种点对点通信模型，它可以通过各种短距离无线通信技术互连附近的移动设备以形成移动 Cloudlet。文献[30]提出了基于动态能量感知 Cloudlet 的 MCC 模型，主要用于解决无线通信过程中的额外能量消耗，其中 Cloudlet 是用动态编程方式部署的。文献[31]提出了基于移动自组织 Cloudlet 的游戏体系结构，它包括两个模块，一个模块负责从附近的移动终端或云服务器为当前移动用户下载游戏资源，另一个模块基于 Cloudlet 执行任务分配，这个

Cloudlet 能够使移动用户以动态的方式在本地附近的可用移动终端上执行任务。与基于云的游戏架构相比，文献[32]中提出的几种算法具有更小的能耗成本，但美中不足之处在于：在分配任务时，忽略了形成移动自组织 Cloudlet 的移动终端的异构资源，这会造成在能耗和执行时间上的资源浪费。通过寻找局域网内具有可用资源的移动终端，文献[33]提出了一种细粒度的 Cloudlet 框架，它能使移动用户动态地形成 Cloudlet，并提供了一个负责管理和分发基于组件的应用程序的框架。尽管这个框架有许多优点，比如计算密集型应用程序的快速数据分析和快速执行，但是与部署、计算和调度相关的几个挑战仍未解决。

由上可知，当前移动物联网环境下的 MANET 节能路由机制研究存在以下三个局限性问题：①尽管很多研究工作通过改善 D2D 通信性能在一定程度上提高了移动终端之间的交互能力，但针对终端间连接丧失后再快速建立有效路径的问题，并未给出相应的处理措施。②绝大多数基于 Cloudlet 的研究工作都是采用将移动终端上的任务卸载到附近充当数据中心的 Cloudlet 上的方式，或采用多个移动终端协作组成 Cloudlet 的方式，以提高移动终端上应用运行的效率，降低移动终端的能量消耗。但是，它们忽视了移动终端与 Cloudlet 丧失连接后再搜索服务或再连接原 Cloudlet 的能耗问题。③至今没有一项研究工作考虑同时从移动终端间的节能通信保障和移动终端与云之间的低能耗通信保障两方面对 MANET 网络连接丧失后再有效路由服务的节能机制进行相关研究。

5.3 基于动态 Cloudlet 的 MANET 节能路由机制(DCRM)

5.3.1 DCRM 体系架构

DCRM 方案采用了边缘计算的概念模型和原理，主要由基于 D2D 通信的 MANET 和基于 Cloudlet 的小型数据中心两部分组成。移动物联网中用于实现 MANET 应用节能的 DCRM 体系架构如图 5－1 所示。

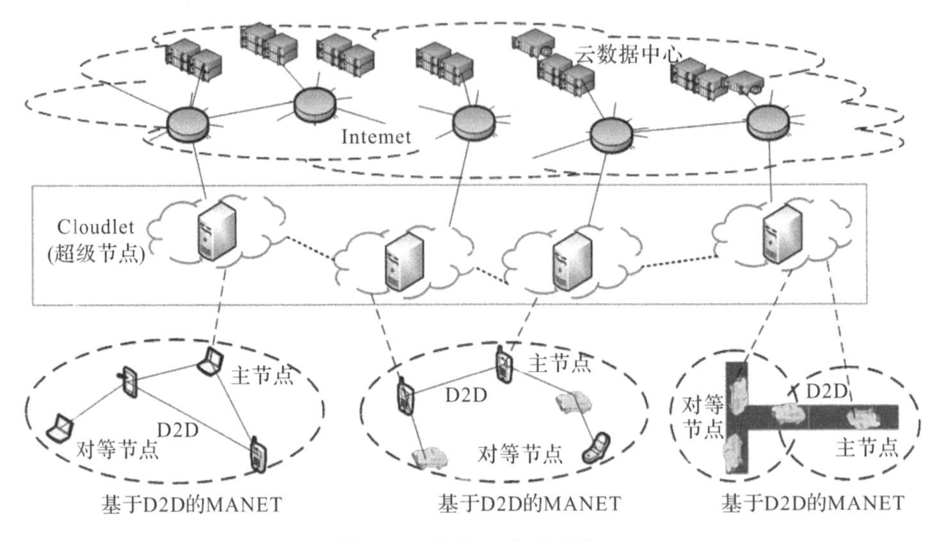

图 5-1　DCRM 体系架构

DCRM 旨在支持更多在移动用户携带的“小型”智能终端上执行计算密集型任务的移动物联网应用或媒体服务。一个 MANET 网络可以包括各种各样的移动设备，比如智能手机、笔记本电脑、可穿戴设备或传感器等，它们不断地移动或发生位置变化，并利用无线链路相互通信。Cloudlet 被视为受信任的一方，它可以是一台计算机，也可以是一组具有特定功能软件的数字设备，这些软件可以为移动用户提供快速响应和定制服务[33]。一些研究关注了边缘计算在丰富的移动物联网应用和媒体服务方面的优势[4-5,25-26,28,34-35]。在本章所提出的 DCRM 机制中，主要针对各种数据服务，研究使用 Cloudlet 辅助 MANET 运行时的能源效率问题和解决方案。事实上，在云或 Cloudlet 辅助的 MANET 中，最重要或最频繁的业务是为用户搜索各种应用或媒体的服务。因此，本节主要考虑 Cloudlet 与 MANET 协同工作的新模式，其目标是通过降低搜索服务的次数或时间以达到减少系统运行时所消耗的能源的目的。

D2D 通信是指蜂窝网络终端之间的直接短程通信，已经被广泛研究。文献[36]对 D2D 的相关业务模型和用例进行了全面的讨论。本章所提出的 DCRM 机制忽略了底层物理网络的混乱和复杂性[37]，只考虑了网络事务的运行。因此，图 5-1 所示的 DCRM 体系结构代表的是它的逻辑结构。结合

D2D的特点，本章针对MANET设计的动态Cloudlet辅助路由机制是指配有传感功能的移动终端和与MANET相连的Cloudlet之间的协作。其中，移动终端被称为“对等节点”，同时，当Cloudlet逻辑上连接到MANET中的任何终端时，该终端称为“主节点”，而Cloudlet被称为“超级节点”，否则，终端只是一般的对等节点，而Cloudlet也不能是超级节点。

在DCRM体系结构中，每个移动设备都保留一个临时信息文件或关系表，其中记录了通过搜索或路由检索到的信息。移动设备彼此之间通过5G无线网络与通信，即D2D通信，这种通信在移动设备间可能是直接的也可能是间接的。如果两个节点可以直接发送和接收数据，那么将它们之间的通信被视为直接通信，否则，一个或一些节点将扮演中继转发传输数据的角色，因此这是两个节点之间的间接通信。例如，在图5-1中，只存在5个移动设备（主节点）被4个Cloudlet（超级节点）直接覆盖，而其他节点都使用间接连接的方式与超级节点通信，节点通过采用这种与超级节点的直接或间接通信来发送数据请求或接收处理结果。DCRM体系结构具有自组织的特点，所有移动设备都是自由的，可以随时加入或离开网络，但同时，移动设备这种频繁的位置变动容易引起设备间连接的中断，导致了服务再搜索或再路由的操作也随之增多，最终使系统能耗增加。

5.3.2 DCRM中的连接丧失处理措施

在DCRM中，5G超密集型小区部署为D2D通信提供了极大的便利，同时，Cloudlet作为连接云服务器和移动设备的媒介，在业务逻辑上起到了中介作用。显然，利用DCRM的移动物联网服务计算架构，在提高传统MANET运行效果的同时，也可以节省大量的系统能源。尽管如此，移动物联网应用中设备移动或能量耗尽导致的连接丧失情况依然大量存在，如何应对由连接丧失引起的服务再路由再搜索过程中的大量能源浪费的问题是DCRM方案的重点研究内容。下面将通过一个移动物联网应用中连接丧失的示例来说明DCRM的相应处理措施。

图5-2描述了一个连接丧失时DCRM处理的典型案例，它是一个随时间变化的动态场景。其中，移动设备指的是移动智能终端，即对等节点或主

节点，Cloudlet是一个具有搜索业务能力的超级节点。在图5-2(a)中，因为MANET中的移动设备D_i被Cloudlet Q覆盖，所以D_i被视作一个主节点，它与超级节点Q之间是直接通信，即D_i能直接访问Q上的资源或直接接收Q提供的服务数据。另外，移动设备D_1和Cloudlet P之间的关系与D_i和Q间的关系一样。

在一段时间后，场景如图5-2(b)所示。不在任何Cloudlet覆盖范围内的对等节点D_j向云发送了服务请求。此时，由于D_j可以与主节点D_i直接通信，所以D_j能够利用D_i与Q之间的链路间接地从Q上获取所需的相应服务。同理，D_k也能通过D_j、D_i与Q之间的链路间接地向Q发送服务请求或从Q上获取所需的相应服务。通常情况下，为了使搜索业务更加高效，Cloudlet会缓存被请求的服务数据。如果Q的缓存中已经存在D_j或D_k请求的服务，那么，Q直接将服务数据提供给它们，否则，Q将执行搜索操作，目的是从其他Cloudlet或云上找到相应的服务以提供给D_j或D_k。

当场景进化到如图5-2(c)所示时，D_i已经移出了超级节点Q的覆盖范围。此时，如果D_j或D_k再使用存储在它们各自内存中的信息文件记录的间接路径向Q发送服务请求的话，显然，按照这样的路径它们获取不到Q提供的服务。因此，为了顺利完成请求的服务，D_j或D_k必须与Q重新建立通信链路，这个路径重构过程需要Cloudlet提供路由业务功能。然而，由于主节点D_i的缺席，超级节点Q不能够再通过D_i为D_j或D_k提供任何服务。相应地，在D_i上的搜索或路由服务也不能再被它们使用，服务请求势必要中断。

图5-2(d)～(f)为对等节点D_j或D_k的以上请求提供了三种可能的解决方案。在图5-2(d)中，D_j已经移动到Q的覆盖范围内，它可以直接请求或获取Q上的服务。此时，如果D_k能够直接和D_j通信的话，那么，它就可以通过D_j获取到Q上的服务，否则，D_k只能向其他节点寻求帮助以便连接上D_j或Q。图5-2(e)显示只有对等节点D_t进入了Q的覆盖范围，则D_t成为主节点。此时，D_j或D_k可以通过D_t间接地访问Q。在图5-2(d)(e)的场景中，搜索和路由操作主要发生在MANET的节点之间，因此，各节点上的路径临时存储文件或关系表为所有请求提供相应的结果。在图5-2(f)

所示的场景中,超级节点 Q 不再覆盖任何 MANET 中的移动设备。此时,假设 D_j 能够通过 D_3 和 D_1 间接地连接到超级节点 P,若 D_j 发送服务请求,则 P 将利用它的搜索功能在云上搜索 D_j 需要的相应服务。另外,如果 Q 的缓存内存有 D_j 的请求数据,但事先 P 不知道这个信息,那么,P 将通过它在云上的所有连接触发全网搜索操作。这种情况下,即使 D_j 能收到服务数据,但整个搜索和路由的所消耗的能量也是非常大的,从而系统运行代价也将增加。

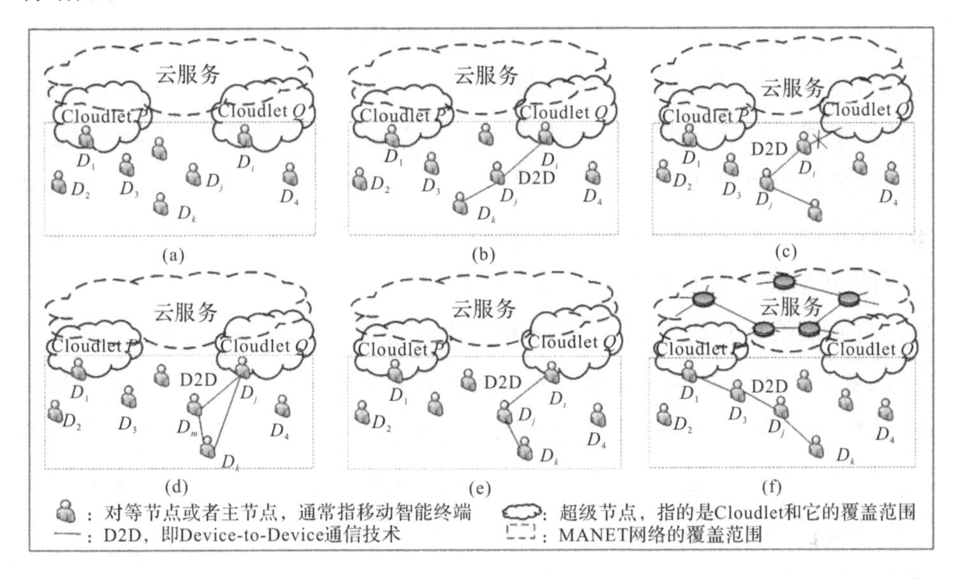

图 5-2　连接丧失过程及 DCRM 处理流程的一个示例

总之,智能终端的移动性是引起连接丧失的主要原因,图 5-2 中的场景动态地描述了连接丧失的情况和相应的解决办法。当一个作为主节点的移动设备离开超级节点 Cloudlet 的覆盖范围时,依赖于这个主节点的所有连接都会丧失。另外,由于移动智能终端需要保存更多的能量,因此,大多数情况下,它们都会打开断电模式,这相当于断开了连接。因此,由频繁的连接丧失引起的节能研究在雾计算模式下 Cloudlet 辅助的路由机制研究中是非常重要的[38]。

5.3.3　DCRM 中 Cloudlet 间的协作机制

移动性是移动智能终端的自然特性,它能经常导致移动终端的链路中断。为了大幅度降低前一节中提到的链路丧失造成的能耗,本节提出了DCRM,其思想新颖、简单,但实际上却是有效可行的。DCRM机制认为在某个领域中的所有超级节点都是相互了解的,更具体地说,当超级节点加入到某个MANET的覆盖范围时,这些超级节点之间可以访问彼此的服务和相应的数据。因此,在覆盖范围内,当MANET与某个超级节点发生链路中断时,其他超级节点可以充分利用其伙伴关系来路由和搜索部署在该超级节点中的所需服务和数据。

路由协议能为网络顺利运行带来搜索效率高等诸多优势,但是,底层物理网络和节点的动态拓扑结构对路由性能有很大的影响。一般来说,应用在云计算模式下的传统路由不支持网络拓扑结构的变化,因此当将移动设备作为中继或路由器进入到云计算应用中时,就会出现问题。因为移动终端在功率和计算能力上的局限性,用于它的路由协议必须简单,所以为边缘计算模式下的MANET设计一个有效的路由协议将是一个挑战。为了保证各个传统路由协议的正常运行,本章提出的设计策略是为Cloudlet添加一些逻辑功能,例如智能型的搜索或路由。传统的网络有许多有效的搜索算法和节能路由协议[11,33],它们中的一些实现了能源效率和性能之间的平衡,另一些则强调了服务质量的问题。而本节所提出的DCRM机制考虑的是能效和性能之间的平衡,主要解决因移动设备与原来提供服务的Cloudlet丧失连接时引发的能耗增加的问题。

在DCRM机制中,除了计算特定运行时间限制下的能耗外,它主要在Cloudlet上增加一些新的措施,以求进一步提高系统节能效果。DCRM事先假设每个超级节点都包含一个共享关系映射表,它可以是一个压缩文件或数据库表,其内容由覆盖了MANET中一个或多个对等节点的所有超级节点提供。当某个Cloudlet第一次连接到MANET时,它的映射内容设置为空。随着时间的推移和相应事件的发生,映射信息不断地被更新。DCRM为Cloudlet设置了“状态通知”“信息更新”和“服务调度”的功能,这些功能主要在应用层上工作。运行在Cloudlet上的这些功能主要发生在以下三种情况。

第一,当某个Cloudlet加入MANET的覆盖集合时,它的角色从普通Cloudlet变为超级节点。此时,新的超级节点必须通过覆盖MANET的超级节点集合通知其他超级节点关于它的存在。与此同时，将直接连接到新超级节点的MANET设备视作主节点。这个过程由“状态通知”功能实现。

第二，在某个Cloudlet成为超级节点之后，它必须更新自己的数据库信息，其内容除了其原有的数据外，还包括其他超级节点和Cloudlet的主要服务内容。这个操作被称为“信息更新”过程。同时，由于新超级节点的“状态通知”功能的触发，其他加入了MANET覆盖集合的超级节点也将执行它们自己的“信息更新”程序。另外，在没有新超级节点出现的情况下，原有超级节点也会被它自身的一些操作引发其“信息更新”功能的运行。

第三，当某个超级节点离开MANET覆盖集合时，它将再次成为普通的Cloudlet角色。如果任何节点所请求的服务存在于该Cloudlet上，则MANET节点可以使用其他超级节点中的关系映射表或云上的Cloudlet访问这些服务数据。这个过程被称为“服务调度”，它需要执行特定的路由和搜索算法。此外，当超级节点与其他超级节点共享其数据信息时，也将调用该过程。

为了便于对DCRM机制的理解，图5-3显示了当一个新的超级节点出现时DCRM的处理流程。

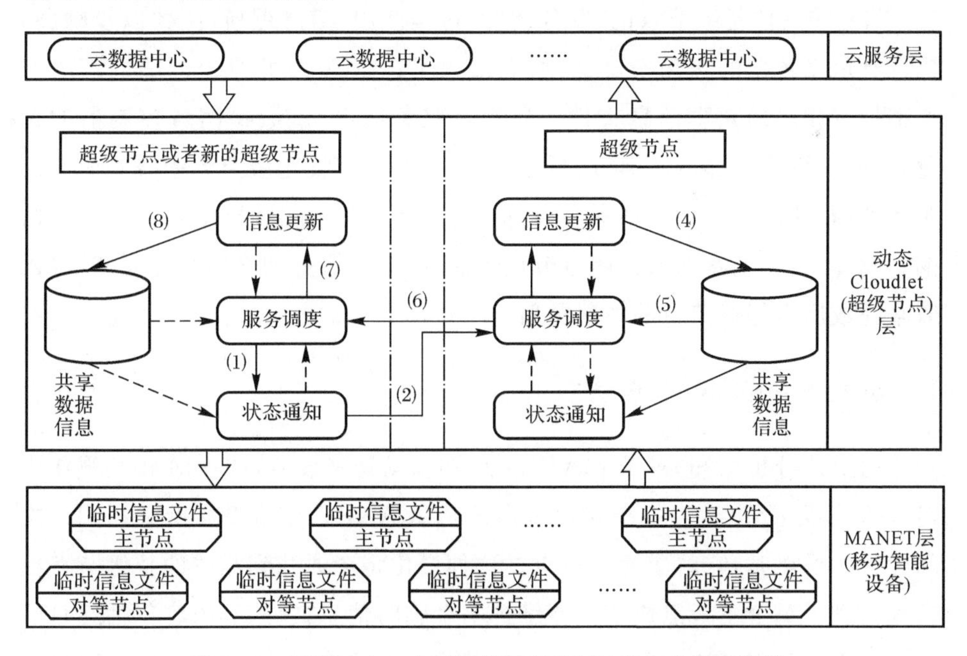

图5-3　DCRM中一个新超级节点出现时产生的操作流程

在图5-3中,实线箭头主要代表两个业务流程:信息更新和信息共享。前者包括步骤(1)～(4),后者包括步骤(1)～(8)。假定新出现的Cloudlet代号为“NS”,很明显,更新与此MANET相关的其他超级节点的步骤如下:步骤(1)当某个Cloudlet加入该MANET的覆盖集合时,它将成为新出现的超级节点,即“NS”。然后,“NS”中的“服务调度”功能被触发,它的运行流程是调用“状态通知”函数来更改其标识和连接到它的节点的信息,以及步骤(2)调用已存在的超级节点上的“服务调度”函数来完成其数据库信息的更新。步骤(3)已存在的超级节点上的“服务调度”函数再调用它自己的“信息更新”函数,以步骤(4)执行更新操作来记录当前最新的网络信息。至此,现有的超级节点已经根据新超级节点的出现所引起的变化进行了更新。显然,步骤(1)～(4)也适用于当一个超级节点出现时已存在的超级节点之间的更新过程。然而,为了实现超级节点之间的信息共享,除了步骤(1)～(4)外,还需要执行步骤(5)～(8):步骤(5)在步骤(4)之后,现有超级节点上的“服务调度”过程会回调其共享数据库表中的最新信息,并步骤(6)将结果返回给另一个超级节点或“NS”上的“服务调度”函数。然后,步骤(7)根据返回的最新信息,“NS”或其他超级节点的“服务调度”过程调用“信息更新”函数以步骤(8)执行其信息数据的更新。至此,所有加入了该MANET覆盖范围的超级节点都拥有相同的共享信息文件。显然,“服务调度”函数扮演着控制器的角色,任何超级节点都可以通过“服务调度”函数从其他超级节点中找到所需的服务数据,即使其中一个或某些超级节点已经离开了MANET上的覆盖范围。此外,一个重新加入的超级节点还需要使用“服务调度”“状态通知”等函数来完成所有超级节点的映射更新。

5.3.4 DCRM算法

由上述分析可知,对于MANET中的移动智能设备,DCRM将其视作为对等节点或主节点,当一个对等节点充当MANET与超级节点Cloudlet之间连接的桥梁时,它就成为主节点。这种变化将会通知到相关的超级节点更新其信息。每个主节点或节点要维护一个临时信息文件,其内容包括它自己的唯一识别码以及通过路由和搜索检索到的服务数据的主体信息。对等节点或主节点可以通过 D2D 通信快速方便地使用这个临时文件提供的信息进行通信。基于超级节点间的共享信息文件，它们的网络模型可以用一个图 $G=\{V,S\}$表示，其中，V 表示所有 Cloudlet 的集合，而 S 代表所有 Cloudlet 之间的关系。另外，原始的迪杰斯特拉算法只能计算某个节点与网络中其他所有节点间的最短距离，为了满足 DCRM 的需要，本节将迪杰斯特拉算法进行了改进，使其能够计算两个指定节点间最短距离，即在 DCRM 中，它用来计算提供服务的超级节点与离发送请求节点最近的超级节点之间的最短距离。整个 DCRM 主要实现流程的伪代码如算法 5－1 和算法 5－2 所示。

算法 5－1　DCRM 算法

```
输入：  发出请求的移动智能设备 md；
输出：  相应的服务内容 sv。
1       md 查询它自己的临时信息文件；
2       if sv 存在于 md 所在的 MANET 中的节点上 then
3         返回 sv；
4       else if md 是一个主节点 then
5           与 md 相关的超级节点查询它自己的共享信息表或文件；
6           if sv 存在于这个超级节点上 then
7               返回 sv；
8           else if sv 存在于 MANET 相关的其他超级节点上 then
9               通过节点间的 D2D 通信方式获取到 sv；
10              返回 sv；
11            else
12              通过算法 5－2 从其他 Cloudlet 上获取 sv；
13              返回 sv；
14            endif
15          endif
16        endif
17      else
18          所有超级节点都查询它们自己的共享信息文件；
19          通过节点间的 D2D 通信从与 MANET 相关的其他超级节点上或通过算法
            5－2 从其他 Cloudlet 上获取服务数据 sv；
20      endif
```

算法 5-2　计算两个节点间最短距离的算法

```
输入：节点间的代价矩阵 A；
      起始节点 s；
      目标节点 t；
输出：s 与 t 之间的最短距离 d 和最短路径 dp。
1   D(i)←s 与其他节点 i 之间的最短距离向量；
2   n=A 中节点的数目；
3   //以下代码是为了找到与 s 有最短距离的节点 j
4   for i=1 to n−1 do
5     count=0；//用来记录 s 与 i 之间的节点数目
6     for r=1 to n do
7       if r 已经被访问过 then
8         temp(count)=D(r)；
9       else
10        temp(count)=Inf；//极大值
11      endif
12      count=count+1；
13    endfor
14    j←min(temp)；
15    for k=1 to n do
16      if D(k)>D(j)+A(j,k) then
17        D(k)=D(j)+A(j,k)；
18          j=parent(k)；//获得 k 的父节点
19      endif
20    endfor
21  endfor
22  d=D(t)；
23  while (t≠s and t>0) do
24      p=parent(t)；
25      dp(count)=p；
26      t=p；
27      count=count+1；
28  endwhile
29  返回 d 和 dp；
```

总之，在 DCRM 中，Cloudlet 有普通 Cloudlet 和超级节点两种状态。如果它扮演前者的角色，它只为那些需求者提供保存数据的服务。但如果是后者，则它需遵循一定的业务顺序，通过调用“状态通知”“信息更新”和“服务调度”三个功能来完成客户的请求。接下来的问题是，当链路断开时，DCRM 到底可以节省多少能量？下一节将为其创建一个合理的能耗模型。

5.3.5　DCRM 的能效模型

节能降耗是设计 DCRM 机制的主要目标，同时，为了保证用户的体验质量，提高系统的性能也是目标之一。通常，性能可以由完成任务的时间来度量。根据前面章节的介绍，系统产生的额外能耗及运行时多花费的时间都来自于 MANET 和 Cloudlet 上各种处理因设备连接丧失引起的应对操作。从逻辑上讲，MANET 被视为一个完整的连接网络。在传统的 MANET 中，所有节点主要执行诸如请求服务、路由、转发、搜索和接收结果等操作，然而，由于每次操作中返回的结果通常比请求的数据要小得多，再加上移动设备的能量也有限，因此，本章不考虑请求、转发和接收数据的时间，相应地，这三个操作引发的能耗也不考虑。另外，在 DCRM 中，相对于 MANET 中路由和搜索所消耗的时间及能量来说，维护每个主节点或节点上的临时信息文件所花费的时间及能耗可以忽略不计。因此，DCRM 机制的重点是最小化 Cloudlet 层上路由和搜索的能耗。

之后，我们将根据前面提到的能耗分析过程，创建用于 Cloudlet 层路由和搜索的能耗模型。假设网络中存在 n 个超级节点或 Cloudlet，且在一个无环的源-目路径上存在 k 个节点 $S_i(i=1,2,\cdots,k;k\leqslant n)$，每两个相邻节点间的路由时间为 t_i，节点 i 上服务搜索的时间为 t'_i，则这条路径上的总耗时 T 为

$$T=\sum_{i=1}^{k-1}(t_i+t'_i) \tag{5-1}$$

如果设定节点间的单元路由能耗为 e_r，每个节点上的单元搜索能耗为 e_s，那么，这条路径上的总能耗 E 为

$$E=e_r\times\sum_{i=1}^{k-1}t_i+e_s\times\sum_{i=1}^{k-1}t'_i \tag{5-2}$$

显然，当所请求的服务恰好在节点 i 上时，搜索服务的时间可以忽略不计，即 $t_i'=0$。那么，这种情况下，这条路径上的总耗时和总能耗分别为

$$T=\sum_{i=1}^{k-1} t_i \tag{5-3}$$

$$E=e_r \times \sum_{i=1}^{k-1} t_i \tag{5-4}$$

使用式(5－2)或式(5－5)可以很好地对移动物联网环境下的路由机制节能效果进行评价。由公式可知，该机制在节省最大能量的同时还能减少搜索时延。

另外，根据算法 5－1 和算法 5－2 可知，在一定时间内路由能耗与当前移动终端临时文件中的记录数、Cloudlet 之间共享信息文件或表中的记录数以及直接或间接连接到当前 MANET 的 Cloudlet 的数量有关。假设这些数量分别是 p、q 和 n。显然，路由到目标节点的时间复杂度是 $O(p)$、$O(q)$和 $O(n(n-1))$三个中的最大值，即 $\max(O(p),O(q),O(n(n-1)))$。然而，在一定时间内的搜索能耗是由目标 Cloudlet 或移动设备中的服务数量决定的，假设其值为 m，那么搜索服务的时间复杂度为 $O(m)$。因此，最坏情况下，在特定时间段内请求服务的整个时间复杂度是 $\max(O(p),O(q),O(n(n-1)))+O(m)$，它基本上是 n 的二阶方程。在相同条件下，与同样使用了 Cloudlet 的文献[39]对比，就时间复杂度而言，本章所提出的 DCRM 机制具有明显优势，因为文献[39]中的时间复杂度近似于是 n 的三阶方程。

5.4 DCRM 性能评估

5.4.1 实验环境及参数设置

本章所提出的 DCRM 机制中网络存在正常、预执行和执行三种状态，各状态之间的转换如图 5－4 所示。

在图 5－4 中，正常状态表示 MANET 中所有的主节点和对等节点都处于稳定的网络状态。因此，不存在链路中断引发的路由操作，否则，DCRM

将网络转变为预执行状态。然而，当一个对等节点或主节点向已经离开了MANET覆盖范围的超级节点发送服务请求时，DCRM将网络转变为执行状态。另外，由于链路断开，路由信息表的更新将使网络重新转换为正常状态。在任何时候，一旦网络更改为执行状态，它都将触发两个事务，即路由和搜索。

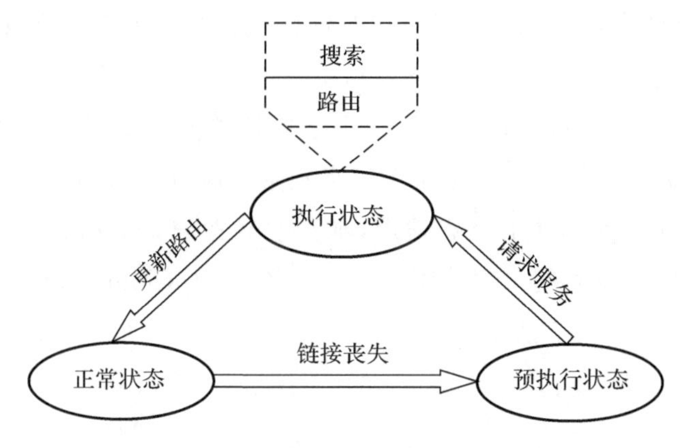

图5-4　DCRM中的网络状态转换

在模拟实验中，假设有三种不同的网络结构，即网络中Cloudlet（超级节点）的数目分别是30、40和70，而每个网络结构都包含80个移动设备（对等节点或主节点）。假设只要网络处于执行状态，某个对等节点请求的服务总是通过一个主节点到达执行中的超级节点。另外，实验中请求和连接丧失是随机生成的。为了更好地描述这个问题，利用随机整数值来表示路由或搜索的时间，即使用1～5之间的随机整数表示任意两个连接节点之间的路由时间，1～3之间的随机整数表示任意节点上服务的搜索时间。为了简化实验计算，路由和搜索的单位能耗均设置为1。然后，根据式（5-1）～式（5-4），我们可以计算仅路由或同时路由和搜索服务请求所消耗的总时间和总能耗。

5.4.2　度量指标

DCRM是针对MANET中链路丧失时的节能问题研究而提出的模型，因此，首先考虑选择执行时间和能耗作为衡量指标。然而，能耗的值通常是根据执行时间计算的，因此，为了直观地显示DCRM的性能并简化计算，本章决定只选择能耗作为度量指标，其计算见式(5-2)，它主要包括 DCRM 中不同网络结构的平均能耗以及应用 DCRM 的模型与不应用 DCRM 的常规模型在路由或路由和搜索上的能耗比较。

5.4.3 实验结果分析

在 DCRM 中，事先假设 MANET 覆盖支持可以扩展到云的服务请求。对于其中因连接丧失引起的服务再路由操作，主要使用算法 5-2 来寻找两个指定节点之间的最短路径，其性能高于原始的迪杰斯特拉算法，因为原始迪杰斯特拉算法需要计算从单个源节点到其余所有节点的最短路径。另外，假设网络中同时有 600 个事务请求，本章实验首先计算时长在 20 个、50 个和 100 个不同单位时间下的分别有 30、40 和 70 个 Cloudlet 的网络模型的平均能耗，结果如图5-5 所示。

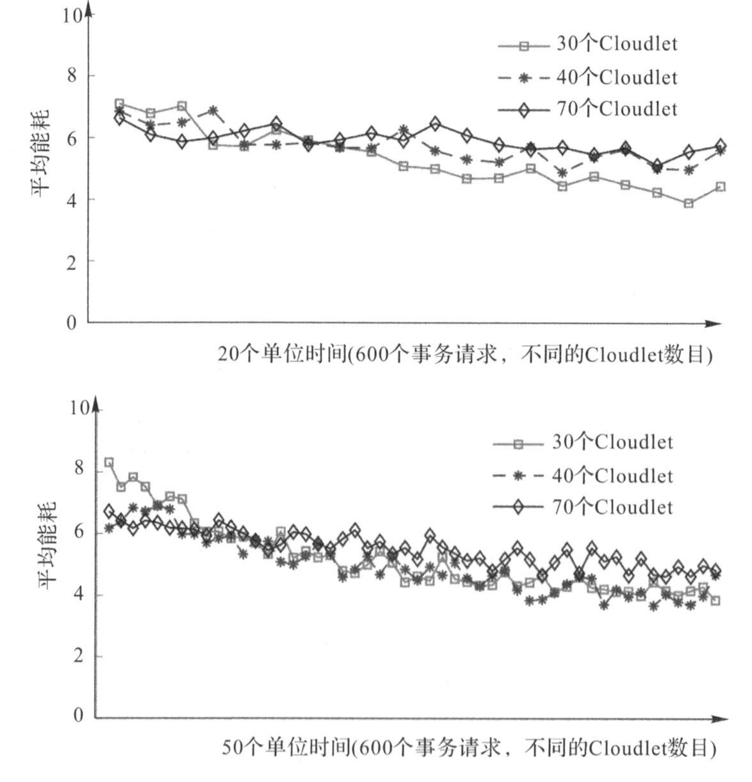

图 5-5　20 个、50 个和 100 个单位时间下不同 DCRM 网络模型的平均能耗对比

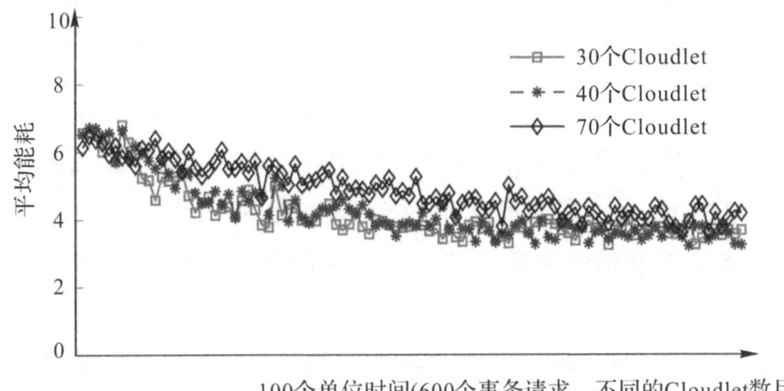

续图 5-5 20 个、50 个和 100 个单位时间下不同 DCRM 网络模型的平均能耗对比

由图 5-5 可知，无论有多少个 Cloudlet 存在于网络中，首先，随着时间的推移，所有网络模型的平均能耗都会下降。其主要原因在于，请求服务信息随时间的变化不断地在更新，这使得共享关系文件或表中任意两个节点之间的访问信息越来越多，节点间访问路径的持续完善能够降低服务再路由时的成本。其次，节点数越少，平均能耗下降得越快。通常情况下，节点数越多，两个节点之间的最短路径越长，路由的代价就越大。显然，路由的能耗取决于节点数量。最后，三个网络结构模型的平均能耗下降趋势随着时间的变化趋于平缓，如果再没有 Cloudlet 的进入或退出网络，每一个能耗曲线甚至可能成为一条直线。

除此之外，为了进一步验证所提出的 DCRM 模型的有效性，本节还将通过对比使用 DCRM 方案和不使用这个方案的以上三个网络结构模型的平均能耗来进行说明。图 5-6 和图 5-7 是分别针对只有路由操作和同时包括路由及搜索两个操作时系统的平均能耗情况对比。

两个节点之间的最长路径，即能耗最大的路径，是指整个网络中路由服务或同时路由和搜索服务时消耗能量最多的情况。本章实验假设两个节点间最长路径的能量消耗是系统能耗的最坏情况，并将其作为以下实验数据的对比对象，即作为分母以计算各模型的能耗比例。图 5-6 仅显示了在执行 600 个服务请求时，具有不同超级节点(Cloudlet)数量的网络模型的服务再路由所消耗的能量百分比情况。实验结果表明，采用 DCRM 方案的三种网络模型的平均能耗百分比约为 12.5%，远远低于未采用 DCRM 方案的三种网络模型的平均能耗，它的平均百分比值约为 61.9%。这意味着本章所提出的 DCRM 路由选择方法比常规的路由选择方法可以节省 5 倍的能量。另外，图 5-7 同时考虑了连接丧失后服务再服务路由和再搜索的能耗，这属于更常见的情况。由实验可知，当同时运行 600 个请求事务时，使用和不使用 DCRM 方法的三个网络模型的平均百分比分别约为 7.5% 和 63%，显然前者比后者节省了近 9 倍的能量。这一结果在图 5-7 的最后一个子图中得到了很好的体现。其主要原因在于，DCRM 模型中的所有超级节点都共享一个关系信息表，这有助于减少服务再搜索的次数，与仅通过再路由到服务的情况相比能节省许多能量。

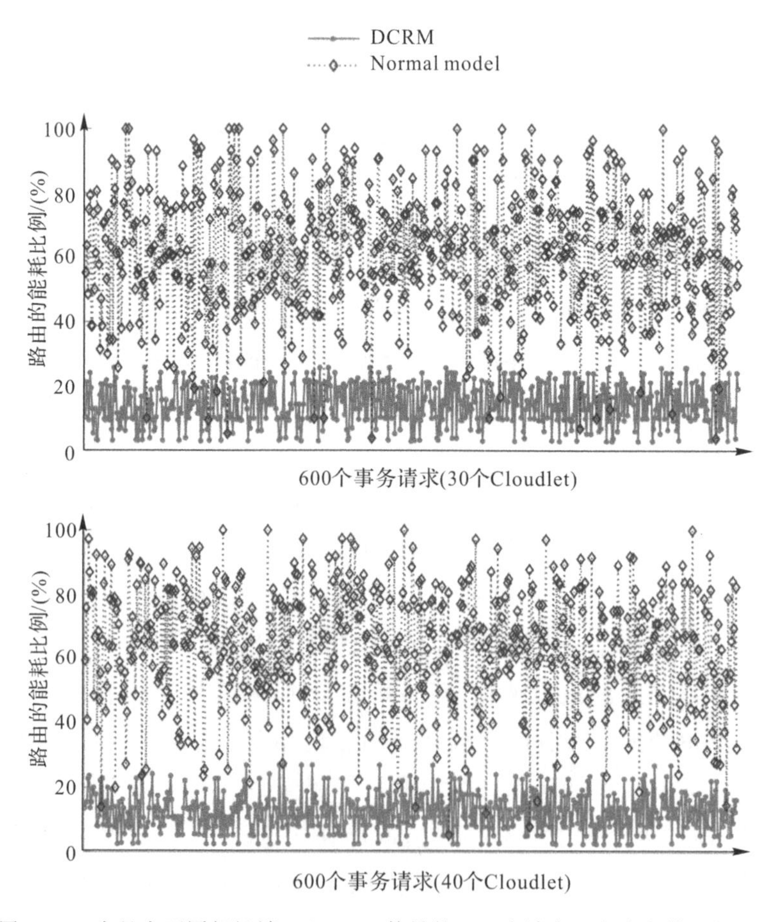

图 5-6　在具有不同超级端(Cloudlet)数量的 600 次请求业务中各模型相对于最坏情况下的路由的能耗比例对比

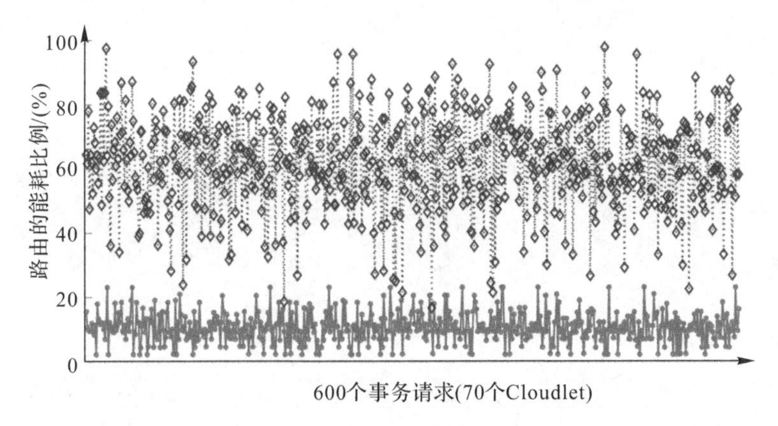

续图 5-6　在具有不同超级端(Cloudlet)数量的 600 次请求业务中各模型相对于最坏情况下的路由的能耗比例对比

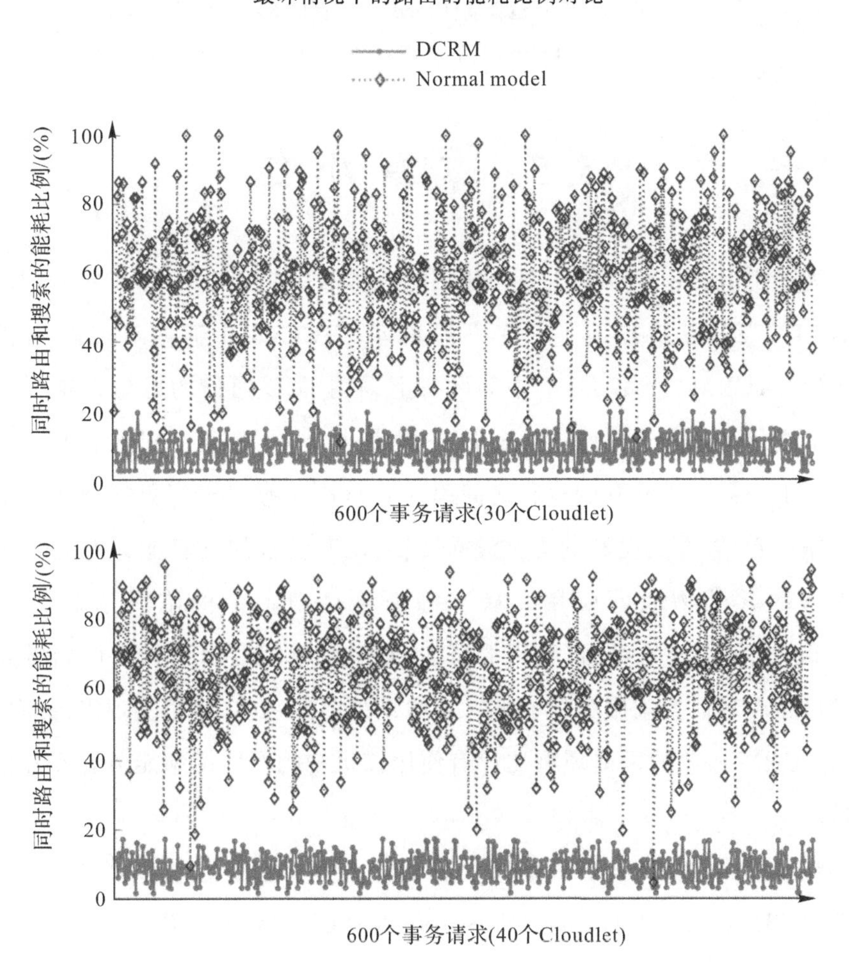

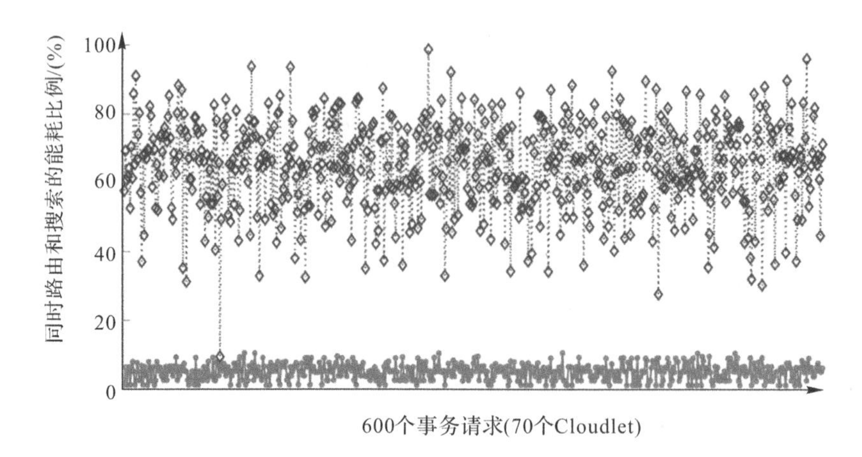

图 5-7 在具有不同超级端(Cloudlet)数量的 600 次请求业务中各模型相对于最坏情况下的路由和搜索的能耗比例对比

5.5 本章小结

为了实现绿色计算以达到全球节能减排的目的,本章为移动物联网环境中的 MANET 应用提出了一个新颖的动态 Cloudlet 辅助节能路由机制 DCRM。DCRM 在 MANET 中的设备上采用 D2D 通信的思想以增强它们之间的通信能力,从而有效地促进服务共享的实现。同时,DCRM 在 MANET 与云中心交互的过程之间引入 Cloudlet,使其充当更接近用户的小型数据中心,以更加便利的方式增强 MANET 设备的计算能力并处理更多更丰富的移动物联网应用。基于每个移动设备上的临时信息文件和 Cloudlet 之间的协作机制,利用 DCRM 的网络应用可以大大降低当链路丧失时再路由和再搜索服务的能耗。实验结果已经表明,使用实现思想简单有效的 DCRM 机制的网络模型比没有使用该机制的网络模型能节省好几倍的能量。

与本章内容相关的研究成果已发表于计算机信息系统领域的权威 SCI 期刊 IEEE *Access*(2017, 5: 20908-20920;SCI 2 区,影响因子:3.557)。

参考文献

[1] SUBBAIAH K V. Cluster head election for CGSR routing protocol using fuzzy logic controller for mobile ad hoc network[J]. Int J Adv Netw Appl, 2010, 1(4): 246-251.

[2] OMETOV A, OLSHANNIKOVA E, MASEK P, et al. Dynamic trust associations over socially-aware D2D technology: A practical implementation perspective[J]. IEEE Access, 2016(4): 7692-7702.

[3] SOYATA T, MURALEEDHARAN R, FUNAI C, et al. Cloud-vision: Real-time face recognition using a mobile-cloudlet-cloud acceleration architecture[C]//Proceedings of 2012 IEEE Symposium on Computers and Communications (ISCC). Cappadocia: IEEE, 2012: 59-66.

[4] GKATZIKIS L, KOUTSOPOULOS I. Migrate or not? Exploiting dynamic task migration in mobile cloud computing systems[J]. IEEE Wireless Communications, 2013, 20(3): 24-32.

[5] LIU F M, SHU P, JIN H, et al. Gearing resource-poor mobile devices with powerful clouds: architectures, challenges, and applications[J]. IEEE Wireless communications, 2013, 20(3): 14-22.

[6] MIN H, LEE J, PARK S, et al. Capacity enhancement using an interference limited area for device-to-device uplink underlaying cellular networks[J]. IEEE Transactions on Wireless Communications, 2011, 10(12): 3995-4000.

[7] HONG J, PARK S, KIM H, et al. Analysis of device-to-device discovery and link setup in LTE networks[C]//Proceedings of 2013 IEEE 24th Annual International Symposium on Personal, Indoor, and Mobile Radio Communications (PIMRC). London: IEEE, 2013: 2856-2860.

[8] CHAO S L, LEE H Y, CHOU CC, et al. Bio-inspired proximity discovery and synchronization for D2D communications[J]. IEEE

Communications Letters, 2013, 17(12): 2300 - 2303.

[9] HONG R C, ZHANG L M, TAO D C. Unified photo enhancement by discovering aesthetic communities from flickr[J]. IEEE Transactions on Image Processing, 2016, 25(3): 1124 - 1135.

[10] XU L, JIANG C X, SHEN Y Y, et al. Energy efficient D2D communications: a perspective of mechanism design [J]. IEEE Transactions on Wireless Communications, 2016, 15(11): 7272 - 7285.

[11] ANSARI R I, HASSAN S A, CHRYSOSTOMOU C. Energy efficient relay selection in multi-hop D2D networks[C]//Proceedings of 2016 International Wireless Communications and Mobile Computing Conference (IWCMC). Paphos: IEEE, 2016: 620 - 625.

[12] JI M Y, CAIRE G, MOLISCH A F. Fundamental limits of caching in wireless D2D networks[J]. IEEE Transactions on Information Theory, 2016, 62(2): 849 - 869.

[13] MUMTAZ S, HUQ K M S, RODRIGUEZ J, et al. Energy-efficient interference management in LTE-D2D communication [J]. IET Signal Processing, 2016, 10(3): 197 - 202.

[14] YANG HH, LEE J, QUEK T Q S. Heterogeneous cellular network with energy harvesting-based D2D communication [J]. IEEE Transactions on Wireless communications, 2016, 15(2): 1406 - 1419.

[15] WANG C X, HAIDER F, GAO X Q, et al. Cellular architecture and key technologies for 5G wireless communication networks[J]. IEEE Communications Magazine, 2014, 52(2): 122 - 130.

[16] MOGHADDAM F A, LAGO P, GROSSO P. Energy-efficient networking solutions in cloud-based environments: A systematic literature review[J]. ACM Computing Surveys (CSUR), 2015, 47(4): 1 - 32.

[17] FLORES H, SRIRAMA S. Mobile code offloading: should it be a local decision or global inference? [C]//Proceeding of the 11th annual international conference on Mobile systems, applications, and services. New York: Association for Computing Machinery, 2013:

539－540.

[18] LI W Z, ZHAO Y C, LU S L, et al. Mechanisms and challenges on mobility-augmented service provisioning for mobile cloud computing [J]. IEEE Communications Magazine, 2015, 53(3): 89－97.

[19] KHODA M E, RAZZAQUE M A, ALMOGREN A, et al. Efficient computation offloading decision in mobile cloud computing over 5G network [J]. Mobile Networks and Applications, 2016, 21(5): 777－792.

[20] CHEN X. Decentralized computation offloading game for mobile cloud computing[J]. IEEE Transactions on Parallel and Distributed Systems, 2015, 26(4): 974－983.

[21] ZHOU B W, DASTJERDI A V, CALHEIROS R N, et al. A context sensitive offloading scheme for mobile cloud computing service[C]//Proceedings of 2015 IEEE 8th International Conference on Cloud Computing. New York: IEEE, 2015: 869－876.

[22] CHEN M, ZHANG Y, LI Y, et al. EMC: Emotion-aware mobile cloud computing in 5G[J]. IEEE Network, 2015, 29(2): 32－38.

[23] LIN X, WANG Y Z, XIE Q, et al. Task scheduling with dynamic voltage and frequency scaling for energy minimization in the mobile cloud computing environment[J]. IEEE Transactions on Services Computing, 2015, 8(2): 175－186.

[24] CHEN X, JIAO L, LI W Z, et al. Efficient multi-user computation offloading for mobile-edge cloud computing [J]. IEEE/ACM Transactions on Networking, 2016, 24(5): 2795－2808.

[25] DANTU K, KO S Y, ZIAREK L. Raina: Reliability and adaptability in android for fog computing[J]. IEEE Communications Magazine, 2017, 55(4): 41－45.

[26] KU Y J, LIN D Y, LEE C F, et al. 5G radio access network design with the fog paradigm: confluence of communications and computing [J]. IEEE Communications Magazine, 2017, 55(4): 46－52.

[27] YAO H, BAI C M, XIONG M Z, et al. Heterogeneous cloudlet

deployment and user-cloudlet association toward cost effective fog computing [J]. Concurrency and Computation: Practice and Experience, 2017, 29(16): 1-9.

[28] SATYANARAYANAN M, BAHL P, CACERES R, et al. The case for vm-based cloudlets in mobile computing[J]. IEEE pervasive Computing, 2009 (4): 14-23.

[29] CHEN M, HAO Y X, LI Y X, et al. On the computation offloading at ad hoc cloudlet: architecture and service modes [J]. IEEE Communications Magazine, 2015, 53(6): 18-24.

[30] GAI K, QIU M K, ZHAO H, et al. Dynamic energy-aware cloudlet-based mobile cloud computing model for green computing [J]. Journal of Network and Computer Applications, 2016, 59: 46-54.

[31] CHI F Y, WANG X F, CAI W, et al. Ad-hoc cloudlet based cooperative cloud gaming [J]. IEEE Transactions on Cloud Computing, 2018, 6(3): 625-639.

[32] VERBELEN T, SIMOENS P, DE TURCK F, et al. Cloudlets: bringing the cloud to the mobile user[C]//Proceedings of the third ACM workshop on Mobile cloud computing and services. New York: Association for Computing Machinery, 2012: 29-36.

[33] HAN N D, CHUNG Y, JO M. Green data centers for cloud-assisted mobile ad hoc networks in 5G[J]. IEEE Network, 2015, 29(2): 70-76.

[34] FESEHAYE D, GAO Y L, NAHRSTEDT K, et al. Impact of cloudlets on interactive mobile cloud applications[C]//Proceedings of 2012 IEEE 16th International Enterprise Distributed Object Computing Conference. Beijing: IEEE, 2012: 123-132.

[35] CHEN M, JIN H, WEN Y G, et al. Enabling technologies for future data center networking: a primer[J]. IEEE Network, 2013, 27(4): 8-15.

[36] ZHOU L, WANG H H. Toward blind scheduling in mobile media cloud: fairness, simplicity, and asymptotic optimality[J]. IEEE

Transactions on Multimedia, 2013, 15(4): 735 - 746.

[37] LEI L, ZHONG Z D, LIN C, et al. Operator controlled device-to-device communications in LTE-advanced networks [J]. IEEE Wireless Communications, 2012, 19(3): 96 - 104.

[38] ZHU H B, YANG L X, QI Z. Survey on the internet of things[J]. Journal of Nanjing University of Posts & Telecommunications, 2011, 297(6):949 - 955.

[39] BISWAS S, MORRIS R. ExOR: opportunistic multi-hop routing for wireless networks[J]. ACM SIGCOMM Computer Communication Review, 2005, 35(4): 133 - 144.

第6章 移动云计算中基于改进遗传算法的节能省时任务调度策略

6.1 概 述

如今,5G网络与云计算的结合将会引起更新和更热的关注,并能带来更多额外的优势,特别是,更持久的电池寿命和更强大的移动设备计算能力。这些优点也使云计算服务和应用产生巨大的变化,应用数量增长明显加快,形式更加丰富,这都需要将大量的计算从移动终端转移到云端,以实现更持久的服务[1]。但是,如果使用云提供服务,在云服务器中必须特别注意能耗过大的问题。未来随着移动设备上运行的应用程序形式的丰富和数量的快速增长,能源消耗问题越来越严重,迫切需要软件和硬件的解决方案来确定哪种方法更环保或更节能。

云计算系统与传统的分布式计算系统和网格系统是一致的,甚至一些适用于分布式计算和网格计算系统的调度算法也适用于云计算环境[2]。但是,由于终端的移动性,移动云计算(MCC)中的任务必须在有限的时间内完成,否则,一旦移动设备和云服务器之间的链接丧失,执行结果可能不会返回终端,同时,必然也会在云计算中产生大量额外的能耗。因此,对云端的任务调度进行研究对于降低能耗和提高系统性能是非常重要的,调度效率在很大程度上会影响在移动设备上运行的应用程序的执行,尤其是在5G网络中。

6.1.1 研究动机

尽管一些学者已经对资源调度策略做了大量的研究,但仍然缺乏高效的任务-虚拟机调度的模型实现，并且以前的研究存在如下几个主要的局限性。

（1）一些调度算法只将任务执行效率作为算法目标，而不重视资源利用率。

资源调度策略存在许多算法。比如，Min-Min[3]算法和 Max-Min[4]算法，这两个算法采用的是贪婪策略，易于在性能更强的节点上集中部署任务。Sufferag 算法[5]的思想是：请求部署在一个损失更大的物理主机上运行，如果不部署，则会发生更大的损失。先进先出（FIFO）算法[6]根据用户提交的任务序列进行任务处理，该算法的实现非常简单，但缺点也是显而易见的，即如果一些任务占用大量的计算资源，且需要较长的时间跨度才能完成，那么，就会导致大量其他占用系统资源少、处理时间短的任务必须排队等待，这最终必然会降低整个系统的执行效率，影响用户的体验。公平调度算法[7]的思想是尽可能为每个用户平均分配系统资源。然而，当用户频繁地加入和离开系统时，算法必须频繁地进行资源的释放和重新分配，这必然也会消耗更多的能量。容量调度算法[8]使用多个任务队列来维护用户提交的作业任务，根据设定的配置策略，为不同的队列分配合理的计算资源。但是，对于计算节点的未使用资源，任务队列也使用相同的方式共享资源节点，这种多余的管理和维护操作必然会增加系统的负担，影响系统的运行性能。此外，机会负载均衡算法[9]、最小执行时间算法[10]、最小完成时间算法[11]以及作为最小执行时间和最小完成时间的组合的切换算法等也可以用于资源调度。但上述所有算法都只关注任务执行效率，而没有过多地考虑任务调度过程中资源利用的重要性。

（2）尽管一些基于遗传算法的任务调度研究使用了多个适应度函数作为目标函数，但它们不能客观地反映多个适合度函数的优势。

在进化论中，适应度意味着个体适应环境的能力，即个体繁殖的能力。在任务调度研究中，适应度函数的作用是根据个体的综合价值来选择个体，其目的是确保具有良好适应能力的个体有更多的机会繁殖并将优秀的基因传递给下一代。在复杂的云计算环境中，只有在多个方面都表现出优异特性的分配方案才能更好地用于下一代的复制。在文献[12]和[13]中，对偶适应度函数被用作目标函数，但在下一代的个体选择阶段，他们只使用简单的人工分配概率来筛选个体，某些情况下这种方法会导致优秀的个体易于被筛选掉，最终致使结果在一定程度上失去了客观性。

(3)很少有基于遗传算法的研究考虑将分组多级编码方法用于任务-虚拟机分配策略。

虚拟化技术的出现使数据中心的软件应用服务和硬件资源得以有效分割[14],即通过虚拟化技术在应用程序服务之间执行分离,而在物理主机的硬件资源上存在共享[15]。将数据中心的资源调度问题从物理主机调度转化为虚拟机调度,细化粒度,将资源从单个物理主机中分离出来,重新组装成独立分布的同构或异构虚拟机。任务和资源部署策略对于提高云计算系统的资源利用率至关重要。对于任务-虚拟机分配策略,大多数研究都是先使任务在一定时间段内形成队列,然后根据先到先服务(FCFS)的原则分发虚拟机。这些虚拟机在分发之前没有考虑按处理能力对虚拟机进行分组,当任务到达时,会花费大量时间研究最合适的虚拟机来进行全范围部署。也就是说,这会在一定程度上增加任务虚拟机的匹配时间。

6.1.2 本章主要贡献

本章的重点是研究如何在移动云计算异构虚拟机资源环境下高效地实现任务和虚拟机的分配问题。本章提出了一种基于分组多级编码和双重适应度函数(GMLE-DFF)的改进遗传算法,并通过大量仿真实验证明了该算法的可行性和有效性。本章的主要贡献可以概括为以下几个方面:

(1)改进的遗传算法在编码之前对任务和虚拟机使用分组排队方法。在云计算环境中,任何一个网络节点都可能触发任务,并且任务的分布可能是不对称的。如果只考虑任务的性能指标,就会出现节点负载分布不均的情况,如何在任务性能指标和系统负载平衡之间取得良好的折中一直是任务调度策略的关键。为了解决这个问题,本章对任务分配过程进行了建模,并提出了一种两阶段的任务调度方法,即任务调度可以分为虚拟机分组和任务分配。第一阶段,根据每个虚拟机提供的计算能力,将虚拟机集合分为三组,分别为固定序列:交互密集型、计算密集型和其他类型。第二阶段,对于等待分配的任务,根据资源需求,每个任务选择分组并排队。实验表明,该方法可以显著减少任务集的平均等待时间。

(2)改进的遗传算法采用多级编码模式(GMLE)。GMLE 是指个体根据虚拟机分组和任务排队采用分层编码。在云环境中，计算机节点千差万别，不同的计算机节点应该用来完成不同的任务，因此，这将引发不同计算机节点之间资源利用率的更大差异，易导致云计算系统的负载失衡。为了提高资源利用率，本章在传统遗传算法的基础上，提出一种面向多维资源的任务分配策略。结合云计算系统的资源特点，构建一个多层次的染色体编码规则，该规则使用遗传盒来表示 VM，并使用基因来表示任务，其中，一个遗传盒可能包含许多基因，许多遗传盒可能组成一类 VM 集，显然，算法中有三个遗传盒集。

(3)改进的遗传算法客观合理地应用了双重适应度函数(DFF)。DFF 是指最佳时间跨度、最大资源利用率和最小虚拟机打开数量的优化组合。云计算系统规模非常大，而且是动态的、异构的。云环境中的任务可能一直都在启动，并且分布不均匀，因此需要由云管理中心对任务进行有效管理。对于任务调度，可以同时设置多个目标函数，本章将所有虚拟机的最佳时间跨度、最大资源利用率和最小打开数量作为优化目标函数。在选择之前，将利用信息熵方法对两个目标函数的值进行客观处理。实验表明，与给定的随机概率选择方法相比，本章所提出的方法更科学、更合理，并且加快了收敛到最优解的速度。

上述设计与其特定特征共同使基于 GMLE－DFF 的改进遗传算法成为了一种准确有效的资源调度解决方案，非常适用于作为云计算的任务-虚拟机分配策略。本章其余部分的内容组织如下：6.2 节简要介绍资源配置策略的一些相关工作；6.3 节描述基于 GMLE－DFF 的改进遗传算法的实现和计算过程；6.4 节概述基于 GMLE－DFF 的改进遗传算法的几个评价标准以及实验结果；6.5 节总结本章的主要工作，并简述未来的一些研究方向。

6.2　相关工作

在移动云计算中，资源调度与任务-虚拟机分配是同等重要的，通常它的目标是最大限度提高虚拟机资源利用率，同时最大限度地减少任务集的执行时间[16]。关于资源调度的算法目前已经存在很多，研究出发点主要涉及以下三个方面。

第一,主要关注任务能否顺利完成的资源调度算法。Kolodziej 和 Xhafa[17]提出了两种非合作博弈方法,即对称非零和博弈和不对称 stein 博弈,通过将用户需求建模为网格用户的行为,有效地表达了分层网格中的任务资源调度优化问题,他们设计并实现了基于 GA 的混合调优调度器,以平衡这两种博弈。Zomaya 等人[16]和 Zhao 等人[18]在并行计算系统中实现了任务分配的最优或接近最优演化。Juhnke 等人[19]提出了一种基于多目标调度算法的云工作流应用,通过应用帕累托存档进化策略(PAES)来完成多目标优化问题。Song 等人[20]提出了一个全局任务选择和分配框架,并将动态协作直接应用于云环境,提高了主要云计算提供商(PCP)的资源利用率。为了获得更好的调度结果,结合资源分配模型,Li 等人[21]提出了一种任务资源优化机制,该机制包括两种在线动态任务调度算法:动态云列表调度和动态云最小调度。这些算法在抢占式任务和任务优先级的基础上设计了 IaaS 模型的任务调度,并根据不断更新的实际执行任务动态调整资源分配。

第二,主要关注是否具有相互独立的多目标函数的资源调度算法。启发式算法[22]有两个主要目标,即最小化任务执行时间和最小化任务执行成本。作为动态联盟的发起方,主要云计算提供商(PCP)需要一种高效的本地任务选择和分配算法。Li 等人[23]通过应用另一种启发式优化算法,设计了一种正态最优蚁群优化策略。Taheri 等人[24]提出了一种基于群体的作业数据调度算法,该算法包括两种协作机制,即将作业安排到计算节点和将数据文件复制到系统中的存储节点。李智勇等人[25]针对异构云上的多目标调度优化问题,实现了一种多目标模因算法,该算法利用基于解结构相关信息的模因局部搜索技术来提高局部优化能力,可以减少算法的计算开销。在上述方法中,完成时间和总数据传输时间被认为是最小化的两个独立因素,但在大多数异构系统中,它们是冲突的。

第三,主要关注能耗问题的资源调度算法。Lin 等人[26]提出了一种动态电压频率缩放任务调度算法 DVFC,主要解决移动云计算环境下的能量最小化问题。Neeraj Kumar 等人[27]提出了一种基于贝叶斯联合博弈的车载移动云虚拟机迁移方法,以避免能量浪费。在上述方法中,能耗是任务完成时间乘以单位功耗的乘积,计算量是局部的,不能客观地反映云服务器中心的整体能耗。而本章设计的调度算法目标是为了最大限度地提高资源利用率，最小化虚拟机的打开数量，同时最小化任务集的执行时间[16]。

目前，移动云计算云中心的任务调度研究主要集中在 QoS 控制、策略执行效率、云服务提供商的服务收入等方面。由于移动云计算的任务调度问题与传统的分布式计算和网格计算有一定的相似性，因此移动云计算现有的任务调度策略往往继承或修改了传统分布式环境和网格环境中的任务排序方法，这具有一定的局限性。作为一种商业服务模式，移动云计算的任务调度策略满足了用户任务调度中 QoS 目标的约束要求，同时也应考虑云服务提供商的服务收入。尽管当前在这方面有一些讨论和研究，但还没有形成成熟的方法。因此，针对上述问题，本章将开展移动云计算环境下的任务-虚拟机调度策略研究。

6.3　基于分组多级编码和双重适应度函数(GMLE - DFF)的改进遗传算法

6.3.1　基于 GMLE - DFF 的改进遗传算法

1975 年，J. H. Holland 教授提出了遗传算法(GA)的基本理论和方法[28]，它以自然选择和遗传理论为基础，采用自然界中“适者生存”的原则。在执行时，遗传算法首先以特定的形式对对象进行编码(编码对象被命名为染色体)，不同对象的相应染色体组成初始种群，通过一些方法分别计算种群中不同染色体的适应度函数值；根据适应度值的顺序，选择一些最优个体进行交叉和变异的遗传运算，经过多次迭代运算，如果满足终止条件，就会得到问题的最优解。遗传算法[29]的基本执行过程如图 6 - 1 所示。

遗传算法是一种模拟进化和遗传机制的智能优化技术，目前已广泛应用于人工智能、信息技术、计算机科学和工程实践。由于该算法基于进化论和遗传理论，因此，在相关领域问题的优化解决方案中经常使用以下一些基本概念[30]。

(1)序列(染色体)：指个体的一种形式，常用二进制代码来表示。

(2)种群:代表个体的集合,其中的元素是序列。

(3)种群规模:指一个物种所包含的个体数量。

(4)基因:代表个体的某些特征,它们是序列中的一些元素。

(5)基因位置:指基因在序列中的位置。

(6)适应度函数:用于衡量群体中某一个体在一定环境下的适应能力。

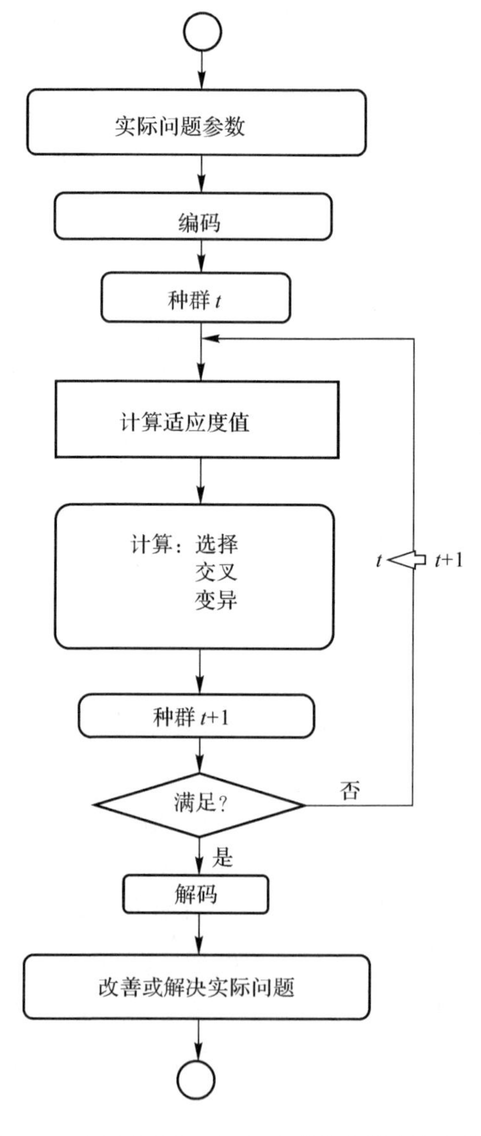

图 6-1　基于 GMLE-DFF 改进遗传算法的流程图

遗传算法包括染色体编码、初始种群、适应度函数设计、遗传操作(选择、交叉和变异)和参数设置。目前,遗传算法已广泛应用于人工智能、信息技术、计算机科学和工程实践中。虽然遗传算法发展迅速,但随着理论研究的深入和实践的证明,其不足之处逐渐显露出来。比如,该算法对最优解的选择速度较慢,容易形成伪解,因此改进遗传算法的关键技术是缩短寻找最优解的时间,即减少最佳相容值的计算时间,尽量避免形成伪解。本章在遗传算法的基础上,结合移动云计算系统中资源的特点,提出了一种基于分组多级编码和双重适应度函数(GMLE - DFF)的改进遗传算法,并将其应用于面向多维资源的任务-虚拟机分配方案。该改进算法中的任务一虚拟机分配方案如图 6 - 2 所示。

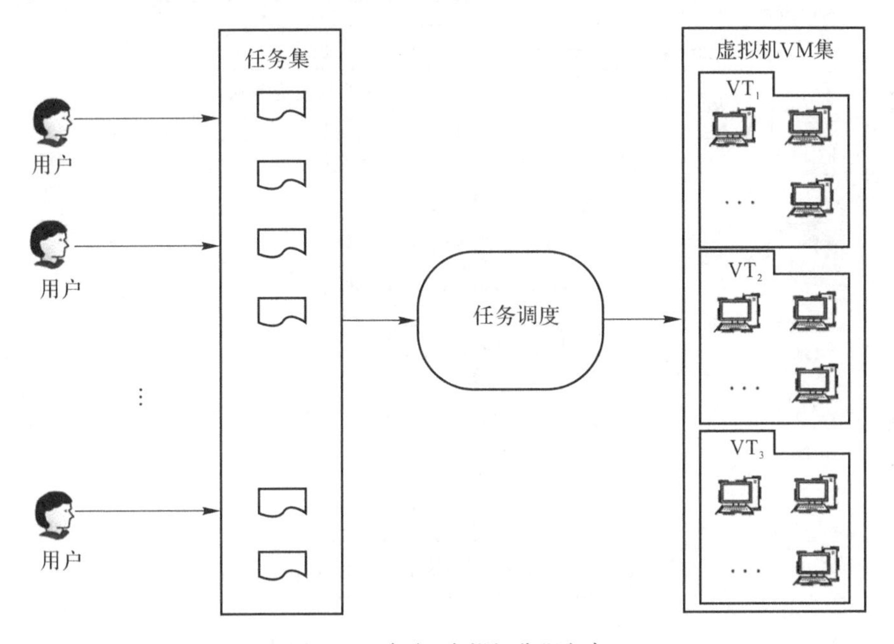

图 6 - 2　任务-虚拟机分配方案

在图 6 - 2 中,任务到达请求队列(即任务集)后,根据 FCFS[31] 的原则,任务先被发送到任务调度器,然后,如果当前任务不违反虚拟机的服务级别协议(SLA),则调度器根据每个虚拟机的运行状态计算虚拟机集,并将任务部署到虚拟机;如果不违反 SLA 的集合为空,则为该任务创建一个新的虚拟机。

基于 GMLE－DFF 的改进遗传算法的流程如图 6－3 所示。

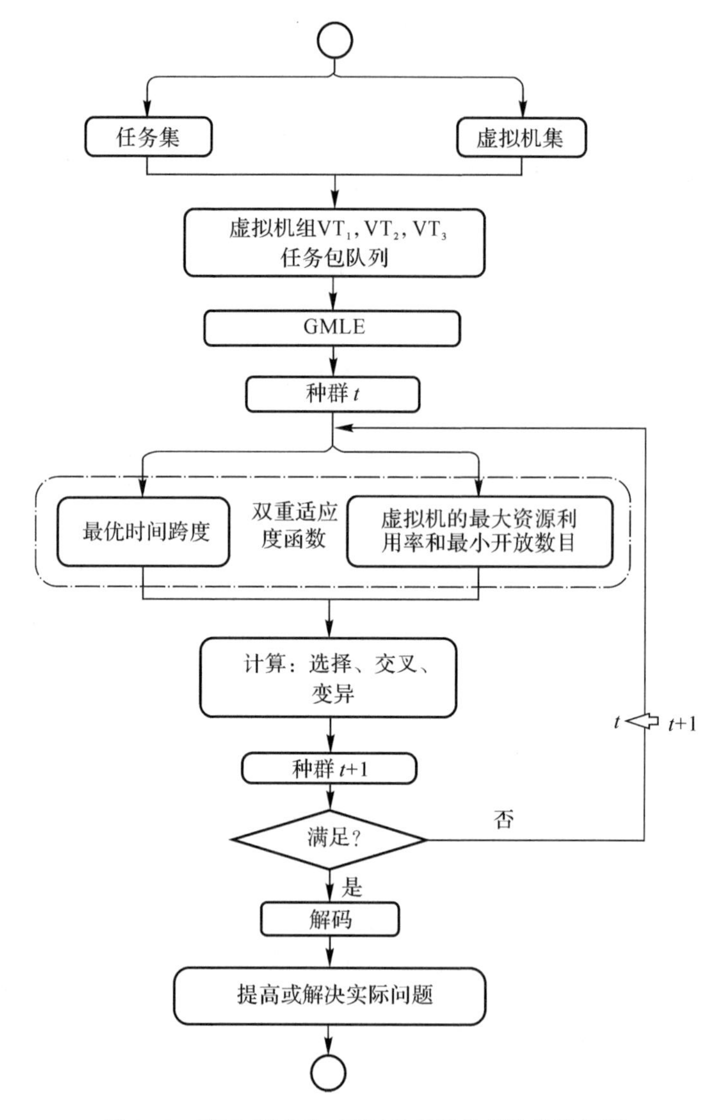

图 6－3　基于 GMLE－DFF 改进遗传算法的流程图

6.3.2　算法模型

算法中的一些元素模型如下所示。

模型 1：虚拟机集合模型　假设移动云计算中心异构虚拟机的数量是 n，V

表示被监测器监测到的虚拟机集合，$V=\{v_1,v_2,\cdots,v_n\}$，那么，$n=|V|$。$v_j(j=1,2,\cdots,n)$的性能是不同的，也就是说，虚拟机之间的资源维度是不同的。比如，一些虚拟机的计算能力更强，而一些虚拟机的存储容量更大，另一些虚拟机的网络能力更强。因此，虚拟机上不同维度的资源能力可以用资源向量 $v_j=<v^j_{\text{cpu}},v^j_{\text{mem}},v^j_{\text{net}},v^j_{\text{stor}}>(j=1,2,\cdots,n)$表示，其中，$v^j_{\text{cpu}},v^j_{\text{mem}},v^j_{\text{net}},v^j_{\text{stor}}$ 分别表示虚拟机 v_j 上计算资源、内存资源、网络资源和存储资源的值。

模型 2：虚拟机分类模型　根据每个虚拟机的能力，虚拟机集合被划分为 3 个类型的子集合：交互敏感型、计算敏感型和其他类型。虚拟机的分类模型用 $VT=\{vt_1,vt_2,vt_3\}$表示，其中，vt_1,vt_2,vt_3 分别代表交互敏感型、计算敏感型和其他类型。分类的主要目的在于更好地提高虚拟机的资源利用率。

模型 3：虚拟机的利用率　$u_j=<u^j_{\text{cpu}},u^j_{\text{mem}},u^j_{\text{net}},u^j_{\text{stor}}>(j=1,2,\cdots,n)$表示虚拟机 v_j 上每个资源维度的利用率，其中，$u^j_{\text{cpu}},u^j_{\text{mem}},u^j_{\text{net}},u^j_{\text{stor}}$ 分别代表计算资源、内存资源、网络资源和存储资源的利用率。

模型 4：任务集模型　$T=\{t_1,t_2,\cdots,t_m\}$表示被分配的任务集合，$m=|T|$代表集合中任务的数量。由于任务不同，比如，一些任务处理大数据但不传递小量数据，有些任务处理小批量计算数据但不传递大数据。描述任务 t_i 的不同元素可以用 $t_i=<t^i_{\text{id}},t^i_{\text{type}},t^i_{\text{demand}},t^i_{\text{command}},t^i_{\text{SLA}},t^i_{\text{data}}>(i=1,2,\cdots,m)$表示，其中：

(1)t^i_{id} 表示任务 t_i 的序列号。

(2)$t^i_{\text{type}}=\{t_{\text{net}},t_{\text{cpu}},t_{\text{other}}\}$表示任务的具体类型，根据实际应用进行标注。$t_{\text{net}}$ 表示主要进行交互操作的交互密集型任务，t_{cpu} 表示进行大量集中计算优先的计算密集型任务，t_{other} 表示其他类型的任务。根据任务的具体类型，将任务部署到与要执行的任务类型相同的虚拟机上，以提高资源的利用率。

(3)$t^i_{\text{demand}}=<t^i_{\text{mem}},t^i_{\text{stor}}>$对应于虚拟机的资源向量，$t^i_{\text{demand}}$ 表示任务 t_i 对资源的需求下限，如果虚拟机中剩余资源的任何维度都不满足任务对该维度资源的要求，则该任务将不会部署到该虚拟机。t^i_{mem} 表示任务 t_i 对内存的预期下限，t^i_{stor} 表示该任务对磁盘大小的预期下限。如果将任务 t_i 部署到虚拟机 v_j 上执行，则 v_j 的剩余内存资源至少大于 t^i_{mem}，剩余磁盘容量大于

t^i_{stor}，这样设置的目的是保证任务 t_i 的顺利运行。

（4）$t^i_{command}$ 是任务需要完成的浮点运算次数，它描述了任务的计算量，并直接决定了任务的完成时间跨度。

（5）$t^i_{SLA}=\{t^i_{submit}, t^i_{finish}\}$ 表示任务 t_i 的服务水平协议（SLA），并根据执行时间描述任务的需求。其中，t^i_{submit} 是任务 t_i 的最新提交时间，t^i_{finish} 是任务 t_i 提交后用户可以容忍的任务 t_i 的最近完成时间。它描述了用户在时限内完成任务的基本要求，如果实际完成时间超过任务的最新完成时间，则任务失败。如果一项任务频繁失败，则意味着用户满意度呈线性下降。因此，在任务调度中，不能盲目追求虚拟机的使用效率，而是先要保证用户完成任务的基本要求，即保证不违反 SLA。

（6）t^i_{data} 表示任务 t_i 需要的相关数据。对于移动云中心系统来说，任务需要的数据可以存储在一个或多个虚拟机上，在执行任务之前，必须将所需的数据传输到部署任务的虚拟机上使用。$t^i_{data}=<data^i_1, data^i_2, \cdots, data^i_p>$ 显示每个包含在虚拟机上的任务 t_i 所需要的数据量，其中$data^i_r(r=1,2,\cdots,p)$表示任务 t_i 需要的存储在虚拟机 v_r 上的数据量。

每个虚拟机可以同时运行多个任务，但在同一虚拟机上运行的任务的 t^i_{type} 和 t^i_{demand} 中，前两个任务的每个维度资源之和不得超过相应维度资源的数量。

模型 5：任务 t_i 的时间成本 $cost^i_j$ 表示在虚拟机 v_j 上完成任务 t_i 的时间成本，通常，需要消耗的总时间成本是任务的计算时间成本 $completetime^i_j$ 和传递时间成本 $transfertime^i_j$ 之和，$cost^i_j$ 的计算公式为

$$cost^i_j=completetime^i_j+transfertime^i_j \tag{6-1}$$

其中，$completetime^i_j$ 表示任务 t_i 处理所有浮点计算指令的成本，其值与浮点计算指令数成正比，与部署任务的虚拟机的 CPU 性能成反比，$completetime^i_j$ 的计算公式为

$$completetime^i_j=t^i_{command}/v^j_{cpu} \tag{6-2}$$

部署在虚拟机 v_j 上的任务 t_i 的数据传递总时间 $transfertime^i_j$ 包括数据发送时间、数据传输时间和数据接收时间，可以描述为

$$transfertime^i_j=\max\left(\frac{data^i_k}{rband_k}+\frac{dis_{kj}}{\tau}\right)+\frac{\sum data^i_k}{rband_j} \tag{6-3}$$

式中：$\frac{\text{data}_k^i}{\text{rband}_k}$ 表示存储在虚拟机 v_k 中的数据发送出去所消耗的时间；data_k^i 表示存储在 v_k 的任务 t_i 的数据量；rband_k 表示 v_k 网络带宽；$\frac{\text{dis}_{kj}}{\tau}$ 表示数据在网络中从 v_k 到 v_j 的传输时间；τ 是网络的影响因素，表示传输过程中由于路由转发而导致的传输时间的影响，由于每个虚拟机中存储的数据是并行发送到任务的，因此数据的发送时间和传输时间用最大值表示，即 $\max\left(\frac{\text{data}_k^i}{\text{rband}_k}+\frac{\text{dis}_{kj}}{\tau}\right)$，$\frac{\sum \text{data}_k^i}{\text{rband}_j}$ 表示虚拟机 v_j 用于接收从其他虚拟机发送的信息的总时间成本。

对于任务 t_i，它从提交到完成的总耗时不应超过 SLA 的规定范围，即必须满足

$$t_{\text{submit}}^i + \text{cost}_j^i < t_{\text{finish}}^i \tag{6-4}$$

模型 6：虚拟机 v_j 的负载状态模型　v_j 的负载状态模型 $\text{load}V_j$ 由 $\text{load}V_j = < id_j, \text{type}_j, cv_j, uv_{\text{mem}}^j, uv_{\text{stor}}^j, \text{taskfinish}_j >$ 表示，其中，type_j 表示 VT 是 v_j 的模型类型，cv_j 表示 v_j 的参数配置，uv_{mem}^j 和 uv_{stor}^j 分别是 v_j 的可用内存和常用存储空间，用于测量 v_j 当前的负载状况，taskfinish_j 表示 v_j 中任务队列的最近完成时间，用于描述 v_j 的响应时间。假设在 v_j 上部署了 m 个任务，那么一次完全运行完 m 个任务后，就可以执行新到达的任务。

模型 7：虚拟机 v_j 的可利用资源向量模型　它可以使用 $ava_j = < ava_j^{\text{stor}}, ava_j^{\text{cpu}}, ava_j^{\text{net}}, ava_j^{\text{mem}} >$ 表示，其中：

$$ava_j^{\text{stor}} = tl_{\text{stor}}^j - \sum y_{ji} * cv_{\text{stor}}^i \tag{6-5}$$

$$ava_j^{\text{cpu}} = tl_{\text{cpu}}^j - \sum y_{ji} * cv_{\text{cpu}}^i \tag{6-6}$$

$$ava_j^{\text{net}} = tl_{\text{net}}^j - \sum y_{ji} * cv_{\text{net}}^i \tag{6-7}$$

$$ava_j^{\text{mem}} = tl_{\text{mem}}^j - \sum y_{ji} * cv_{\text{mem}}^i \tag{6-8}$$

式中：y_{ji} 代表虚拟机 v_j 上模型为 vt_i 的任务的数量；v_j 中的可用资源用于评估是否可以在虚拟机 v_j 上部署任务，如果 v_j 的剩余资源中的任何维度资源都不能满足任务 t_i 对该维度资源的需求，则 t_i 将不会部署在 v_j 上。v_i 中的

剩余资源向量是每个维度的资源值及其已经占用的值的差值的合成。

模型 8:任务-虚拟机映射的分配矩阵 任务-虚拟机分配策略的输出是一个分配矩阵,可表示为

$$\boldsymbol{\gamma}=\begin{pmatrix} r_{11} & r_{12} & \cdots & r_{1n} \\ r_{21} & r_{22} & \cdots & r_{2n} \\ \vdots & \vdots & & \vdots \\ r_{m1} & r_{m2} & \cdots & r_{mn} \end{pmatrix} \tag{6-9}$$

式中:$r_{ij}=1(i=1,2,\cdots,m;j=1,2,\cdots,n)$ 表示任务 t_i 部署在 v_j 上,而 $r_{ij}=0$ 表示相反的结果。

6.3.3 分组多级编码(GMLE)模式

在传统的遗传算法中,问题的解首先映射到解空间的一个点或一个向量,在算法中称为编码方案。系统问题的解必须与解空间的解一一对应。遗传算法通常使用信号数字串或字符串代码来解决问题,编码性能的优劣不仅关系到算法的执行效率,还影响解决方案的质量。解空间的解通常被命名为个体或染色体,对于使用数字字符串和字符串编码的解,其中的每个图形或字符都被称为基因,由许多染色体组成的染色体集合就是种群,该问题类似于多维包装问题。如果使用传统的遗传算法来构建解决方案,则会存在一些问题。首先,染色体的长度等于任务总数,但分配给同一虚拟机的任务没有顺序,因此存在大量冗余染色体,也就是说,尽管染色体的编码不同,但解码后系统问题的相应解决方案是相同的;其次,由于染色体存在冗余,冗余的染色体在遗传操作后不容易产生更好的解;最后,虚拟机的多维容量约束很容易使用交叉和变异操作来破坏,从而获得高适应度但不满足约束条件的无效解。

本章提出的基于 GMLE - DFF 的改进遗传算法在编码之前对任务和虚拟机使用分组排队方法。在移动云计算环境中,任何一个移动用户都可能触发任务,任务的分布可能是不对称的。如果只考虑任务的性能指标,就会出现任务分布不均的情况,如何在任务性能指标和系统负载平衡之间取得良好的折中,一直是任务调度策略的关键。为了解决这个问题,我们对任务分配

过程进行了建模,并提出了一种两阶段的任务调度方法,即任务调度可以分为虚拟机分组和任务分配。第一阶段,根据每个虚拟机提供的计算能力,我们将虚拟机集合分为三组,分别是交互密集型 vt_1、计算密集型 vt_2 和其他类型 vt_3 的固定序列。第二阶段,对于等待分配的任务,根据资源需求,每个任务选择组别并排队。任务-虚拟机分配策略如图 6-2 所示。

此外,在移动云计算中,移动设备千差万别,不同的移动设备可能会完成不同的任务,因此,会引发不同虚拟机之间资源利用率的较大差异,甚至导致云计算系统的负载不平衡。为了解决这个问题,提高资源利用率,基于 6.3.1 节,我们构建了一个多层次的染色体编码规则,使用遗传盒表示虚拟机,使用基因表示任务,一个遗传盒可以包含多个基因,盒子里的基因是无序的,但盒子容量有限,许多遗传盒组成一种虚拟机集合。这些基因盒根据类别以固定顺序排列,形成染色体。有三个遗传框集,分别是 vt_1,vt_2 和 vt_3,来自移动设备的任务也将按照相同的标准进行分类。表 6-1 说明了编码规则。

表 6-1 染色体编码

交互密集类型 vt_1	虚拟机 ID	v_1	v_2	…	v_p
	任务 ID	{2,5,7,38,79}	{1,20,21,22}	…	{9,15,28,44,101,116, m}
计算密集类型 vt_2	虚拟机 ID	v_{p+1}	v_{p+2}	…	v_{p+q}
	任务 ID	{3,52, $m-2$}	{18,27,49,63,70,92}	…	{4,8,66,87,32}
其他类型 vt_3	虚拟机 ID	v_{p+q+1}	v_{p+q+2}	…	v_n
	任务 ID	{$m-3,m-1$}	{25,56,43,120,10}	…	{14,77,96,131,158,$m-10$}

在表 6-1 中,显示了分配给 n 个虚拟机(VM)的 m 个任务的调度情况。首先,根据特殊准则将 n 个虚拟机分为三个队列;vt_1、vt_2、vt_3 中分别有 p、q 和 $n-p-q$ 个虚拟机;然后,根据相同的规则,对任务进行分类和归入;相应的编码为

$$\begin{aligned} D_i=\{vt_1,vt_2,vt_3\}=\{\{v_1\cdots v_p\},\{v_{p+1}\cdots v_{p+q}\},\{v_{p+q+1}\cdots v_n\}\}= \\ \{\{v_1:\{2,5,7,38,79\},\cdots,v_p:\{9,\cdots,m\}\},\{v_{p+1}:\{3,52,m-2\},\cdots, \\ v_{p+q}:\{4,\cdots,32\}\},\{v_{p+q+1}:\{m-3,m-1\},\cdots,v_n:\{14,\cdots,m-10\}\}\} \end{aligned} \tag{6-10}$$

染色体编码确定后，种群将被初始化。由于初始种群的多样性和不确定性，本章采用随机方法生成初始种群，初始种群大小为 S。

6.3.4 能量和时间感知的双适应度函数

本章提出的改进遗传算法利用 DFF 实现了提高性能和降低能耗之间的折中。DFF 能够均衡系统中所有虚拟机的最优时间跨度、最大资源利用率和最小打开数量。

1. 最优时间跨度

对于任务-虚拟机分配方案，其最优时间跨度是指虚拟机 VM 所有任务中最长的任务的完成时间。cost_j^i 表示虚拟机 v_j 上运行的任务 t_i 的完成时间，如果分配给 v_j 的任务数为 ats，则总任务的完成时间为

$$T_{j,\text{total}} = \sum_{i=1}^{ats} \text{cost}_j^i \tag{6-11}$$

因此，基于最优时间跨度的适应度函数为

$$f(j) = \max_{1 \leqslant k \leqslant n} T_{k,\text{total}}, \quad 1 \leqslant j \leqslant S \tag{6-12}$$

在种群的初始进化阶段，部分具有较高适应度值的个体可能会误导种群的发展方向；在收敛阶段附近，适应度值相近的个体很难继续进化，因此很难找到最优解。在上述两种情况下，必须调整适应度函数，调整后 $f_{ad}(j)$ 为

$$f_{ad}(j) = \frac{f(j) + |f_{\min}|}{f_{\max} + f_{\min} + \delta}, \quad 1 \leqslant j \leqslant S \tag{6-13}$$

式中：$f(j)$ 为初始适应值；$f_{\max}$ 是 $f(j)$ 的上界；$f_{\min}$ 是 $f(j)$ 的下界；δ 是实数，$\delta \in (0,1)$，其目的是防止分母为零，并增加 GA 的随机性。如果 $f_{\max}$ 或 $f_{\min}$ 未知，则其值将分别替换为当前代的最大值或最小值 $f_{\min}$，用于确保校准后的适应度值不为负值；如果 $f_{\max}$ 和 $f_{\min}$ 之间的差异较大，则调整后的差异较小，这可以阻止例外个体统治整个种群；如果 $f_{\max}$ 和 $f_{\min}$ 更接近，则调整后的差异更大，从而可以增加组中个体之间的差异，并扩大搜索空间以找到最优解。

2. 资源最大化利用和虚拟机开放数目最小化

图 6-4 显示了一个多维资源浪费问题的例子。

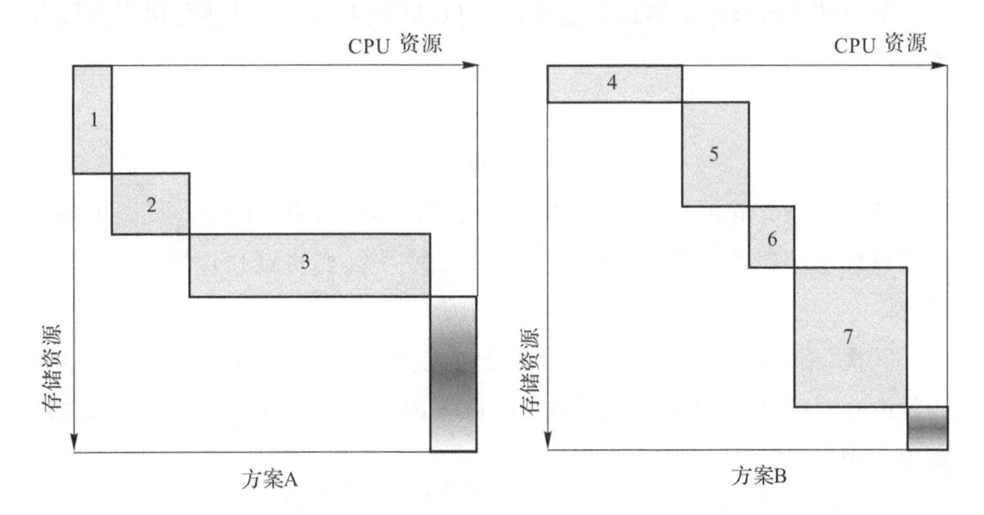

图 6－4　两种任务分配方案下虚拟机资源利用率的对比

在方案 A 中，计算资源得到了充分利用，但存储资源闲置较多，造成了资源浪费；在方案 B 中，计算资源和存储资源都被充分利用。显然，使用合理的任务调度可以提高虚拟机的资源利用率。

首先，定义遗传盒（虚拟机）的适合度。将虚拟机上所有资源的平均利用率视为综合利用率 $\overline{\vartheta}_c$，有

$$\overline{\vartheta}_c = \frac{\sum \vartheta_k^c}{4}, \quad k \in \{\mathrm{mem}, \mathrm{cpu}, \mathrm{stor}, \mathrm{net}\} \tag{6-14}$$

式中：ϑ_k^c 表示虚拟机 v_c 上 k 维资源的利用率。然而，$\overline{\vartheta}_c$ 不能完全测量虚拟机的利用率，例如，v_c 有两个维度，一个维度的利用率为 85%，另一个维度为 15%，那么 $\overline{\vartheta}_c = 50\%$；如果 v_i 上的两个维度的利用率分别为 45% 和 55%，则 $\overline{\vartheta}_i = 50\%$。显然，$v_i$ 的资源利用率优于 v_c。考虑到虚拟机上各资源维度之间的平衡，基于 $\overline{\vartheta}_c$，设计了一个新的遗传盒评价参数 θ_c，有

$$\theta_c = \frac{\overline{\vartheta}_c}{\sqrt{\sum (\vartheta_k^c - \overline{\vartheta}_c) 2}}, \quad k \in \{\mathrm{mem}, \mathrm{cpu}, \mathrm{stor}, \mathrm{net}\} \tag{6-15}$$

θ_c 反映了遗传箱的利用和资源之间的平衡程度。θ_c 越高，对应的虚拟机效率越高，同时，虚拟机上多个资源维度之间的利用率差异较小。

如果使用$usage_j$来描述染色体j[虚拟机(VM)集]的总体利用率和资源平衡度,有

$$usage_j = \frac{\sum \theta_c}{open\_num_z} \tag{6-16}$$

其中,$open\_num_z$ 表示分配方案中打开的虚拟机数。$usage_j$ 反映了在任务迁移计划中部署任务的所有 VM 的平均利用率,任务迁移计划与染色体 j 对应。

其次,染色体 j 的适合度由两部分组成:① 总体利用度和资源平衡度利用度$usage_j$;② 打开的虚拟机的数量$open_num_z$。那么,染色体j 的适应度函数为

$$f(chr_j) = \varepsilon_1 * usage_j - \varepsilon_2 * \frac{open\_num_z}{n} \tag{6-17}$$

式中:n 是整个系统中的 VM 数;ε_1 和 ε_2 是权重系数。

最后,为了便于在选择阶段对个体进行筛选,使用归一化和信息熵方法[32] 来处理双重适应度函数,这样做的目的是从目标的角度更好地控制种群的生成。

3. 双适应度函数 DFF

假设i代群已经生成,其种群大小为S,则每条染色体的双重适应度函数值构建 m 行 2 列的矩阵,有

$$\mathbf{A}(i) = (a_1, a_2, \cdots, a_S)^{\mathrm{T}} = \begin{bmatrix} \alpha_{11} & \alpha_{12} \\ \alpha_{21} & \alpha_{22} \\ \vdots & \vdots \\ \alpha_{S1} & \alpha_{S2} \end{bmatrix} \tag{6-18}$$

式中:2 是适应度函数的个数,$a_k = < \alpha_{k1}, \alpha_{k2} >$,$1 < k < S$ 是用双重适应度函数描述的第 i 代的第k 条染色体,$\alpha_{k1} = f(j)$,$\alpha_{k2} = f(chr_j)$。由于双重适应度函数值的单位不同,最优时间跨度越小,整个虚拟机集的资源利用率就越高,因此染色体就更为突出,整个处理过程如下。

首先,使用归一化操作来处理式(6-18) 中的矩阵 $\mathbf{A}(i)$。

由于属性取零值或 1 值的可能性几乎不存在,本章考虑使用归一化处理

方法，根据以下两种情况将矩阵 $\boldsymbol{A}(i)$ 中的所有元素 α_{kz} 的值都归一化到[0.01,0.99]。一种情况是，α_{kz} 是一个正增长值，即更大的 α_{kz} 值是我们所期望的，该值涵盖了整个虚拟机集的资源利用率。此种情况下，归一化公式定义为

$$\mu_{kz}=0.99-\frac{L_{\max}-\alpha_{kz}}{L_{\max}-L_{\min}}\times 0.98 \tag{6-19}$$

式中：$L_{\max}=\max_{k\in[1,S]}(\alpha_{kz})$，$L_{\min}=\min_{k\in[1,S]}(\alpha_{kz})$，它们分别是行运算符 α_{kz} 的最大值和最小值。另一种情况是，α_{kz} 是一个正的递减值，即 α_{kz} 的一个小值是我们所期望的，该值涵盖了最佳时间跨度。此种情况下，归一化公式定义为

$$\mu_{kz}=0.99-\frac{\alpha_{kz}-L_{\min}}{L_{\max}-L_{\min}}\times 0.98 \tag{6-20}$$

利用式(6-19)和式(6-20)，每个属性算子在[0.01,0.99]内都可以被表示，并且通过上述转换它们都在正方向上增加。这里，运算值越大越好。通过对属性算子进行归一化，得到了一个新的矩阵 $\boldsymbol{U}(i)=(u_k)_{S\times 1}=(\mu_{kz})_{S\times 2}$，称 $\boldsymbol{U}$ 为评估矩阵，有

$$\boldsymbol{U}(i)=\begin{pmatrix}u_1\\u_2\\\vdots\\u_S\end{pmatrix}=\begin{pmatrix}\mu_{11}&\mu_{12}\\\mu_{21}&\mu_{22}\\\vdots&\vdots\\\mu_{S1}&\mu_{S2}\end{pmatrix} \tag{6-21}$$

其次，使用信息熵方法处理式(6-21)中的矩阵 $\boldsymbol{U}(i)$。

由于多维指标之间的矛盾和相互制约，不存在一般最优解，而是有效解、满意解、优选解、理想解、负理想解和折中解。所以，在双重适应度值的基础上，利用效用函数 φ_{a_k} 的决策方法，可以生成综合评估指标。该效用函数值越大，说明染色体越好，有

$$\varphi_{a_k}(i)=\boldsymbol{u}_k\times\{\omega_1,\omega_2\}=\sum_{z=1}^{2}\mu_{kz}\omega_z,k=1,2,\cdots,S \tag{6-22}$$

式中：$u_k\in U(k\in[1,S])$，$W=\{\omega_1,\omega_2\}$，$\omega_z\in[0,1]$ 和 $\sum_{z=1}^{2}\omega_z=1$。归一化算子向量 $\boldsymbol{u}_k=(\mu_{k1},\mu_{k2})$，$u_{kz}$ 根据式(6-19)和式(6-20)计算。$\boldsymbol{u}_k$ 是动态

NIGA 评估的样本，它是一个 S 维向量。ω_z 是分配给归一化算子 u_{kz} 的权重。

在多维决策的求解过程中，属性权重起着决定性的作用，它用来反映属性的相对重要性，越重要的属性，权重越大，反之亦然。然后，关键任务是计算式(6－22) 中的 W。以下是基于信息熵的自适应权重计算。

假设 Y 具有可能的值 $y_1,y_2,\cdots,y_n$ 是一个离散的随机变量，$Q(Y)$ 是 Y 的信息内容或自身信息，$Q(Y)=\log_c 1/(y_i)$，可见 $Q(Y)$ 是一个随机变量。如果 $p(y_i)$ 表示 Y 的概率质量函数，那么 Y 的信息熵可以写成

$$H(Y)=K\sum_{i=1}^{n}p(y_i)Q(y_i)=-K\sum_{i=1}^{n}p(y_i)\log_c p(y_i) \quad (6-23)$$

式中：c 是所用对数的底，该值通常为 2 或 10 或 e；K 是一个常数。根据式(6－23)，基于动态 NIGA 的自信息的属性因子的信息熵表达式为

$$H(b_z)=-K\sum_{k=1}^{S}p(\mu_{kz}) \quad (6-24)$$

式中：$H(b_z)$ 是属性 $b_z(b_z\in B)$ 的熵值，$B=\{b_1,b_2\}=\{\mu_{1z},\mu_{2z}\}$ 是给定的属性集，每一个 b_z 代表属性 z 的行操作符，$z=\{1,2\}$；K 是一个常量，$K=1/\mathrm{lb}n$；μ_{kz} 的计算方法如式(6－18) ～ 式(6－21) 所示。根据式(6－19) 和式(6－20) 中 μ_{kz} 的计算方法，$p(\mu_{kz})$ 的值表示每行算子 μ_{kz} 的概率质量函数，μ_{kz} 的值越大，结果越好。值越大表明染色体越好。基于对 μ_{kz} 的理解，并考虑实际情况，$p(\mu_{kz})$ 的计算方法为

$$p(\mu_{kz})=\frac{\mu_{kz}}{\sum_{k=1}^{S}\mu_{kz}} \quad (6-25)$$

基于式(6－21) 和式(6－25)，利用式(6－24) 获得 $H(b_z)$，$z=\{1,2\}$ 的所有值。根据熵原理，如果不同属性之间的熵差很小，那么这些熵值提供了相同数量的有用信息。换句话说，相应的熵权重应该显示出很小的差异。因此，本章选择下式，而不是使用式(6－27) 或式(6－28)[33] 来计算网络属性差异程度。

$$g_z=\frac{\left[\sum_{i=1}^{2}H(b_i)+1-2H(b_z)\right]}{\sum_{j=1}^{2}\left(\sum_{i=1}^{2}H(b_i)+1-2H(b_j)\right)} \quad (6-26)$$

$$g_z = 1 - H(b_z) \tag{6-27}$$

$$g_z = \frac{[1 - H(b_z)]}{[n - H(b_z)]} \tag{6-28}$$

那么

$$\omega_z = \frac{g_z}{\sum_{z=1}^{2} g_z} \tag{6-29}$$

因此,$\{\omega_1, \omega_2\}$ 中的每个值都可以通过式(6-29)计算。

采用简单加权法,通过式(6-22)计算第 i 代各染色体的综合能力指数。

6.3.5 选择与复制阶段

在遗传算法中,选择算子的目标是模拟自然界中的进化模型,优秀的个体有更大的可证明性可以生存到下一代,而较差的个体很可能被淘汰。如果纯粹根据适合度对种群中的所有个体进行排序,并选择具有最大价值的个体来繁殖下一代,则不可避免地会导致算法收敛于局部最优解,而不是全局最优解。因此,本章采用了轮盘赌的选择方法,即利用个体适应度的累积概率来选择个体,该方法类似于轮盘赌操作来确定个体是否被选中。个体适应度计算公式为

$$p_k = \frac{\varphi_{a_k}(i)}{\sum_{k=1}^{S} \varphi_{a_k}(i)}, \quad k = 1, 2, \cdots, S \tag{6-30}$$

式中:i 表示第 i 代染色体集;$\varphi_{a_k}(i)$ 是将发生变异的个体的适应值。根据选择概率,轮盘被分为 S 个部分,第 k 扇区的中心角为 $2\pi p_k$,在选择时,类似于打开轮子,如果球落入 k 扇区,则选择个体 k。具体实现方法是:首先,产生一个在[0,1]范围内的随机 r,如果 r 满足下式,然后选择个体 i。

$$p_0 + \cdots + p_{k-1} < r \leqslant p_0 + \cdots + p_k \tag{6-31}$$

扇区的面积越大,球落入的概率越大,个体适应度越高,个体被选中的机会就越大,那么其基因构建遗传给下一代的可能性就越大。

6.3.6 交叉运算

交叉算子是生成新个体的主要方法,它决定了遗传算法的全局搜索能

力，并从种群的全局角度寻找交叉对。由于虚拟机集和任务集在编码前都是按类型进行分组，在交叉阶段，不会出现不同类型遗传盒中的基因进行交叉，因此，在交叉过程中，遗传盒和基因都是先按类型分组，然后同一遗传盒中基因执行交叉操作，使用模型7来判断遗传盒中的可用资源是否足够，如果足够，则执行交叉，或者继续寻找下一个能够满足交叉条件的遗传盒。在三种类型的基因分别完成交叉操作后，按照原始类型排列顺序重新组合，形成新的个体，并加入父类。本章根据以下两个步骤执行不同类型的交叉操作。

1．选择交叉点的位置

通常，交叉点的选择使用下式的交叉操作进行计算：

$$p_c=\begin{cases}k_1(\varphi_{a_k}^{\max}(i)-\varphi'_{a_k}(i))/(\varphi_{a_k}^{\max}(i)-\varphi_{a_k}^{\text{avg}}(i)), & \varphi'_{a_k}(i)\geqslant\varphi_{a_k}^{\text{avg}}(i)\\ k_2, & \varphi'_{a_k}(i)<\varphi_{a_k}^{\text{avg}}(i)\end{cases}\tag{6-32}$$

式中：$k=1,2,\cdots,S$，i 是第 i 代种群；$\varphi_{a_k}^{\max}(i)$ 是计算中种群适应度的最大值；$\varphi_{a_k}^{\text{avg}}(i)$ 是种群适应度的平均值；$\varphi'_{a_k}(i)$ 为适应度较大的两个交叉个体之一；k_1 和 k_2 是公式的修正因子，因子的数量域为(0,1)。

从式(6－32)可知：当$\varphi'_{a_k}(i)$ 接近 $\varphi_{a_k}^{\max}(i)$ 时，个体之间基因交换的概率较低，个体中基因突变的概率降低；当$\varphi'_{a_k}(i)$ 等于 $\varphi_{a_k}^{\max}(i)$ 时，基因交换和突变的概率为零，遗传种群此时停止进化。当最优结果筛选将产生阈值时，求解方案是有用的，但不利于在计算开始时进行计算，因为在计算开始时，好的个体变化很小，甚至没有变化，而且当前的好个体不一定是最好的个体。然而，根据计算结果，好的个体很容易被认为是最终的最优个体，而事实上该个体只是局部最优解。

根据上述特点，本章对自适应遗传算法的交叉算子进行了改进，使好的个体在一瞬间进化并产生变化。改进后交叉位置的选择使用下式进行计算：

$$p_c=\begin{cases}p_{c_1}\times e^{\frac{\varphi'_{a_k}(i)-\varphi_{a_k}^{\text{avg}}(i)}{\varphi_{a_k}^{\max}(i)-\varphi_{a_k}^{\text{avg}}(i)}}, & \varphi'_{a_k}(i)\geqslant\varphi_{a_k}^{\text{avg}}(i)\\ p_{c_1}, & \varphi'_{a_k}(i)<\varphi_{a_k}^{\text{avg}}(i)\end{cases}\tag{6-33}$$

p_{c_1} 被设置为算法中的最大交叉概率。使用这种方法计算父代中每个遗传盒的交叉概率并选择交叉点，评估值越高的遗传获得的概率越大，越有可能被选择进行交叉操作，这确保了全局搜索以一定的趋势继承了父代的有效模型，有助于产生优秀的个体，并使搜索空间快速接近质量解决方案区域。

2. 交叉操作

图 6-5 给出了一个一定类型下的交叉运算示例。

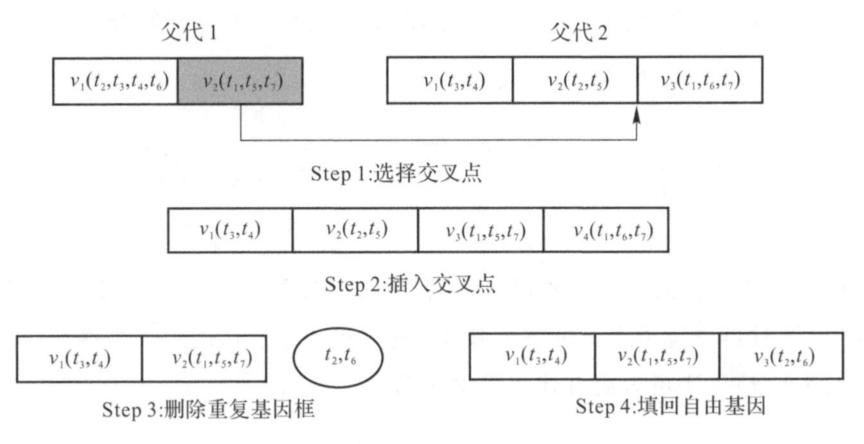

图 6-5　交叉运算示例

图中，将父代 1 中交叉点的基因复制到父代 2，同时删除所有包含重复基因的遗传框，在这个过程中，原始基因（任务）可能会丢失其所属的遗传框（虚拟机），因此，必须根据 FFDs 的原理回填自由基因，每个自由的基因将被插入到基因框中。

6.3.7　变异运算

变异算子是产生新个体的辅助方法。交叉算子从全局角度找到一些好的染色体个体，这些个体此时已经接近或有助于接近最优解，但无法完成对搜索空间细节的局部搜索。如果使用变异算子来调整个体编码字符串的部分基因值，则从局部角度使个体更接近最优解。变异算子决定了遗传算法的局部搜索能力，同时保持了种群的多样性，防止了早熟现象的发生。变异算子使算法在接近最优解的邻域时加速收敛到全局最优解。通常，变异算子的

计算公式为

$$p_m=\begin{cases}k_3(\varphi_{a_k}^{\max}(i)-\varphi_{a_k}(i))/(\varphi_{a_k}^{\max}(i)-\varphi_{a_k}^{\text{avg}}(i)), & \varphi_{a_k}(i)\geqslant\varphi_{a_k}^{\text{avg}}(i)\\ k_4, & \varphi_{a_k}(i)<\varphi_{a_k}^{\text{avg}}(i)\end{cases}\tag{6-34}$$

式中：$k=1,2,\cdots,S$；i 是第 i 代种群；$\varphi_{a_k}^{\max}(i)$ 是计算中种群适应度的最大值；$\varphi_{a_k}^{\text{avg}}(i)$ 是种群适应度的平均值；$\varphi_{a_k}(i)$ 为个体的适应度值；k_3 和 k_4 是公式的修正因子；因子的数量域为(0,1)。

基于与交叉算子相同的原因，本章修改了自适应遗传算法的变异算子，使好的个体在一瞬间进化并产生变化，改进后的变异算子计算公式为

$$p_m=\begin{cases}p_{m_1}\times e^{\frac{\varphi_{a_k}(i)-\varphi_{a_k}^{\text{avg}}(i)}{\varphi_{a_k}^{\max}(i)-\varphi_{a_k}^{\text{avg}}(i)}}, & \varphi_{a_k}(i)\geqslant\varphi_{a_k}^{\text{avg}}(i)\\ p_{m_1}, & \varphi_{a_k}(i)<\varphi_{a_k}^{\text{avg}}(i)\end{cases}\tag{6-35}$$

式中：p_{m_1} 被设置为算法中的最大变异概率。根据上述方法，改进的计算明显提高了种群中优秀个体的突变概率，它们可以发生变化，不再陷入局部收敛。因此，该算法可以更好地得到最优解。

6.3.8 算法终止条件

本章以最优时间跨度的适应度函数值的标准差作为最终收敛条件，因为使用进化代数作为进化结束条件并不理想，无论进化代数的值是太大还是太小，都不利于解的收敛。如果值太大，最理想的解决方案可能已经收敛；而值太小的话，最终获得的最优解的效果可能不好。因此，将最优时间跨度的适应度函数值的标准差作为判断算法结束的收敛条件，可以更好、更快地找到最优解。本章使用的最优时间跨度适应度函数为

$$tc=\sqrt{\frac{\sum_{k=1}^{S}[\varphi_{a_k}(i)-\varphi_{a_k}^{\text{avg}}(i)]^2}{S}}<\sigma\tag{6-36}$$

式中：$\varphi_{a_k}(i)$ 表示种群中 k 个个体的适应度值；$\varphi_{a_k}^{\text{avg}}(i)$ 表示当前种群的平均适应度值；S 是种群大小；σ 是收敛阈值，这里，$\sigma\in(0,1)$，如果标准偏差 tc 小于 σ，则迭代终止，或者继续它们的遗传进化。进化期满后，从上一代中选择

适应度值最大的染色体，对染色体进行解码，最终得到任务虚拟机调度的近似最优分配方案。

6.4 性能评估

6.4.1 实验参数设置

在模拟实验中，主机配置如下：CPU 为 Intel 3.2 GHz，内存为 12.0 GB，硬盘容量为 500 GB。参数及其值见表 6-2 和表 6-3。

表 6-2　任务和虚拟机的数量设置

配置(conf)组别	配置 1	配置 2	配置 3	配置 4	配置 5	配置 6
虚拟机数量	20	60	100	200	300	500
任务数量	60	180	300	600	900	1 500

在表 6-2 中，通过汇总根据随机生成的 VM 参数进行分区后的 VM 的数量，分别得到 vt_1，vt_2，vt_3 中的 VM 数量；使用相同的汇总方法，还可以获得每个虚拟机 VM 类型 vt_1，vt_2，vt_3 中的任务数。

表 6-3　仿真环境的参数设置

参　数	值	描　述
Population	44	种群大小
ε_1	0.75	资源利用率的权重系数
ε_2	0.25	开放虚拟机数量的权重系数
p_{c_1}	0.69	最大交叉概率
p_{m_1}	0.008	最大变异概率
σ	0.1	收敛阈值

6.4.2 实验结果评估

为了测试基于 GMLE-DFF 的改进遗传算法的性能，本章在资源利用率方面使用 Max-Min 调度算法与其进行了比较，并在任务完成时间方面与遗传算法和 Sufferage 算法进行了比较。

Max－Min 算法[34]是一种批处理算法，它的核心思想是“最早最长”。它首先考虑最长的任务，即一旦找到可以最早完成每个任务的 VM，就会将完成时间最早和最长的任务分配给 VM，然后更新任务集的预期完成时间，重复此操作直到所有要分配的任务被分配完成。如果两个任务竞争到同一个 VM，那么改变 VM 准备时间的最大任务将被分配给该 VM。Max－Min 算法的目的是使生成的结果最小化，因为任务需要很长的执行时间。因此，当原始任务集由许多短任务和长任务组成时，Max－Min 算法可以在任务和计算资源之间提供更好的负载平衡和时间复杂性的映射。该算法还需要关于任务长度和处理器速度的预测信息。

Sufferage 算法[35]的原理是：将任务的最小执行时间作为调度目标，同时考虑每个任务在相应资源上的最早完成时间和次早完成时间差，该时间差称为 Sufferage 值，差值大的任务具有较高的调度优先级。在 Sufferage 算法中，如果某个任务没有被分配到完成时间最早的资源上，它将在完成时承担最大的损失。因此，要尽量分配 Sufferage 值大的任务到使之完成时间最早的资源上。尽管该算法具有较小的 Makespan 值和时间复杂度，且算法实现简单的优势，但也存在负载均衡性能不高的缺陷。

1．比较任务完成时间

(1)在不同的任务和虚拟机数量配置下，三种算法的任务完成时间记录见表 6－4 和如图 6－6 所示。

表 6－4　任务完成时间

算　法	不同配置(conf)下的完成时间(t)					
	配置 1	配置 2	配置 3	配置 4	配置 5	配置 6
GMLE－DFF	198	630	6 465	40 720	125 608	300 225
Sufferage	150	558	6 278	40 610	125 608	300 255
GA	180	594	6 398	40 640	125 698	301 650

从表 6－4 和图 6－6 可知，三种算法在配置 conf1、conf2、conf3、conf4、conf5 和 conf6 下的任务完成时间几乎相同，基于 GMLE－DFF 的改进遗传

算法没有明显优势。

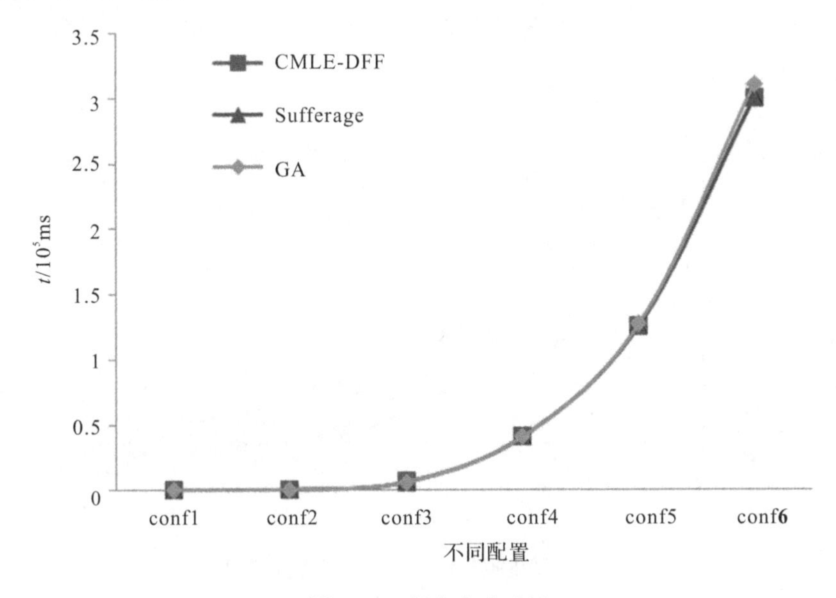

图 6-6　任务完成时间

(2)以配置 conf1 为例,进行以下实验。在 conf1 下,保持 VM 数量与原始配置相同,将任务数量从 1 500 个更改为 4 500 个,分别记录任务完成时间,结果如图 6-7 所示。

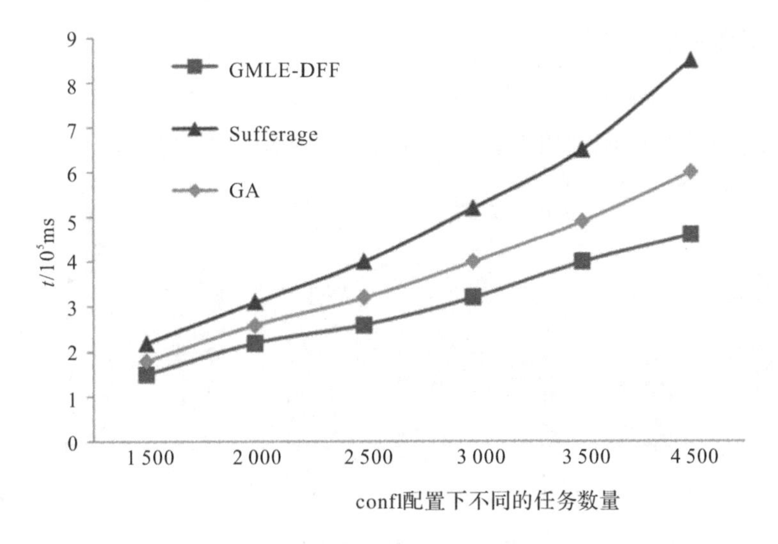

图 6-7　配置 conf1 下任务数变化时的任务完成时间

(3)将任务数量保持在 4 500 个不变,VM 的数量分别为 conf1、conf2、conf3、conf4、conf5 和 conf6 等 6 种配置中的一个,分别记录任务完成时间,结果如图 6-8 所示。

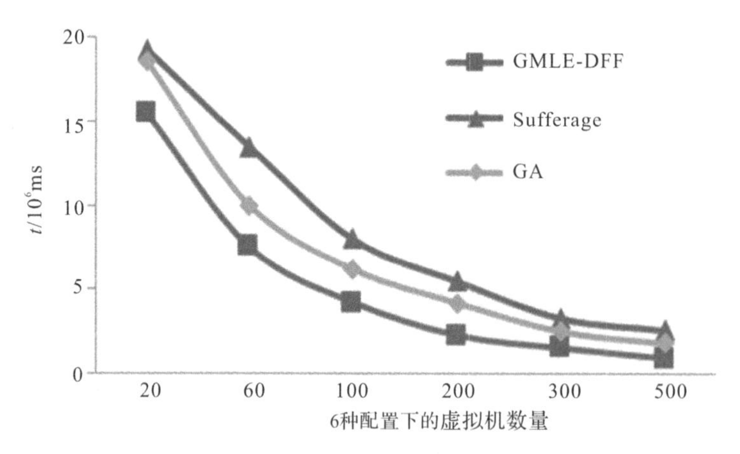

图 6-8　随虚拟机数量变化的任务完成时间

由图 6-8 可知,当虚拟机数量较少时,GMLE-DFF 的完成时间远小于 Sufferage 和 GA。但是,随着虚拟机数量的增加,三种算法的任务完成时间都在下降,最终大致相等。原因是当虚拟机数量增加时,虚拟机的处理能力能够很好地满足任务需求,不存在任务抢占资源和 FCFS 的条件。

2. 资源利用率对比

在表 6-2 的 6 种配置下,比较基于 GMLE-DFF 的改进 GA 和 Sufferage 算法的资源利用率,图 6-9 记录了平均资源利用率。

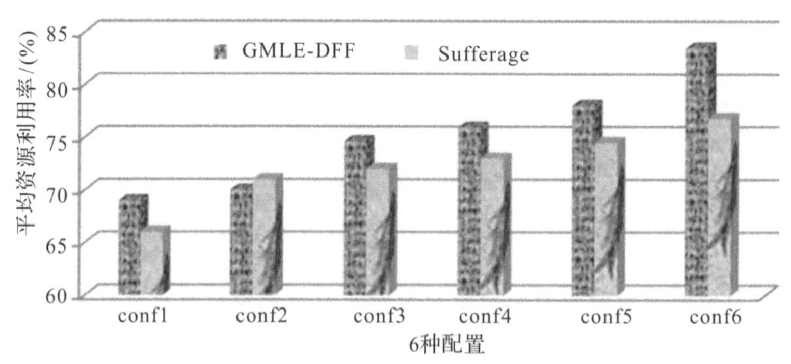

图 6-9　平均资源利用率

从图 6-9 可以看出，当任务数和虚拟机数都很小时，基于 GMLE-DFF 的改进 GA 和 Sufferage 在平均资源利用率方面相差不大，即使在第 2 种情况下，Sufferaage 也比 GMLE-DFF 好。但是，随着任务数和虚拟机（VM）数的逐渐增加，GMLE-DFF 的优势逐渐显现，例如，到第 6 种情况，GMLE-DFF 的平均资源利用率为 83.5%，平均生存率为 76.8%，前者比后者高 6.7%。这归因于基于 GMLE-DFF 的改进遗传算法关闭了冗余空闲的虚拟机。

3. 算法收敛情况

假设配置 conf2 中的任务数为 4 500 个，基于 GMLE-DFF 的改进遗传算法和传统 GA 收敛结果如图 6-10 所示。

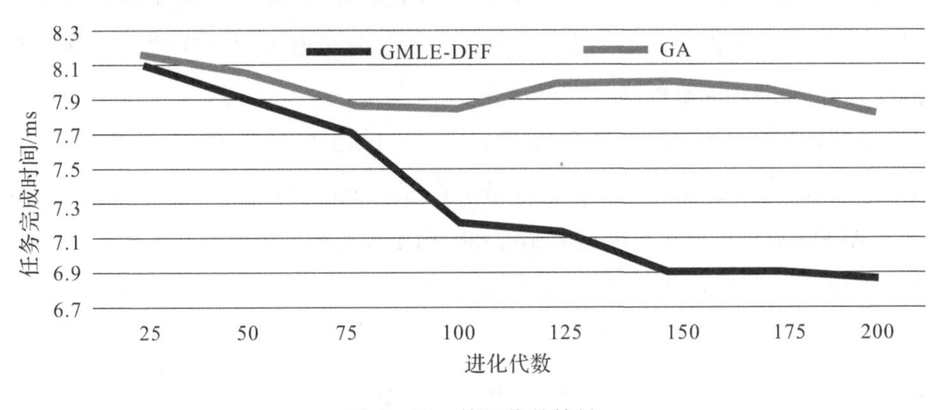

图 6-10　算法收敛结果

从图 6-10 可以看出，在算法迭代的早期阶段，两种算法的性能都有不同程度的差异，但是基于 GMLE-DFF 的改进遗传算法收敛速度更快。经过 150 代以后，改进的遗传算法已经开始自我约束，而接近 200 代时，改进遗传算法出现收敛趋势。此外，在进化的初始阶段，约为 65 代，在传统遗传算法中，部分异常个体误导种群进化方向，使传统遗传算法从 65 代到 100 代向异常值方向进化，但优值并非理想的最优解；改进的 GMLE-DFF 算法没有出现这种情况，同时，改进的 GMLE-DFF 算法采用了自适应交叉概率和变异概率，并在逼近算法收敛点处调整适应度函数，因此，基于 GMLE-DFF 的改进遗传算法最终得到的最优解比传统遗传算法更理想。

6.5 本章小结

降低能耗是实现绿色计算的重要方法。随着移动云计算的发展和5G的到来,相关的能耗问题引起了绿色移动云计算新的热切关注。基于5G的集约性特点,本章研究了移动云计算的任务调度问题。在保证系统性能、提高资源利用率的同时,为了解决移动云计算系统的负载不平衡问题,本章提出了一种任务-虚拟机分配策略,并将其应用到基于GMLE-DFF的改进遗传算法中。实验表明,基于GMLE-DFF的改进遗传算法收敛速度比遗传算法快,性能更为突出,不仅任务执行时间最短,而且能够满足虚拟机资源利用率最大化和负载均衡的要求。因此,它可以很好地应用于移动云计算任务调度,以降低能耗,缩短执行时间。

与本章内容相关的研究成果已发表于CCF推荐的C类会议12th International Conference on Collaborative Computing: Networking, Applications and Worksharing (CollaborateCom 2016, LNICST 201, 418 - 428, 2017. DOI: 10.1007/978-3-319-59288-6_38)。

参考文献

[1] LIU F M, SHU P, JIN H, et al. Gearing resource-poor mobile devices with powerful clouds: architectures, challenges, and applications[J]. IEEE Wireless Communications, 2013, 20(3): 14-22.

[2] LIU Z. Spatial approximate keyword query processing in cloud computing system[J]. International Journal of Database Theory and Application, 2015, 18(2): 81-94.

[3] WU M Y, SHU W, ZHANG H. Segmented min-min: a static mapping algorithm for meta-tasks on heterogeneous computing systems[C]// Proceedings of 9th Heterogeneous Computing Workshop (HCW

2000)(Cat. No. PR00556). Cancun: IEEE, 2002: 375 - 385.

[4] MAHESWARAN M, ALI S, SIEGEL H J, et al. Dynamic mapping of a class of independent tasks onto heterogeneous computing systems[J]. Journal of Parallel and Distributed Computing, 1999, 59(2): 107 - 131.

[5] LAI G J. A novel task scheduling algorithm for distributed heterogeneous computing systems[C]//Proceedings of International Workshop on Applied Parallel Computing. Berlin, Heidelberg: Springer Berlin Heidelberg. 2004: 1115 - 1122.

[6] SANTOSNETO E, CIRNE W, BRASILEIRO F, et al. Exploiting replication and data reuse to efficiently schedule data-intensive applications on grids[J]. Job Scheduling Strategies for Parallel Processing, Lecture Notes in Computer Science, 2005(3277): 210 - 232.

[7] LIN W W, WANG J Z, LIANG C, et al. A threshold-based dynamic resource allocation scheme for cloud computing [J]. Procedia Engineering, 2011, 23: 695 - 703.

[8] ATIF M, STRAZDINS P. Adaptive parallel application resource remapping through the live migration of virtual machines[J]. Future Generation Computer Systems, 2014, 37: 148 - 161.

[9] FUJIMOTO N, HAGIHARA K. A comparison among grid scheduling algorithms for independent coarse-grained tasks[C]//Proceedings of 2004 International Symposium on Applications and the Internet Workshops. Tokyo: IEEE, 2004: 674 - 680.

[10] FREUND R F, GHERRITY M, AMBROSIUS S, et al. Scheduling resources in multi-user, heterogeneous, computing environments with SmartNet[C]//Proceedings of Seventh Heterogeneous Computing Workshop (HCW'98). Orlando: IEEE, 1998: 184 - 199.

[11] PAGE A J, NAUGHTON T J. Dynamic task scheduling using genetic algorithms for heterogeneous distributed computing[C]// Proceeding of 19th IEEE International Parallel and Distributed Processing Symposium. Denver: IEEE, 2005: 1 - 8.

[12] LI J F, PENG J. Task scheduling algorithm based on improved genetic algorithm in cloud computing environment[J]. Journal of Computer Applications, 2011, 31(1): 184.

[13] LIU Y, ZHAO Z W, LI X L, et al. Resource scheduling strategy based optimized generic algorithm in cloud computing environment [J]. Journal of Bejing Normal University (Natural Science), 2012, 48(4): 378 - 384.

[14] HU YY, WANG L, ZHANG X D. Cloud storage virtualization technology and its architecture[J]. Applied Mechanics and Materials, 2015, 713: 2435 - 2439.

[15] SANDHYA S, USHA N, CAUVERY N K. Load based migration based on virtualization using genetic algorithm [J]. Emerging Research in Computing, Information, Communication and Applications: ERCICA 2015, 2016, 2: 303 - 310.

[16] ZOMAYA A Y, TEH Y H. Observations on using genetic algorithms for dynamic load-balancing [J]. IEEE Transactions on Parallel and Distributed Systems, 2001, 12(9): 899 - 911.

[17] KOŁODZIEJ J, XHAFA F. Modern approaches to modeling user requirements on resource and task allocation in hierarchical computational grids [J]. International Journal of Applied Mathematics and Computer Science, 2011, 21(2): 243 - 257.

[18] ZHAO C H, ZHANG S S, LIU Q F, et al. Independent tasks scheduling based on genetic algorithm in cloud computing [C]// Proceedings of 2009 5th International Conference on Wireless Communications, Networking and Mobile Computing. Beijing: IEEE, 2009: 1 - 4.

[19] JUHNKE E, DORNEMANN T, BOCK D, et al. Multi-objective scheduling of BPEL workflows in geographically distributed clouds [C]//Proceedings of 2011 IEEE 4th International Conference on Cloud Computing. Washington, DC: IEEE, 2011: 412 - 419.

[20] SONG B, HASSAN M M, HUH E N. A novel heuristic-based task selection and allocation framework in dynamic collaborative cloud service platform[C]//Proceedings of 2010 IEEE Second International Conference on Cloud Computing Technology and Science. Indianapolis: IEEE, 2011: 360 - 367.

[21] LI J Y, QIU M K, MING Z, et al. Online optimization for scheduling preemptable tasks on IaaS cloud systems[J]. Journal of parallel and Distributed Computing, 2012, 72(5): 666 - 677.

[22] GUO L Z, ZHAO S G, SHEN S G, et al. Task scheduling optimization in cloud computing based on heuristic algorithm[J]. Journal of Networks, 2012, 7(3): 547 - 553.

[23] LI J Y, QIU M K, NIU J W, et al. Feedback dynamic algorithms for preemptable job scheduling in cloud systems[C]//Proceedings of 2010 IEEE/WIC/ACM International Conference on Web Intelligence and Intelligent Agent Technology. Toronto: IEEE, 2010: 561 - 564.

[24] TAHERI J, LEE Y C, ZOMAYA A Y, et al. A bee colony based optimization approach for simultaneous job scheduling and data replication in grid environments[J]. Computers & Operations Research, 2013, 40(6): 1564 - 1578.

[25] 李智勇，陈少淼，杨波，等. 异构云环境多目标 Memetic 优化任务调度方法[J]. 计算机学报，2016，39(2)：377 - 390.

[26] LIN X, WANG Y, XIE Q, et al. Task scheduling with dynamic voltage and frequency scaling for energy minimization in the mobile cloud computing environment[J]. IEEE Transactions on Services Computing, 2015, 8(2): 175 - 186.

[27] KUMAR N, ZEADALLY S, CHILAMKURTI N, et al. Performance analysis of Bayesian coalition game-based energy-aware virtual machine migration in vehicular mobile cloud[J]. IEEE Network, 2015, 29(2): 62 - 69.

[28] THEDE S M. An introduction to genetic algorithms[J]. Journal of

Computing Sciences in Colleges, 2004, 20(1): 115－123.

[29] KYAWA A, MYAT M M. Test path optimization algorithm compared with ga based approach[J]. Genetic and Evolutionary Computing, 2015, 387:455－463.

[30] LI M, KOU J, LIN D, et al. The basic theory and application of genetic algorithm[D]. Beijing: Tsinghua University Press, 2002.

[31] ACHARYA G P, RANI M A. Fault-tolerant multi-core system design using pb model and genetic algorithm based task scheduling [M]. Microelectronics, Electromagnetics and Telecommunications. Springer India, 2016: 449－458.

[32] Calheiros R N, Toosi A N, Vecchiola C, et al. A coordinator for scaling elastic applications across multiple clouds [J]. Future Generation Computer Systems, 2012, 28(8): 1350－1362.

[33] LI X Y, MA H D, ZHOU F, et al. Service Operator-aware trust scheme for resource matchmaking across multiple clouds[J]. IEEE Transactions on Parallel and Distributed systems, 2015, 26(5): 1419－1429.

[34] BRAR SS, RAO S. Optimizing workflow scheduling using max-min algorithm in cloud environment [J]. International Journal of Computer Applications, 2015, 124(4): 44－49.

[35] PINEL F, DORRONSORO B, PECERO J E, et al. A two-phase heuristic for the energy-efficient scheduling of independent tasks on computational grids[J]. Cluster computing, 2013, 16(3): 421－433.

第7章　面向云端大数据中心的QoS感知多目标虚拟机动态调度

7.1　概　　述

目前,数以亿计的异构物理设备通过互联网聚集在一起,形成了智能电子医疗、智能家居、智能交通、智慧城市等多种智能应用,不仅给人类生活带来了极大的便利,同时还产生了大量的数据,需要大存储和高计算能力来处理[1]。云计算流行于大数据的可扩展计算和处理,以克服单个设备的限制[2]。然而,随着网络化的智能设备数量的迅速增加,由于访问设备的位置和数量的不可控性,数据中心的工作负载随时不平衡的问题日益突出。

虚拟化是指对物理上不存在的互联网资源进行逻辑创建,目前仍是异构数据中心常用的资源均衡技术。许多基于虚拟化的研究,如文献[2-21],已经提出了各种各样的解决方案,并采用不同的目标来动态调整数据中心基础设施的工作负载,以降低网络成本,提高云服务质量。例如,文献[3]探索了将遗传算法和细菌觅食算法相结合的混合任务调度算法,以最小化云计算中的最大完成时间,并降低能耗。为解决云计算系统中的灵活任务调度问题,文献[4]提出了一种混合离散人工蜂群算法。它主要关注最大完成时间的最小化和所有设备的总工作负载的最大化。文献[5]通过动态路由工作负载来实现地理负载平衡,以降低总体能耗。文献[6]利用改进的粒子群优化算法为虚拟机定位任务,然后采用混合的生物启发算法处理资源(CPU和内存)的分配,但它只考虑了减少平均响应时间。文献[7]开发了一种可扩展的算法来查找网络中给定的边缘数据中心之间的任务重定向,从而最小化平均响应时间的最大值。

尽管这些研究在一定程度上可以提高云服务的效率,但也存在一些关键的局限性。首先,可以将迁移成本、响应时间、能源效率、服务质量、安全和隐私作为实现云负载均衡的目标。但上述文献几乎只关注其中的一两个目标,导致实验结果偏离实际需求,具有一定的片面性。其次,物理资源主要被运行在虚拟机上的任务消耗,但几乎所有的研究都是利用任务调度的方法,基于任务流量分析实现系统的负载均衡。显然,他们没有考虑到有限的物理资源,并假定虚拟池足以运行分配的任务。此外,在分布式环境中,主要有静态和动态两种负载均衡方法。前者的主要缺点是在判断是否迁移时不考虑目标虚拟机或物理节点的状态。而后者虽然很难实现,但总能为实现实时、可持续的云服务提供更好的解决方案。

显然,上述条件的限制也为我们提高云资源的利用率提供了机会。本章针对异构云资源的分配,提出了一个支持 QoS 的多目标虚拟机动态调度模型,其主要贡献包含如下三点:

(1)该模型聚焦于虚拟机的调度,目的在于解决大数据云中心有限的物理基础设施上虚拟机的动态分配问题。目前,虽然物理基础设施具有价格低廉、随时随地添加、成本低等优点,但其能力在实际网络应用中始终局限于快速、实时地响应庞大用户群的请求。本章提出的虚拟机动态调度模型是一种可靠的解决方案,它利用一个现实的、高性能的计划来动态分配 VM 资源。

(2)利用 QoS、迁移成本和负载均衡三个对象和改进的遗传算法来解决虚拟机和物理节点之间的映射,进而开发我们模型的动态调度功能。高 QoS、低迁移成本和资源利用平衡是度量调度性能的常用指标。不同于以往的研究可能只使用其中的一个或两个指标,我们提出的模型同时使用这三个指标来构建目标函数,可以为用户提供更可靠的保障。此外,我们的模型根据物理节点上虚拟机的运行状态动态调整资源平衡,而以往的动态调度模型主要基于数据流量。

(3)构建了一个模拟云端大数据中心的系统,并通过与桉树平台(Eucalyptus)中的 Greedy[23]、Round Robin[24] 和 non-dominant Sorting Genetic Algorithm (NSGA Ⅱ)[25]的比较,对模型进行了评估。实验结果表明,本章所提出的模型的性能明显优于具有代表性的 Round Robin、Greedy 和 NSGA Ⅱ,特别是在动态和不平衡的数据流分布的情况下。

本章其余部分的内容组织如下：7.2 节介绍前期的相关工作；7.3 节对提出的模型的框架和相应的问题进行说明；7.4 节描述所提算法的详细计算和过程；7.5 节给出实验环境、参数设置，并分析模型的性能；7.6 节对本章主要内容进行简要总结。

7.2　相关研究工作

调度虚拟机是在系统资源没有多余容量处理下一个任务时进行资源调度的常用方法。为了改善用户的体验，许多虚拟机调度研究在最小化响应时间和处理时间、负载平衡、迁移成本和满足服务水平协议（SLA）等方面做出了许多努力。

为了实现主干网的负载均衡，许多高效的 VM 调度方案被提出，如文献[8－14]。文献[8]通过在 Eucalyptus 平台上使用加权轮询算法解决了虚拟机调度的负载均衡问题，它的优点是可以根据权重将所有传入的请求以轮询方式分配到可用的虚拟机，但不考虑每个虚拟机的当前负载，而且该方法也没有验证加权方法的合理性，对用户请求的处理过于简单。同样，文献[9]和[10]提出了云环境下基于动态优先级的虚拟机调度自适应算法，克服了 Eucalyptus 中已有算法的不足。通过考虑负载因子，可以防止特定节点被过载，通过关闭空闲节点提高供电效率，并在大多数情况下防止负载因子在 80%左右波动。但这些调度方法也有许多缺点，例如，只能避免设备的过载，而不能保证整个系统的负载均衡；尽管关闭空闲节点可以节省电力，但是当再次需要这些节点时，重新启动这些节点会浪费更多的能源。

文献[15－18]设计了一些降低虚拟机迁移成本的调度模型。例如，文献[15]针对带有社区的社交网络多智能体系统提出了一种迁移成本敏感的负载平衡方法。这是一种基于净利润的负载平衡机制，每个负载平衡过程（即将任务从一个代理迁移到另一个代理）都与净利润值相关，该值取决于它通过减轻系统负载不公平所获得的收益和迁移任务的成本。文献[16]利用有限的迁移成本，通过整合异构云数据中心中的动态 VM，尽可能多地节省能源。考虑到物理节点周期性的维护过程会造成虚拟机迁移的时延和迁移成本,文献[17]提出了一种权衡时延成本的虚拟机迁移方案。特别地,在执行VM迁移时,上述研究还考虑了除成本之外的其他目标。

近年来,随着云用户数量的急剧增加,用户与云提供商之间的问题也越来越多。每个客户端通常都有一个SLA,它指定从系统接收到的QoS约束。文献[19]研究了基于SLA的VM放置问题,提出了一种基于凸优化和动态规划的高效启发式算法,在满足指定客户端级SLA的概率意义上最小化云计算系统的总能量成本,本章的监控VM是一个半静态过程。为了保证SLA跨越一系列QoS要求,文献[20]利用基于数据分割的查询准入和资源调度,提出了面向AaaS平台的准入控制和资源调度算法,在提供满足用户需求和期望的时间最小化的查询执行计划的同时,实现利润最大化。文献[21]旨在通过提供适合于云系统的QoS建模方法的现状调查来支持QoS管理的研究,并开发了一种聚类算法来查找具有类似工作负载模式的服务器,以增加运行时间。基于软件定义网络SDN,文献[13]提出了一种新的框架,以满足各种物联网业务的QoS要求,同时实现物联网服务器之间的流量均衡。为满足QoS要求,文献[22]提出了一种QoS感知的虚拟机节能调度方法。

上述调度方法均基于任务请求与虚拟机的关系,也就是说,它们是基于运行在它们身上的任务来实现高效的VM调度,而没有考虑物理节点的实际情况,这可能导致结果不能满足网络的实际需求,这属于虚拟机和物理节点之间资源调度的另一个研究重点。此外,上述研究都是针对一定响应时间或能源效率下的负载平衡或迁移成本,不能解决用户和云供应商之间真正的供需平衡。

7.3 大数据中心建模和问题描述

7.3.1 系统模型

本章关注的是虚拟机与物理节点之间的调度,而不是任务与虚拟机之间的调度。为了便于理解,本章只选择大数据中心中的一个集群作为我们的研究模型,并给出了目标问题陈述。云集群中虚拟机与物理节点的对应关系如

图7-1所示。

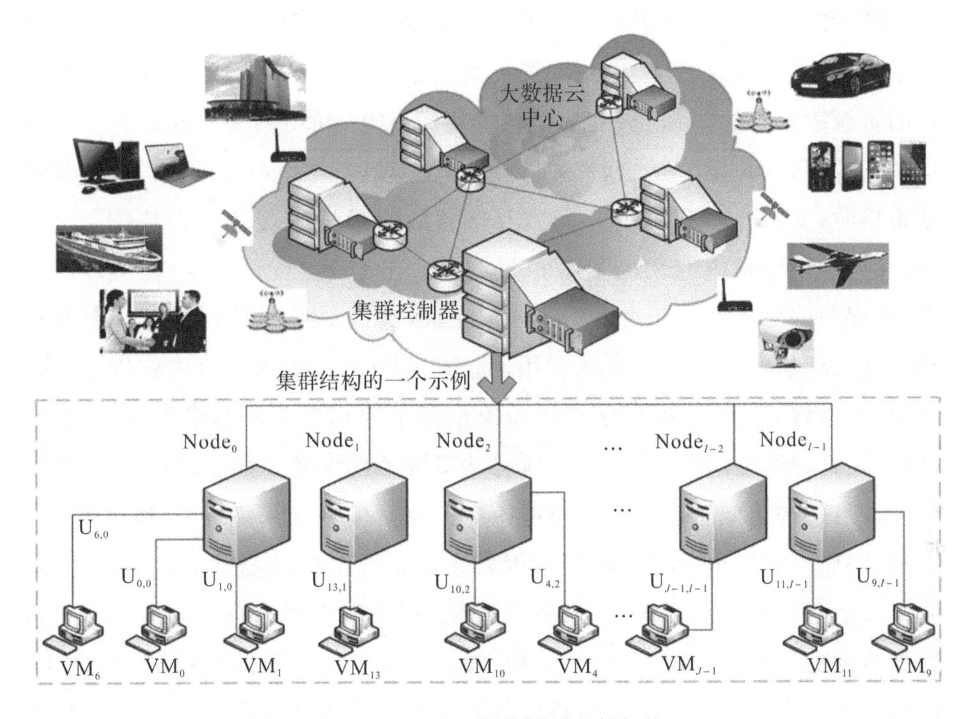

图7-1　云中一个集群的示例架构

在图7-1的集群中，有 I 个物理节点和 J 个虚拟机。每个物理节点可以承载多个虚拟机。符号 Node_i 表示第 i 个物理节点，Node_0，Node_1，Node_2，…，Node_{I-1} 表示该集群中的所有物理节点。VM_j 表示第 j 个VM，VM_0，VM_1，VM_2，…，VM_{J-1} 表示该集群中的所有虚拟机。$U_{j,i}$ 表示驻留在相应物理节点 Node_i 上的 VM_j 的利用率。在图7-1中，VM_0、VM_1、VM_6 被分配在 Node_0 上；Node_1 和 Node_{I-2} 都只包含一个VM，分别为 VM_{13} 和 VM_{J-1}；Node_2 和 Node_{I-1} 中分别只有2个虚拟机。对于物理节点和虚拟机，有许多不同的分配策略。本章假设虚拟机与物理节点之间的分配策略集为 $S=\{s_0,s_1,\cdots,s_m\}$，在 S 中寻找最优策略，以优化资源利用，满足负载均衡，最小化迁移成本，达到SLA的目标。

7.3.2　虚拟机或物理节点的负载

对于一个虚拟机或物理节点来说，在构建调度模型时，CPU和内存是衡量其负载或利用率的两个重要资源,如文献[14][22][25-37]都已验证。除了CPU和内存之外,由于在不同工作中不同调度算法的不同目标设计,如网络带宽、磁盘、RAM、计算和I/O等一些因素有时也被视为虚拟机或物理节点的资源度量指标。例如,文献[30]仅使用CPU利用率来构建物理机的平均功耗模型,以开发节能的虚拟机调度。在为信息物理系统设计内存感知调度策略时,文献[31]利用VM的内存来感知物理机的缓存行为数据。文献[33]通过CPU和内存来衡量虚拟机或物理节点的处理能力。在文献[22]中,内存和网络带宽用于测量物理节点的负载。文献[36]利用RAM、存储和带宽来评估物理节点的资源利用率。文献[37]在构建非抢占式虚拟机调度模型时,将CPU、内存和存储作为衡量每个物理服务器容量的三个要素。显然,在处理调度问题时,可以将所有共享资源视为度量指标,根据调度的实际设计目的构造或扩展相应的模型函数。也就是说,当缓存和控制器等资源也被共享时,它们也可以作为度量因素来度量虚拟机或物理节点的利用率。基于以上分析和实际需求,本章利用CPU、网络带宽和内存来衡量虚拟机或物理节点的负载,并根据文献[38]和[39],定义了一个新的指标,即将CPU、网络带宽和内存的乘积作为虚拟服务器的综合负载度量模型。虚拟机VM_j上的载荷计算为

$$L_{\mathrm{VM}_j}=\frac{1}{1-\mathrm{CPU}_{U_{j,i}}}\times\frac{1}{1-\mathrm{NET}_{U_{j,i}}}\times\frac{1}{1-\mathrm{MEM}_{U_{j,i}}} \tag{7-1}$$

式中:L_{VM_j}为VM_j的载荷;$\mathrm{CPU}_{U_{j,i}}$,$\mathrm{NET}_{U_{j,i}}$,$\mathrm{MEM}_{U_{j,i}}$分别表示其CPU利用率、网络带宽利用率和内存利用率。显然,L_{VM_j}值越大,其负载越高。

VM的负载信息由Eucalyptus的监视器记录,包括60 s内的CPU、网络带宽和内存。因为一个物理节点可以虚拟化许多虚拟机,所以可以简单地增加节点中托管的整个虚拟机的容量。设L_{VM_j}是Node_i上VM_j的平均载荷,然后根据下式计算第i个物理节点LN_i的总负载:

$$\mathrm{LN}_i=\sum_{\mathrm{VM}_j\in\mathrm{Node}_i}\overline{L_{\mathrm{VM}_j}} \tag{7-2}$$

7.3.3 物理节点负载均衡

由上节可知,通过Eucalyptus的监视器可以得到60 s内每个物理节点

的平均负载。如果一个集群中有 I 个物理节点，则系统 SUM_{LN} 的整个负载为

$$SUM_{LN}=\sum_{i=0}^{I}LN_i \tag{7-3}$$

在不考虑其他约束的情况下，只要 SUM_{LN} 达到最大值，就可以得到物理节点的最优分配策略。而实际上，当一个物理节点的资源利用率较大时，可能会导致系统负载过高，云服务的性能也会降低。因此，如何在最大限度地利用资源的情况下平衡负载是非常必要的。本章考虑用物理节点负载的标准差来约束系统最大负载的获取。假设第 i 个物理节点的平均负载为 LN_i，则所有物理节点的标准差为

$$\sigma=\sqrt{\frac{1}{I+1}\sum_{i=0}^{I}(LN_i-\overline{LN_i})^2} \tag{7-4}$$

式中：σ 为系统负荷的标准差。

充分利用有限的物理节点是指在实现负载均衡的同时，获得最高的资源利用率。也就是说，σ 越小，SUM_{LN} 越大，系统性能越好。为了便于负载均衡指标的测算，本章采用 TOPSIS[40] 实现上述两个因素的集成，有

$$\varphi=\sqrt{(SUM_{LN}-SUM_{max})^2+(\sigma-\sigma_{min})^2} \tag{7-5}$$

式中：SUM_{max} 表示系统整体负载的最大值；σ_{min} 表示所有物理节点标准差的最小值。显然，当 φ 为最小值时，物理节点负载均衡，系统性能最佳。

7.3.4　虚拟机迁移代价

众所周知，虚拟机迁移会延迟整个系统的响应时间，降低运行在其上的任务的性能，也就是说，虚拟机迁移是要付出代价的。在大数据云服务中，虚拟机的迁移方式通常有 P2V(Physical to Virtual)、V2V(Virtual to Virtual)和 V2P(Virtual to Physical)三种，本章采用的 V2V 方法有离线(静态)迁移和在线(live)迁移。前者需要关闭虚拟机并将系统复制到目标主机上，具有明显的不可用时间，不适合当前需求变化大的大数据网络环境。由于后者迁移虚拟机的不可用时间极短，本章选择后者实现负载均衡，以满足用户需求。其迁移过程接受预拷贝方式，如图 7-2 所示。

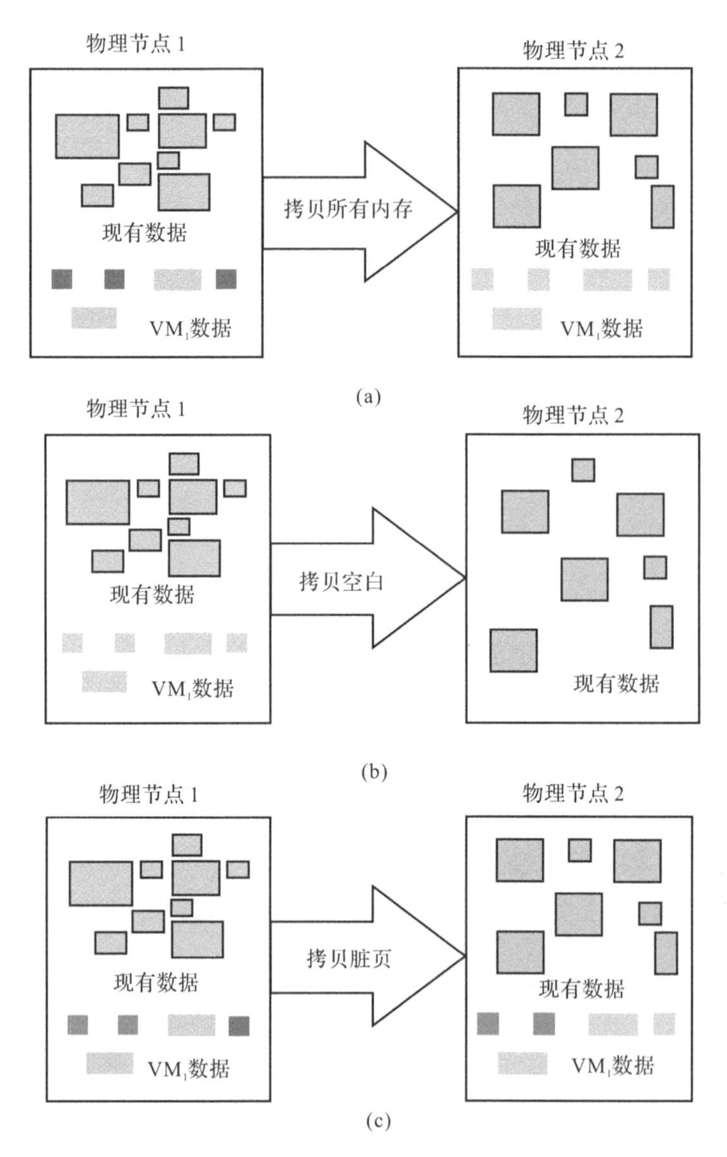

图 7－2 预拷贝步骤

(a)步骤一； (b)步骤二； (c)步骤三

在图 7－2 中，两个物理节点都有各自已有的数据，同时，物理节点 1 上 VM_1 的数据需要迁移到物理节点 2 上，具体步骤包括三步。第一步，迁移开始，但物理节点 1 上继续运行 VM_1，物理节点 2 不开始执行迁移。也就是说，VM_1 的内存没有复制到目标节点。第二步，物理节点 1 中的 VM_1 通过循环将整个内存数据发送给物理节点 2 中的目标 VM。复制完成后，物理节点 1 上 VM_1 中的任务继续运行，并创建一些新的数据。第三步，剩下的循环负责将这些新数据发送到目标 VM，迁移完成。

尽管热迁移的停机时间很少，但它对虚拟机中的任务性能有负面影响。文献[41]研究了这个影响，发现迁移 VM 时的性能降低取决于执行期间更新磁盘的页面数量。因此，基于文献[41]，本章估计性能下降为 CPU 利用率的 8%，然后根据下式计算迁移期间的负面影响：

$$\left.\begin{aligned} C_{j,i} &= \int_{t_0}^{t_0+t_{j,i}^u} U_{j,i}(t)d_t \times 8\% \\ t_{j,i}^u &= \frac{M_{j,i}}{B_{j,i}} \end{aligned}\right\} \tag{7-6}$$

式中：$C_{j,i}$ 表示将第 j 个虚拟机迁移到 $Node_i$ 时整体性能降低的代价；t_0 为迁移开始时间，$t_{j,i}^u$ 为 VM_j 的迁移时间；$M_{j,i}$ 表示 VM_j 和 $B_{j,i}$ 占用 $Node_i$ 的内存大小，i 表示 $Node_i$ 提供给 VM_j 的网络带宽；$U_{j,i}(t)$ 为 $Node_i$ 执行 VM_j 时的 CPU 利用率。显然，$C_{j,i}$ 越小，系统性能越好。

实际上，整个迁移成本应该包含迁移过程的性能降低和迁移后的收益，而后者主要关注物理节点的负载均衡程度。本章采用迁移后标准差 σ^* 与迁移前标准差 σ 的比值来评价迁移后的效益。假设迁移后的平均收益是 BF_i，则有

$$BF_i = 1 - \frac{\sigma^*}{\sigma} \tag{7-7}$$

当迁移虚拟机达到更好的负载均衡时，σ^* 更小，BF 更大。因此，整个迁移成本 MC 可以通过虚拟机的性能降低与系统的迁移收益之差来评估，即

$$MC = \partial \times \sum_{i=0}^{I} \sum_{j=0}^{J} C_{j,i} - \sum_{i=0}^{I} BF_i \tag{7-8}$$

式中：∂ 是一个调整参数，在计算最佳迁移策略时，可以使成本更低，收益更高。显然，系统性能越好或虚拟机分配策略越好，MC 值越小。

7.3.5　服务质量 QoS 评估

通常，大数据中心的 QoS 评价指标包括所有物理节点的停机时间和资

源利用率。文献[22] 将停机时间定义为日志文件的访问时间与交换机迁移时间之和。本章还考虑了在读取日志时交换或传输数据的时长。对于虚拟机分配策略，假设内存映像传输 X 次；DT 表示停机时间，L^x 是日志文件在时间 x 时传输所有剩余日志文件的访问时间，则有

$$\left.\begin{aligned} \mathrm{DT} &= \sum_{x=1}^{X} L^x + \sum_{i=0}^{I}\sum_{j=0}^{J} t_{j,i}^{u} \\ L^x &= \sum_{i=0}^{I}\sum_{j=0}^{J} H_{j,i} \times \frac{D_{\mathrm{VM}_j}}{B_{j,i}} \end{aligned}\right\} \tag{7-9}$$

式中：$H_{j,i}$ 是判断 VM_j 是否存在于 Node_i 上的标志，如果存在，则 $H_{j,i}=1$，否则 $H_{j,i}=0$；D_{VM_j} 表示 VM_j 传输的脏页大小。为了保证迁移前后虚拟机内存条件的一致性，在内存传输过程中产生的脏页在下次传输时被发送到目标物理节点。因此，当 $x=0$ 时，D_{VM_j} 可设为镜像存储器 VM_j 的大小，当 $x \geqslant 1$ 时，$D_{\mathrm{VM}_j} = \eta \times L^{x-1}$，$\eta$ 为内存脏页的产生速率。

所有物理节点的资源利用率等于所有物理节点上运行的虚拟机的利用率与运行的物理节点数量的比值，即

$$\mathrm{RU} = \sum_{i=0}^{I}\sum_{j=0}^{J} U_{j,i} \Big/ \sum_{i=0}^{I} k_i \tag{7-10}$$

式中：RU 表示整个物理系统的资源利用率；k_i 是判断第 i 个物理节点是否正在运行的标志，当某些任务运行在 Node_i 上的 VM 上时 $k_i=1$，否则 $k_i=0$。$U_{j,i}$ 为执行 VM_j 的 Node_i 的利用率，与 CPU、内存和网络带宽成正比。因此，本章设 VM_j 在 Node_i 上运行时 $U_{j,i}$ 等于上述三个指标的利用率之和，即 $U_{j,i} = \mathrm{CPU}_{U_{j,i}} + \mathrm{NET}_{U_{j,i}} + \mathrm{MEM}_{U_{j,i}}$，否则 $U_{j,i}=0$。

在实际应用中，需要最小化停机时间和最大化资源利用率。也就是说，对于一种分配策略来说，云的 DT 越短，资源利用率越大，系统处理速度越快。因此，QoS 必须满足以下条件：

$$\min(\mathrm{DT}) \quad \& \quad \max(\mathrm{RU}) \tag{7-11}$$

显然，当违反停机时间或资源利用率时，调度算法应该重新分配正确的虚拟机。

7.4 QMOD:QoS 感知的多目标动态虚拟机调度

本章实际上关注的是多目标的虚拟机资源调度问题，云计算中常见的资源调度问题是负载均衡、迁移成本和 QoS。遗传算法是一种基于自然进化和选择机制的解决多目标问题的智能优化算法，该算法具有较强的全局优化能力，能得到帕累托(Pareto)意义下的全局优化解。遗传算法可以通过使用受自然遗传变异和自然选择启发的算子，来进化出针对给定问题的候选解决方案。问题的每一种解决策略都是一个个体，也叫染色体，许多个体构成一个种群。在本章中，虚拟机的一个分配策略是一个个体，一组分配策略由一个群体组成。也就是说，在遗传算法中，不同的策略(如何将 VM 分配到物理节点)组成一个种群。传统遗传算法包括编码、初始化、适应度函数、选择、交叉、变异和重新插入。由于云计算的特殊情况，传统遗传算法的一些步骤需要改进，本章的主要工作是在传统遗传算法的基础上对编码方法、适应度函数、选择方法和交叉方法根据实际需求进行重新设计，以适应云大数据中心的环境，具体步骤如下。

7.4.1 编码方法与种群初始化

由于常用的二进制编码方式不自然且存在很多问题，本章采用了能够充分展示虚拟机与物理节点之间映射关系的阵列编码方法。在编码数组中，元素的位置表示 VM 的标签，元素的值表示在染色体中驻留 VM 的对应物理节点的序列号，如下例所示：

$$\begin{matrix} 0 & 1 & 2 & 3 & \cdots & J-3 & J-2 & J-1 \\ [2 & 1 & I-1 & 0 & \cdots & 1 & 3 & I-3] \end{matrix}$$

在样例染色体中，VM 和物理节点的数量分别为 J 和 I。第一行表示 VM 的标签，在真实的编码数组中没有出现。每个虚拟机只能运行在一个物理节点上，而一个物理节点可以运行多个虚拟机。也就是说，物理节点和虚拟机之间是一对多的映射关系。例如，VM_1 和 VM_{J-3} 都分配给了 $Node_1$。实际上，每条染色体都是一种分配策略，一个种群由许多条染色体组成，例如：

$$\begin{bmatrix} 0 & I-3 & 6 & 2 & \cdots & I-1 & I-4 & 2 \\ 3 & 2 & 6 & 1 & \cdots & j & 2 & 6 \\ 8 & 4 & 9 & 5 & \cdots & 2 & 5 & 8 \\ 2 & 7 & 5 & 2 & \cdots & 6 & 6 & 1 \\ \vdots & \vdots & \vdots & \vdots & & \vdots & \vdots & \vdots \\ I-1 & I-1 & 4 & 7 & \cdots & I-2 & I-3 & 0 \\ 2 & 4 & 7 & 0 & \cdots & 3 & 3 & 2 \\ 5 & 2 & 3 & 7 & \cdots & 5 & 6 & 0 \end{bmatrix}$$

每一行代表一种染色体,许多染色体组成一种群体。上面的示例数组可以是一次迭代的结果。为了得到全局最优解,需要根据报告的 VM 分配策略的历史数据,以及当前 VM 负载发生较大变化的情况,提前给出原始种群。显然,如果一个种群中有 40 条染色体,那么这个种群可以定义如下:

$$s_0, s_1, s_2, \cdots, s_{37}, s_{38}, s_{39}$$

由于最终解必须是全局最优结果,因此初始化种群需要随机生成,以便使解均匀地分布到解空间中。也就是说,如果一个种群中有 40 条染色体、8 个物理节点和 14 个 VM,那么这一步生成的矩阵应该是 40 行 14 列的矩阵。另外,这个过程可能会产生一些不可用的结果,但是这些结果会根据适应度函数被过滤掉。

7.4.2 多目标适应度函数

合理的适应度函数是寻找最优配置策略的重要步骤。本章主要研究在保证云服务质量的前提下,实现物理节点的负载均衡和虚拟机迁移成本的最小化问题。第一,负载均衡的前提是获得物理节点的最高利用率。第二,虚拟机在物理节点之间迁移需要为性能下降付出代价,但受益于物理节点之间更好的负载均衡。这意味着虚拟机的迁移成本包括性能降低和迁移带来的好处。第三,无论哪种云服务,都必须达到一定的 QoS。因此,由式(7 - 5)、式(7 - 8)、式(7 - 11)可知,目标函数是在停机时间最小、物理节点资源利用率最大的条件下,使系统负载均衡以及虚拟机迁移成本最小。

由于任务执行过程中存在大量的虚拟机迁移,需要联合优化效用函数或目标函数来确定最终优化的虚拟机调度策略[14]。多准则决策(MCDM)和简单加法加权(SAW)是实现负载平衡、迁移成本和 QoS 联合优化的有力技术。但上述三个指标的计量单位却有明显的差异。因此,为尽可能满足停机时间测量的 QoS 和资源利用率,并简化目标函数的计算,本章采用归一化方法将两者进行单位消除,并用 F 表示适应度函数,则有

$$F=\alpha\times\frac{\varphi-\varphi_{\min}}{\varphi_{\max}-\varphi_{\min}}+\beta\times\frac{\mathrm{MC}-\mathrm{MC}_{\min}}{\mathrm{MC}_{\max}-\mathrm{MC}_{\min}}$$

使得满足

$$\min(\mathrm{DT})\quad,\quad\max(\mathrm{RU})\tag{7-12}$$

式中:α 和 $\beta(0\leqslant\alpha,\beta\leqslant1,\alpha+\beta=1)$分别为负载均衡和迁移成本的权重。$\varphi_{\max}$ 和 $\varphi_{\min}$ 分别为某时刻物理节点负载均衡的最大值和最小值。$\mathrm{MC}_{\max}$ 和 $\mathrm{MC}_{\min}$ 为某一时刻虚拟机迁移成本的最大值和最小值。此外,F 为效用值,用于排除不满足 QoS 的染色体,因此可以根据 F 对种群的染色体进行排序,选出好的个体。显然,F 值越小,结果越好。

7.4.3 染色体的选择

选择过程的目的是从适应度函数处理的结果中筛选出较好的染色体。对于种群中的这些染色体来说,较适合的染色体应该比不适合的染色体产生更多的后代。也就是说,染色体越合适,它被选择繁殖的可能性就越大。本章采用轮盘选择法,在概念上相当于给每个个体一片面积等于个体适应度的圆形轮盘,轮盘可以表示为图 7 - 3。

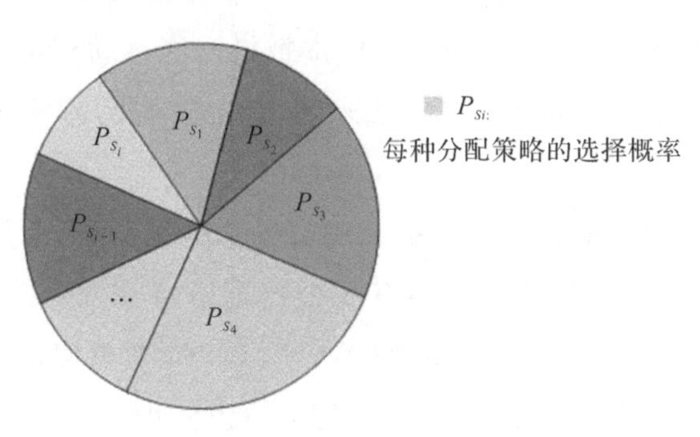

图 7 - 3　轮盘赌选择

图7-3中P_{S_i}表示分配策略S_i的选择概率,每个分配策略都是一条染色体。显然,选择概率与适合度有关,个体的概率是个体的适合度除以总体的适合度,那么,有

$$P_{S_i}=\frac{F_i}{\sum_{i=1}^{n}F_i} \tag{7-13}$$

式中:n为单个染色体的数量,即轮子旋转n次。每次旋转时,车轮标记下的个体会被选为下一代的父母。累积概率CP_{S_i}为前染色体概率与当前染色体概率之和,表示为

$$CP_{S_i}=\sum_{q=1}^{i}P_{S_q} \tag{7-14}$$

实际上,算法每次随机生成一个数字$r(0\leqslant r\leqslant 1)$,当$CP_{S_i}$满足以下条件时,选择第$i$条染色体:

$$CP_{S_{i-1}}\leqslant r\leqslant CP_{S_i} \tag{7-15}$$

通常,一个个体以与其适应度成正比的概率被反复选择为亲本染色体。但在某些情况下,一些适合度和选择概率都较低的个体,由于其后代的适合度可能较高,应选择而不直接丢弃。因此,本章的轮盘选择可以将适应度低的染色体传递给下一代。

7.4.4 交叉与变异

交叉操作交换两个染色体的子部分产生两个后代。常用的交叉方法是适用于二进制编码的单点交叉。如果本章采用单点交叉,则交换的染色体更有可能在实际情况下不可用,因为一些虚拟机可能移动到不可用的物理节点上。为此,本章提出了树交叉的方法来解决上述问题,基于树模型的交叉实例如图7-4所示。

在图7-4中,树的根为大数据云中心的集群控制器,二层节点为物理节点,叶节点为虚拟机。每条染色体有3个物理节点和5个VM,第一条染色体为(0,0,1,1,2),第二条染色体为(0,1,0,1,2),本章假设交叉概率P_c为0.15,操作工包括4个步骤。第一步,两条染色体做好了杂交的准备。第二步,需要挑出与两个以上物理节点对应的虚拟机。根据第三步的适应度函

数，将选中的虚拟机分配给第四步的可用物理节点。

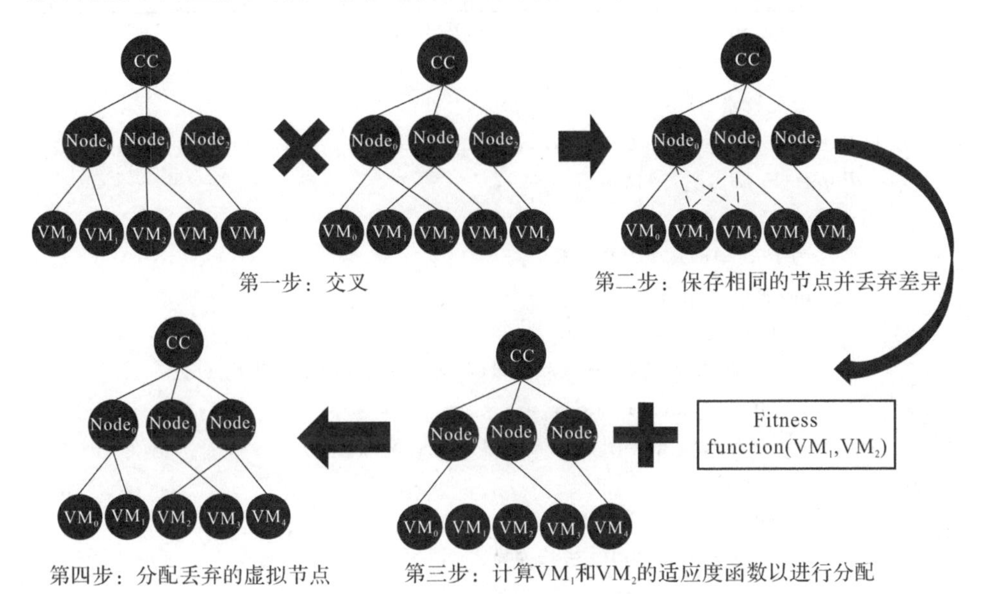

图 7－4　基于树模型的交叉过程示例

交叉是遗传系统变异和创新的主要手段，突变防止了在某一特定位置多样性的丧失。突变操作以 P_m 的概率对染色体的每个位点进行突变，并将得到的染色体放入新的种群中。本章假设突变概率 P_m 为 0.01，对于上面的例子，有 40 条染色体，每个染色体是一个数组，有 14 个整数，那么突变位点的期望数量为 $40\times14\times0.01=5.6$。最后，突变用新的种群取代当前种群。

7.4.5　QMOD 调度算法

在确定遗传算法的改进条件和函数后，需要给出相应的算法。本章假设算法的最大迭代 G 为 200，使得很多结果已经收敛。算法的关键伪代码如下。

与传统遗传算法相比，改进后的调度算法有几个优点。首先，QMOD 模型是一种基于虚拟机和物理节点实时情况的动态调度方案。其次，在进行编码操作时，利用树模型构建云集群中节点之间的关系，有效避免了将虚拟机分配给不可用的物理节点。最后，QMOD 采用三个指标构造适应度函数，既保证了云服务的 QoS 和云基础设施的负载均衡，又保证了 VM 的迁移成本。执行算法 7－1 后，系统将得到虚拟机分配的最优解。

算法 7-1 QMOD VM 调度

```
输入： the noder_i with forwardi    VM集合{VM_j}；
      物理节点集合{Node_i}；
输出： 最优分配策略 S_p.
 1  P_c=0.15,P_m=0.01,G=0,M_{40×14}=null,p=0；
 2  Pop={S_0,S_1,S_2,…,S_37,S_38,S_39}；
 3  while G≤200 do
 4      为 Pop 中的每个元素计算 F_p；
 5      newPop=null；
 6      while p≤39 do；
 7          根据式(7-12)～式(7-15)从 Pop 中选择两个个体 S_m、S_n；
 8          if random(0,1)<P_c；
 9            S_m、S_n 根据图 7-4 中的步骤进行交叉；
10          endif
11          if random(0,1)<P_m；
12            S_m、S_n 根据 P_m 进行变异；
13          endif
14          联合 S_m、S_n 到 newPop 中；
15      endwhile
16      Pop=newPop；
17  endwhile
18  返回 Pop 中满足 QoS 条件的具有最大 F 的 S_p.
```

7.5 性能分析和讨论

7.5.1 仿真设置和对比算法

在本章中，首先设置一个云平台，即桉树平台 Eucalyptus，并使用托管(No-VLAN)模型。其次，4个物理节点使用 CentOS 8.0 打开，并在其中托管了8个虚拟机。云平台每60 s上报一次虚拟机状态。最后，利用具有不同特征的数据集，通过与 Eucalyptus 中已有的贪心算法、轮询算法和 NSGA Ⅱ算法比较，验证所提方案的有效性和鲁棒性。基于不同方法的三种算法为研究和比较所提出方案的行为提供了资源调度案例，本章主要以两种虚拟机初始状态的数据集作为实验数据，分别见表7－1和表7－2。

表7－1　虚拟机的初始状态1

虚拟机VM	利用率		
	CPU/(%)	网络带宽/(%)	内存/(%)
VM_0	46	30	26
VM_1	42	23	33
VM_2	60	57	25
VM_3	74	28	47
VM_4	41	37	34
VM_5	59	45	56
VM_6	70	75	60
VM_7	52	58	73

表7－2　虚拟机的初始状态2

虚拟机VM	利用率		
	CPU/(%)	网络带宽/(%)	内存/(%)
VM_0	48	53	64
VM_1	34	20	39
VM_2	42	38	56
VM_3	52	47	59
VM_4	43	32	28
VM_5	23	20	24
VM_6	24	26	34
VM_7	32	45	53

根据表7－1和表7－2的数据，可以得到虚拟机的初始分配策略，例如(2，0，1，4，2，3，3，4，1)和(1，4，2，3，3，0，2，0)是表7－1的两个初始染色体。在接下来的每60 s内，都可以从系统记录中读取虚拟机和物理节点的负载变化。此外，本章还从物理节点的利用率、物理节点负载的标准差、减载性能和解的收敛性等方面对本章所提出的调度方案及对比模型进行了相应的性能分析。

7.5.2 物理节点利用率

物理节点的负载是其中承载的虚拟机的负载之和。在真实的大数据中心中，物理节点的数量远远少于云服务的数量。因此，为了更好地利用有限的物理资源，需要将物理节点的利用率最大化。也就是说，物理节点的利用率越高，云服务的性能越好。我们将提出的方案与其他三种算法在物理节点利用率方面进行比较，不同 VM 状态下的比较结果如图 7-5 所示。

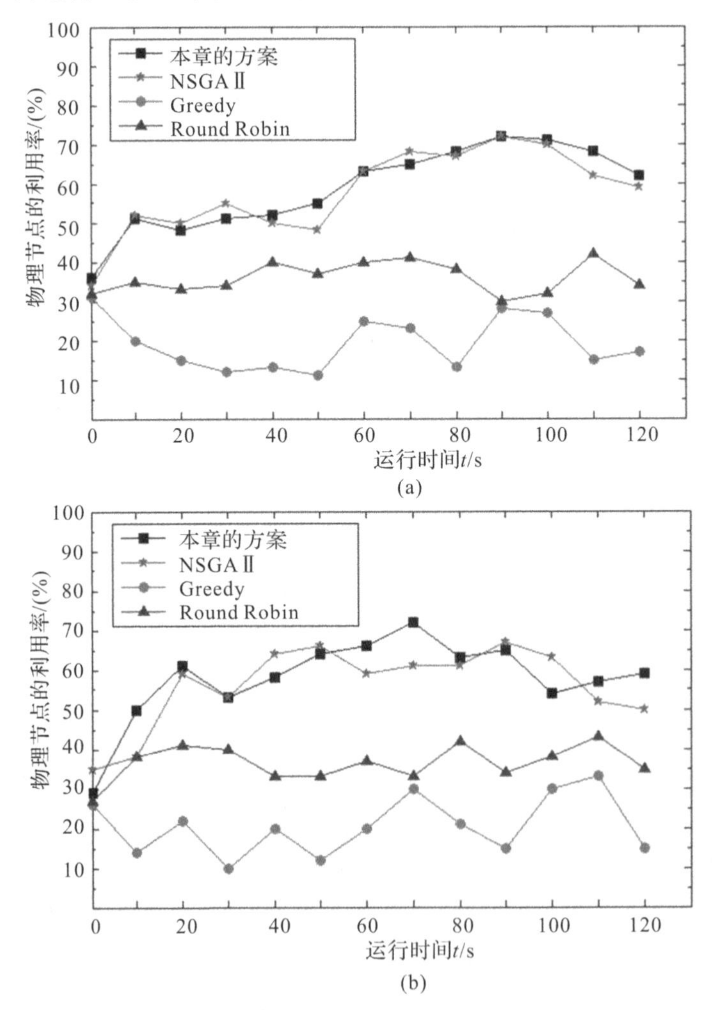

图 7-5　四个算法分别在表 7-1 和表 7-2 初始状态下物理节点利用率方面的比较

(a)表 7-1 初始状态；（b)表 7-2 初始状态

从图 7-5(a)(b)中四种算法的差异可以看出，无论 VM 的运行时和初始状态如何，使用我们提出的调度方案，物理节点的利用率都是高且稳定的，尽管有时 NSGA Ⅱ的性能优于我们的模型。此外，贪婪算法只有在开始时具有较高的利用率，但随着时间的推移，其资源利用率逐渐下降。同时，轮循算法资源利用率低，始终没有较大的波动。总之，基于物理节点利用率的数值和波动，我们提出的调度方案显然可以充分利用有限的物理资源，这意味着可以提供更高、更稳定的云服务。

7.5.3　物理节点的负载均衡

对于云服务来说，除了物理节点的高利用率外，物理节点之间的负载均衡也非常重要。本章利用多目标适应度函数设计了所提出的虚拟机调度方案，以实现物理节点的高利用率和负载均衡，并利用标准差来评价均衡程度。根据物理节点的负载均衡性能随运行时间的变化，四种模式的对比结果如图 7-6 所示。

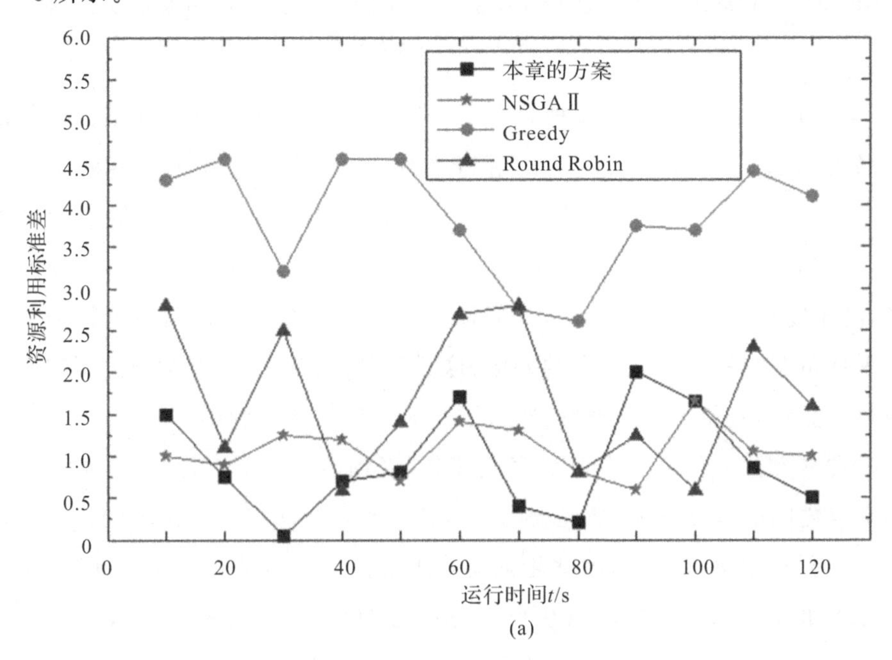

(a)

图 7-6　四个算法分别在表 7-1 和表 7-2 初始状态下资源利用率标准方差的对比

(a)表 7-1 初始状态

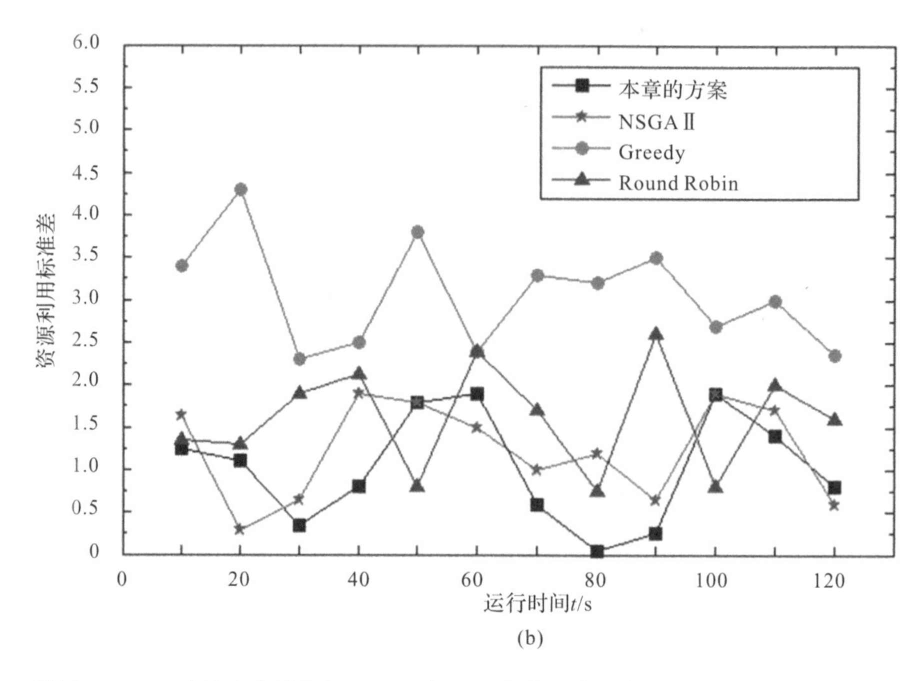

续图7-6　四个算法分别在表7-1和表7-2初始状态下资源利用率标准方差的对比

(b)表7-2初始状态

在图7-6中，无论在哪种状态下，我们提出的调度方案都能获得较低的负载标准差。NSGA Ⅱ负载的标准差结果与我们提出的模型和Round Robin算法的结果交叉，整体性能介于两者之间。贪心算法的负载标准差高，随着时间的推移而变大，Round Robin的标准差波动小，不高。主要原因是，基于物理节点的平均负荷，我们提出的调度方案可以得到一个物理节点的平均负载与每个负载之间的差值，这意味着我们的调度方案减少了空闲虚拟机的数量，避免了资源浪费，实现了高而稳定的资源利用。

贪婪算法使用下一个节点完成任务，直到前一个节点耗尽，这意味着物理节点之间的差异很大，情况会越来越糟。轮询算法在一个循环中将虚拟机均匀地分配给物理节点，因此轮询对物理节点的负载均衡较小。同时，由于NSGA Ⅱ采用精英策略可以获得相对优秀的个体，因此系统负载比后两者更稳定。综上所述，本章提出的方案比其他三种方案能更好地实现负载均衡。

7.5.4　迁移代价的评估

在本章中，迁移代价是通过性能降低和迁移收益之间的差异来评估的。可以通过监控报告迁移过程中的性能下降，并通过负载平衡的变化计算每次迁移的好处。从已经获得的负载性能数据来看，上述三种方案在不同的总负载情况下都有各自的性能降低。三种方案的迁移代价对比结果如图 7－7 所示。

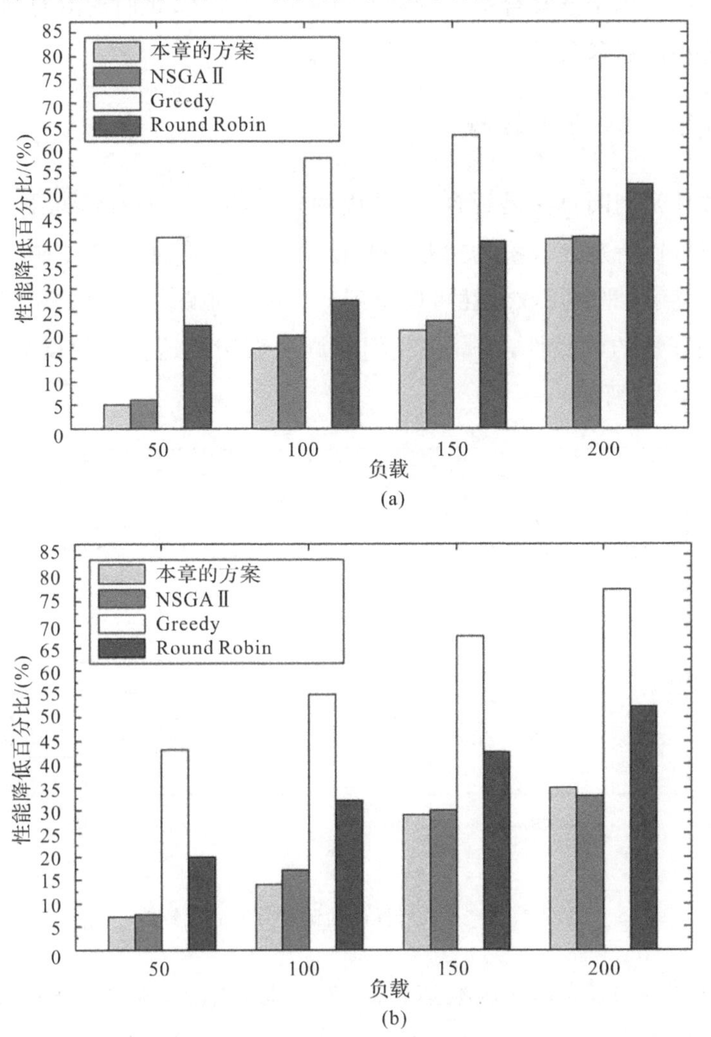

图 7－7　四个算法分别在表 7－1 和表 7－2 初始状态下负载性能的对比

(a)表 7－1 初始状态；　(b)表 7－2 初始状态

从图 7-7 可知，无论物理节点的负载情况如何，我们提出的调度方案在系统性能下降方面仍然是其他三种调度方案中下降最小的。很明显，NSGA Ⅱ与我们的方案在性能降低的评估上差异最小，特别是随着系统负载的不断增加，差异几乎不存在，甚至出现相反的情况。同时，Round Robin 算法的性能也优于 Greedy 算法。主要原因是，Greedy 只关注了迁移过程中物理节点的可用性，没有考虑迁移成本。而 Round Robin 算法可以根据物理节点中均匀分布的虚拟机来选择合适的物理节点。简而言之，我们提出的调度方案具有相对较小的迁移代价。

7.5.5 解的收敛性

收敛性是判断算法是否合理、准确的重要指标。通常情况下，一个总体的平均值可以清楚地表示为模拟结果的变化。当均值不波动时，算法收敛，得到了最优解，即利用收敛性可以得到最优解并跟踪结果的状态。仿真结果可以反映算法的收敛性，本章将我们的调度算法的迭代次数设为 200，其收敛性如图 7-8 所示。

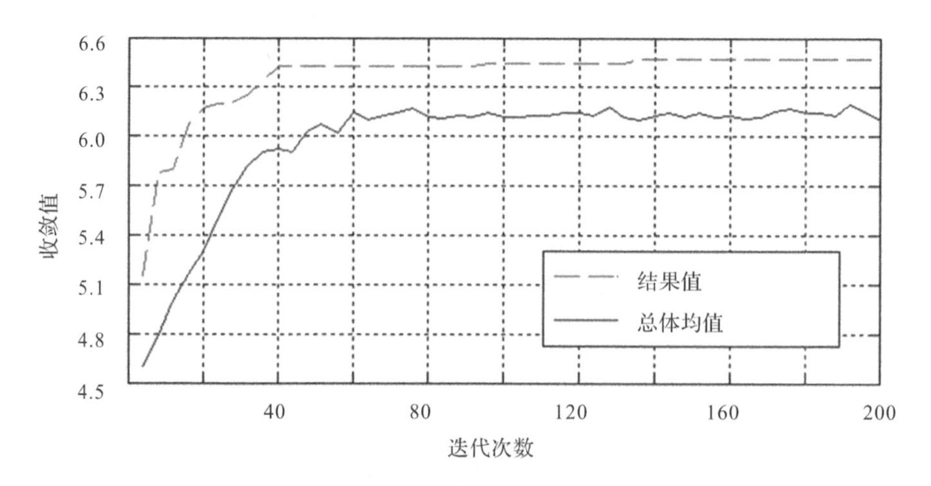

图 7-8 本章所提出的调度方案的收敛性

在图 7-8 中，当迭代次数达到 80 左右时，我们所提方案的模拟结果没有太大的波动，或者说总体均值趋于稳定。也就是说，我们的调度算法可以收敛到接近 80 次迭代，而且此种情况下收敛的最大值达到 6.473。显然，收敛结果再次证明了我们提出的调度方案的可行性。

7.5.6 下一步研究方向

在有限的物理节点之间动态调度虚拟机时，我们提出的方案致力于在满足一定QoS的情况下，尽可能减少迁移成本，保持异构云集群系统的负载平衡。与其他模型相比，所有的数值结果和性能数据都证明了该方案的准确性和有效性。然而，它也有一些缺点。例如，染色体的适应度较差，在早期进化中需要较大的交叉和突变概率，而在后期进化中当染色体已经具有良好的结构时，需要较小的交叉和突变概率，但本章不采用交叉和突变的可变概率。同时，我们的方案没有考虑使用一些类似于NSGA Ⅱ中的精英策略等措施来加速算法的执行速度，导致后期容易陷入搜索速度较慢的状态。此外，虽然所提出的基于改进遗传算法的方案具有较强的全局寻优能力，但本章并没有验证结果在Pareto意义下的最优性。事实上，解决这些问题可以大大提高VM调度模型的性能，我们建议在未来的研究或实验工作中反映这些问题。

7.6 本章小结

为了平衡大数据中心的负载，提高云服务的QoS，本章基于改进的遗传算法，提出了一种融合负载均衡、迁移成本和QoS的虚拟机与物理节点之间的动态调度方案。为了适应物理节点与虚拟机之间的映射关系，该方案首先提出了阵列编码方法；其次，利用三种不同的适应度函数选择优良的个体染色体；再次，采用TOPSIS、SAW和归一化方法解决适应度函数之间的单位差；最后，在交叉的过程中，提出了一种树模型，使交叉更加合理。仿真结果表明，该调度方案具有良好的性能和鲁棒性。

与本章内容相关的研究成果已发表于计算机信息系统领域的权威SCI期刊*Soft Computing*(2022，26(19)，10239－10252；SCI 3区，影响因子：4.1)。

参 考 文 献

[1] HARB H，MAKHOUL A. Energy-efficient scheduling strategies for minimizing big data collection in cluster-based sensor networks[J]. Peer-to-Peer Networking and Applications，2019，12：620－634.

[2] PUTHAL D，OBAIDAT M S，NANDA P，et al. Secure and sustainable load balancing of edge data centers in fog computing [J]. IEEE Communications Magazine，2018，56(5)：60－65.

[3] SRICHANDAN S，KUMAR T A，BIBHUDATTA S. Task scheduling for cloud computing using multi-objective hybrid bacteria foraging algorithm[J]. Future Computing and Informatics Journal，2018，3(2)：210－230.

[4] LI J Q，HAN Y Q. A hybrid multi-objective artificial bee colony algorithm for flexible task scheduling problems in cloud computing system[J]. Cluster Computing，2020，23(4)：2483－2499.

[5] ZHANG Y，DENG L，CHEN M H，et al. Joint bidding and geographical load balancing for datacenters：Is uncertainty a blessing or a curse? [J]. IEEE/ACM Transactions on Networking，2018，26(3)：1049－1062.

[6] DOMANAL S G，GUDDETI R M R，BUYYA R. A hybrid bio-inspired algorithm for scheduling and resource management in cloud environment [J]. IEEE Transactions on Services Computing，2017，13(1)：3－15.

[7] JIA M K，LIANG W F，XU Z C，et al. Cloudlet load balancing in wireless metropolitan area networks [C]//Proceedings of IEEE INFOCOM 2016-The 35th Annual IEEE International Conference on Computer Communications. San Francisco：IEEE，2016：1－9.

[8] SUPREETH S，BIRADAR S. Scheduling virtual machines for load balancing in cloud computing platform[J]. International Journal of Science and Research (IJSR)，2013，2(6)：437－441.

[9] NADEEM H A, ELAZHARY H, FADEL M A. Priority-aware virtual machine selection algorithm in dynamic consolidation [J]. International Journal of Advanced Computer Science and Applications, 2018, 9(11):1-4.

[10] RAJ G, SETIA S. Effective cost mechanism for cloudlet retransmission and prioritized VM scheduling mechanism over broker virtual machine communication framework [J]. International Journal on Cloud Computing: Services and Architecture(IJCCSA), 2012, 2(3): 1-10.

[11] TANG F L, YANG L T, TANG C, et al. A dynamical and load-balanced flow scheduling approach for big data centers in clouds[J]. IEEE Transactions on Cloud Computing, 2016, 6(4): 915-928.

[12] YANG C T, CHEN S T, LIU J C, et al. A predictive load balancing technique for software defined networked cloud services [J]. Computing, 2019, 101: 211-235.

[13] MONTAZEROLGHAEM A, YAGHMAEE M H. Load-balanced and QoS-aware software-defined internet of things[J]. IEEE Internet of Things Journal, 2020, 7(4): 3323-3337.

[14] XU X L, ZHANG X Y, KHAN M, et al. A balanced virtual machine scheduling method for energy-performance trade-offs in cyber-physical cloud systems[J]. Future Generation Computer Systems, 2020, 105: 789-799.

[15] WANG W Y, JIANG Y C. Migration cost-sensitive load balancing for social networked multiagent systems with communities [C]// Proceedings of 2013 IEEE 25th International Conference on Tools with Artificial Intelligence. Herndon: IEEE, 2014: 127-134.

[16] WU Q M, ISHIKAWA F, ZHU Q S, et al. Energy and migration cost-aware dynamic virtual machine consolidation in heterogeneous cloud datacenters[J]. IEEE Transactions on Services Computing, 2019, 12(5):1-5.

[17] WANG X M, CHEN X M, YUEN C, et al. Delay-cost tradeoff for virtual machine migration in cloud data centers[J]. Journal of Network and Computer Applications, 2017, 78:1-6.

[18] LI J R, LI X Y, ZHANG R. Energy-and-time-saving task scheduling based on improved genetic algorithm in mobile cloud computing [C]//Proceedings of the. International Conference on Collaborative Computing: Networking, Applications and Worksharing. Cham: Springer, 2017: 418-428.

[19] GOUDARZI H, GHASEMAZAR M, PEDRAM M. SLA-based optimization of power and migration cost in cloud computing[C]//Proceedings of 2012 12th IEEE/ACM International Symposium on Cluster, Cloud and Grid Computing (ccgrid 2012). Ottawa: IEEE, 2012: 172-179.

[20] ZHAO Y L, CALHEIROS R N, VASILAKOS A V, et al. SLA-aware and deadline constrained profit optimization for cloud resource management in big data analytics-as-a-service platforms [C]//Proceedings of 2019 IEEE 12th International Conference on Cloud Computing (CLOUD). Milan: IEEE, 2019: 146-155.

[21] ARDAGNA D, CASALE G, CIAVOTTA M, et al. Quality-of-service in cloud computing: modeling techniques and their applications[J]. Journal of Internet Services and Applications, 2014, 5(1): 1-17.

[22] QI L Y, CHEN Y, YUAN Y, et al. A QoS-aware virtual machine scheduling method for energy conservation in cloud-based cyber-physical systems[J]. World Wide Web, 2020, 23: 1275-1297.

[23] ARROYO J E C, LEUNG J Y T. An effective iterated greedy algorithm for scheduling unrelated parallel batch machines with non-identical capacities and unequal ready times[J]. Computers & Industrial Engineering, 2017, 105: 84-100.

[24] FAROOQ M U, SHAKOOR A, SIDDIQUE A B. An efficient dynamic round robin algorithm for cpu scheduling[C]//Proceedings of 2017

International Conference on Communication, Computing and Digital Systems (C-CODE). Islamabad: IEEE, 2017: 244-248.

[25] YUAN M H, LI Y D, ZHANG L Z, et al. Research on intelligent workshop resource scheduling method based on improved NSGA-Ⅱ algorithm[J]. Robotics and Computer-Integrated Manufacturing, 2021,71: 102141.

[26] KATSALIS K, PAPAIOANNOU T G, NIKAEIN N, et al. SLA-driven VM scheduling in mobile edge computing[C]//Proceedings of 2016 IEEE 9th International Conference on Cloud Computing (CLOUD). San Francisco: IEEE, 2017: 750-757.

[27] RAGHAVENDRA S N, JOGENDRA K M, SMITHA C C. A secured and effective load monitoring and scheduling migration VM in cloud computing[C]//Proceedings of IOP Conference Series: Materials Science and Engineering. Warangal: IOP Publishing Ltd, 2020: 22069.

[28] AHMAD W, ALAM B, AHUJA S, et al. A dynamic VM provisioning and de-provisioning based cost-efficient deadline-aware scheduling algorithm for Big Data workflow applications in a cloud environment [J]. Cluster Computing, 2021, 24: 249-278.

[29] SONKAR S K, KHARAT M U. A review on resource allocation and VM scheduling techniques and a model for efficient resource management in cloud computing environment[C]//Proceedings of 2016 International Conference on ICT in Business Industry & Government (ICTBIG). Indore: IEEE, 2016: 1-7.

[30] WANG B, LIU F, LIN W. Energy-efficient VM scheduling based on deep reinforcement learning [J]. Future Generation Computer Systems, 2021, 125: 616-628.

[31] HAOXIANG D W, SMYS D S. Secure and optimized cloud-based cyber-physical systems with memory-aware scheduling scheme[J]. Journal of Trends in Computer Science and Smart Technology, 2020, 2(3): 141-147.

[32] ALBOANEEN D, TIANFIELD H, ZHANG Y, et al. A metaheuristic method for joint task scheduling and virtual machine placement in cloud data centers[J]. Future Generation Computer Systems, 2021, 115: 201-212.

[33] LIANG H, DU Y, GAO E, et al. Cost-driven scheduling of service processes in hybrid cloud with VM deployment and interval-based charging[J]. Future Generation Computer Systems, 2020, 107: 351-367.

[34] HAN S W, MIN S D, LEE H M. Energy efficient VM scheduling for big data processing in cloud computing environments[J]. Journal of Ambient Intelligence and Humanized Computing, 2019: 1-10.

[35] CHO K M, TSAI P W, TSAI C W, et al. A hybrid meta-heuristic algorithm for VM scheduling with load balancing in cloud computing [J]. Neural Computing and Applications, 2015, 26: 1297-1309.

[36] RAMAMOORTHY S, RAVIKUMAR G, SARAVANA BALAJI B, et al. MCAMO: multi constraint aware multi-objective resource scheduling optimization technique for cloud infrastructure services [J]. Journal of Ambient Intelligence and Humanized Computing, 2021(12): 5909-5916.

[37] PSYCHAS K, GHADERI J. On non-preemptive VM scheduling in the cloud[J]. Proceedings of the ACM on Measurement and Analysis of Computing Systems, 2017, 1(2): 1-29.

[38] XU H Y, LIU Y, WEI W, et al. Migration cost and energy-aware virtual machine consolidation under cloud environments considering remaining runtime[J]. International Journal of Parallel Programming, 2019, 47: 481-501.

[39] SHANG Z H, CHEN W B, MA Q, et al. Design and implementation of server cluster dynamic load balancing based on OpenFlow[C]// Proceedings of 2013 International Joint Conference on Awareness Science and Technology & Ubi-Media Computing (iCAST 2013 & UMEDIA 2013). Aizu-Wakamatsu: IEEE, 2013: 691-697.

[40] ABDEL-BASSET M, SALEH M, GAMAL A, et al. An approach of TOPSIS technique for development supplier selection with group decision making under type-2 neutrosophic number[J]. Applied Soft Computing, 2019, 77: 438 - 452.

[41] VOORSLUYS W, BROBERG J, VENUGOPAL S, et al. Cost of virtual machine live migration in clouds: A performance evaluation[C]// Proceedings of Cloud Computing: First International Conference, CloudCom 2009. Berlin: Springer,2009: 254 - 265.

第8章　移动计算卸载中基于多属性决策的跨层协作切换机制

8.1　概　　述

如平板电脑和智能手机等移动设备越来越受欢迎，依附于此类设备的移动应用也越来越多，并引起了越来越多的关注[1-2]。移动云计算（MCC）是云计算和移动网络的结合，为移动设备提供了诸多优势，特别是，使电池寿命更长，移动计算能力更强，这些优点也给服务和应用带来了巨大的变化，比如，明显地加快了其数量的增长速度，并使其形式更加丰富。上述变化也使得大计算量的任务需要从移动终端转移到云端，以便移动设备能够延长服务时长和质量[3]。显然，MCC可以让移动用户获得云计算的好处，并通过使用计算任务卸载的方式实现绿色计算[4-5]。

在MCC中，移动性是移动终端的主要特征，而卸载决策是移动计算卸载的核心应用之一[5]。在终端移动过程中，当子任务分配给资源代理时，一旦可用的资源代理不可用或新的资源代理到达，必须实时处理资源代理的任务，这个过程称为移动切换，它主要包括同质网络切换（水平切换）和异构网络切换（垂直切换）。在前者的操作中，判断和切换很容易。而相比之下的垂直切换就相对复杂，它要求系统间要具备较高的配置，因此，它已成为众多研究者关注的焦点。特别是，许多现有的无线接口和新兴的5G技术为未来移动网络环境带来巨大变化的情况下，移动设备必须从一个网络或无线接口切换到另一个网络，以有效利用无处不在的云资源覆盖网络。此外，基于无缝连接的普适计算概念也得到了更多的关注，也就是说，为了确保服务质量和体验质量，当移动终端到达一个新的地方时，必须始终连接网络以继续计算任务，即使在终端移动过程中也是如此。这一过程被称为无缝切换，它一直具有极大的挑战性[6]。

8.1.1　动机

切换决策是确保移动用户处于"始终最佳连接"状态的关键[7]，合理设置切换触发条件可以提高移动计算卸载任务的成功率。尽管一些学者对基于无线网络异质性的切换技术感兴趣，并且已经进行了许多研究[8-20]，但至今尚未实现合理、高效和有效的切换决策机制，而且先前的研究展现出了如下诸多的局限性。

为了避免切换时的乒乓效应，除了RSS[21]外，许多传统机制还使用另外一些参数来确定是否应触发切换，这些参数包括基于信噪比(SNR)的分组成功率(PSR)。例如，Lal等人[8]和Lin等人[11]都提出了基于SNR的PSR模型作为切换的概率计算过程。文献[11]使用预期PSR来评估网络或接口的能力，并将90%设置为阈值。一旦当前网络的预期PSR低于90%，并且新网络的PSR大于或等于90%，则发生切换。上述参数在通信层的范围内，但这些工作没有考虑候选网络的计算能力、移动设备的剩余能量和应用要求，因此，可能会出现严重的问题。例如，当候选资源的剩余内存和存储容量不能极大地满足卸载任务的顺利完成时，即使RSS更好或PSR更高，也不应执行切换。

在文献[13]中，将移动设备的功率和通信路径的丢包率(PLR)视为切换触发条件，并针对MCC环境中的多媒体服务提出了双模自适应切换。Hong等人[10]提出了一种有效的垂直切换方案，该方案支持普适计算环境中的多个应用。应用程序配置文件是通过使用某些网络因素来描述的，例如带宽、延迟和驻留计时器时间窗口中的包错误率[22]。文献[9]设计了评分函数，并基于包括系统信息、用户偏好和可用网络接口的属性等各种因素建立了垂直切换的智能决策模型。Qi等人[14]考虑了切换过程中对每个活动服务的QoS支持，然后提出了一种改进的多服务切换方案。该方案采用会话初始协议的列表方法，允许所有活动服务同时执行切换。为了减少切换延迟，基于移动终端和所有AP(接入点)的位置，Yang等人[15]提出了一种使用

Delaunay三角测量的主动无缝服务切换机制。尽管这些工作考虑了全面的信息来确定切换条件,但它们仍然存在许多缺点。第一,这些研究使用主观或人工方法为每个属性分配权重,并且在评估候选网络时缺乏高度的适应性,这可能导致错误信息并妨碍对结果的准确评估。例如,Liao等[13]分别根据每种移动设备的类型和接入技术手动设置移动设备的能量下限和PLR阈值。Chen等[12]直接使用所有评估因子的归一化值作为切换条件。也就是说,当一个以上因子的值小于零时,切换发生。文献[9]基于查找表或微调函数,使用了因子权重在0和1之间的逆指数方程。根据专家意见,文献[23-26]采用如SAW和TOPSIS的主观权重法来评估每个属性的重要性。第二,上述工作直接计算这些候选网络接口的能力,而不管这些接口是否满足切换要求。当一些网络不满足切换要求时,不必要的计算会消耗大量的能量。此外,对于一些拥有数百台机器的工业数据中心,它每秒需要处理数千个请求,切换机制引起的延迟可能会成为一个严重的问题。

毫无疑问,切换机制的效率是移动计算卸载环境的重要指标。也就是说,切换机制应该是快速收敛和轻量级的,以有效地服务于大量用户和提供商,否则,将大大降低系统的服务质量和用户的体验质量。比如,在无线通信丢失或较弱的情况下,或者在未来无处不在的免费Wi-Fi覆盖区域之间自由穿梭时,设备需要继续搜索无线信号,这可能会造成巨大的延迟和意外的能源浪费。然而,现有的研究很少关注这个问题,这严重影响了切换机制的可扩展性和可用性。

8.1.2 本章主要创新点

基于先前关于切换管理机制研究的缺陷,本章主要将终端的移动性和无线网络的异构性相结合,提出了一种基于改进的多属性决策(CCHMD)的跨层协作切换机制,用于MCC切换管理,以实现高效的移动计算卸载决策,满足移动计算卸载中的各种用户请求。本章设计的CCHMD机制主要包括以下两个方面。

(1)本章设计了一种基于通信层和计算层的跨层协作切换模式。RSS是切换管理的基本决策指标,我们使用RSS来设置决策条件,这是触发通信切换的第一层决策条件。另外，切换可以依据候选网络能否顺利完成执行任务的能力。因此，我们选择使用几个重要属性来评估候选网络的执行能力，并为这些属性设置最小相等参数(mep)和最小改进参数(mip)的阈值，这是通信切换的第二层决策条件。因此，仅当满足通信级别的所有切换条件时，计算级别的操作才会发生。显然，跨层协作切换机制可以避免不必要的计算导致的能量浪费。

(2)基于归一化和信息熵方法[27]，本章改进了多属性决策算法，并提出了一种基于改进信息熵的多属性决策(IMDIE)方法，以实现计算级的操作。在有些方案中，多属性决策也称为多目标决策，本章采用了一种改进的信息熵方法，自动客观地计算每个网络属性的权重值，并采用 IMDIE 算法对所有候选网络接口进行评估。IMDIE 在计算层面上具有高度的适应性和合理性，可以克服传统人工或主观方法的局限性。与 EM、SAW 和 TOPSIS 相比，IMDIE 提供了更稳定、更客观的结果。

此外，移动终端在 MCC 中占据主导地位。当它移动时，它应该使用主动切换控制模式，这是指移动设备控制和网络辅助的协作[28]。在无线异构网络中，这一过程非常复杂，必须综合考虑和度量许多因素，如属性参数、指标和网络实体[29]。度量因素越多，不同用户对网络 QoS 要求的差异就越大。网络通信状态通常仅由自身度量，而不是由其他网络精确评估，因此，计算切换仅由单个网络确定。然而，事实是，移动终端需要根据当前需求、网络条件和终端状态制定合理的切换策略，即切换过程由相应的网络实体辅助。从另一个角度来看，主动切换控制模式还能减少网络系统的工作量和切换延迟。因此，本研究设计 CCHMD 机制时采用主动切换控制模式。

上述设计和其特定功能使 CCHMD 机制成为了一种准确有效的计算卸载解决方案，可用于 MCC 的切换管理。本章的其余部分的内容组织如下：8.2 节介绍一些计算切换相关的工作；8.3 节描述移动计算卸载的功能模型；8.4 节详细介绍我们提出的 CCHMD 机制的架构、计算和实现过程；8.5 节对相关实验设置及结果进行对比分析；8.6 节对本章工作进行简单总结，并对未来的一些研究方向进行了展望。

8.2 相关研究工作

计算卸载的目的是确保终端移动过程中任务的顺利完成。以前的许多工作都研究了基于单用户和多用户的计算卸载问题。在文献[30]中,通过实际测量,无线接入被证明在 MCC 的任务卸载性能中起着关键作用。Wu 等人[31]将交替更新过程应用于建立网络可用性模型,并开发了相应的卸载决策算法。文献[32]研究了多个用户共享无线网络带宽的场景,并使用集中启发式遗传算法解决了最大化 MCC 性能的问题。这些研究都只专注于将任务有效地卸载到私有云上,并假设私有云总是可用的。显然,他们没有考虑终端的移动性,即当终端移动并离开私有云的覆盖范围时,如何处理未完成的任务,这一问题尚未解决。

最佳网络的选择和切换决策在移动计算卸载中至关重要。切换决策决定了"何时切换以及选择哪个目标网络进行切换",相关研究已经在许多领域进行,传统的切换决策是基于移动终端的 RSS、误码率和信噪比等。在文献[33]中,实现了基于 RSS 的切换决策。虽然这个过程很容易,但它的性能受到慢衰落的严重影响。因为鉴于慢衰落和多径传播,所以 RSS 无法完美地反映移动终端与基站(BS)之间的距离,也无法估计终端将离开服务边界的时间。为了减少切换过程中的乒乓效应,Lee 等人[34]和 Maheshwari 等人[35]使用了滞后水平的 RSS 容差和驻留计时器的时间窗口。Mohanty 等人[36]提出了动态 RSS 阈值算法,该算法可以在一定程度上减少切换延迟,增加用户的平均可用带宽或降低切换失败概率。显然,上述一些研究仅考虑了通信级别的性能参数,而这些参数并未体现候选网络的计算能力、移动设备的剩余能量和应用要求。同时,另外一些研究没有考虑重叠异构网络边界信息的获取。

国内外关于计算切换的许多研究也都将效用理论应用于 MCC。McNair 等人[37]提出了移动用户在混合网络中使用的单个网络切换决策,并重点介绍了许多可用网络中的单个网络选择决策的基本问题。Ylitalo 等人[38]专注于如何帮助用户决策网络选择,并将网络切换的框架集中在移动终端上，但他们没有提出明确的策略。文献[39]通过考虑“总是最便宜”的网络选择策略，获得了基于用户代理模式的决策函数，用户通过比较服务提供商的性能和价格比，采用协商机制来获得用户可以接受的最合适的价格。但协商机制的具体方法尚不清楚，它仅通过使用不同的 QoS 参数(如延迟、带宽和 PLR)来评估网络。Chen 等人[9]提出了一种基于一系列效用函数模型的垂直切换智能决策模型，其功能结构考虑了终端电池的能量消耗和可用网络的传输完成时间。

显而易见，上述各种网络切换选择算法之间的差异主要体现在算法中使用的特征数量、用户意图的体现方法、算法的复杂性和用户参与程度。在文献[40-42]中，用户首先输入每个网络的参数权重，并使用效用函数计算网络费用。然后，根据网络费用的函数值对候选网络进行排序。在接入网选择算法中，必须避免个体偏差对权重分配的影响，并且必须自适应地确定多属性指标的权重分配。基于这一思想，SAW 和 TOPSIS 算法被提出并应用于文献[23-24]中。然而，这些文献中的权重计算方法缺乏自适应性，可能导致评估候选网络能力的结果不准确。

8.3 移动计算卸载

在移动云计算中，移动终端在计算能力、通信开销和电池容量等方面存在一定的局限性，因此，需要对移动终端上运行的任务进行划分。也就是说，部分任务必须在移动终端附近的可用资源代理(私有云、PC 等)上执行，这个过程称为计算卸载[43]。移动计算卸载主要包括代理发现、任务划分、卸载决策、任务提交、任务在云中执行和结果返回，这几个部分共同协调并完成任务的计算卸载，其功能模型如图 8-1 所示。

(1)Broker 发现。它负责找到合理的资源代理，并通过提交模块将这些子任务提交给它们。

(2)资源监控。它通过接收资源信标等信息来发现具有计算和通信能力的可用资源代理，并监控 CPU 利用率、网络带宽、内存大小、可用资源之间的多重通信成本等。

(3)卸载决策。根据资源监控模块监控的资源和卸载目的(例如,完成任务的最短时间、最小化移动终端的能耗或最小化通信开销等),该模块可以选择合适的资源代理。根据不同可用资源的数量,使用分段模块将运行在远程资源上的部件划分为相同数量。

(4)任务划分。它将任务划分为许多独立性强、耦合度低、聚合度高的小单元。也就是说,它执行分段判断并估计每个单元是否可以卸载。无法分割的部分主要包括用户界面和本地I/O设备。

(5)远程执行管理。Java虚拟机(JVM)执行卸载的任务。远程执行管理控制JVM,其目的是确保本地分割部分和远程分割部分之间的正常通信。

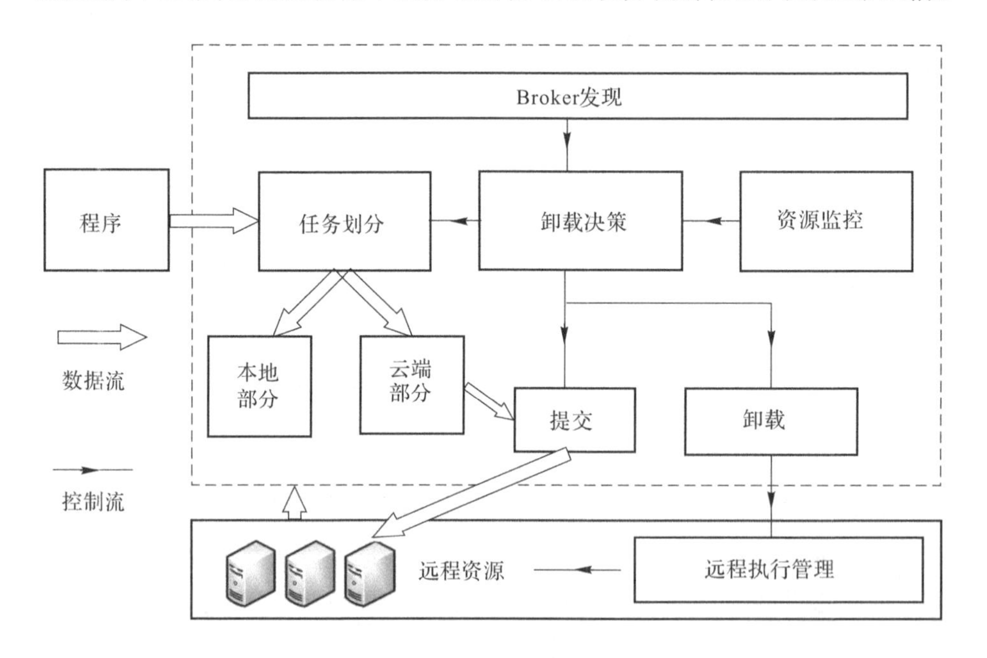

图8-1　移动计算卸载功能模型

当移动终端接收到卸载任务的请求时,资源监控模块收集移动终端附近的代理服务器的有用资源信息(例如,计算能力和覆盖范围)。卸载决策模块基于这些收集到的代理的资源信息,将任务划分为本地执行部分和远程执行部分。前者由移动终端执行,后者预卸载到远端代理服务器。代理发现模块收集与移动终端匹配的代理服务器资源,并触发提交模块,将子任务卸载到远程代理服务器以继续执行。

8.4　基于多属性决策的跨层协作切换机制(CCHMD)

8.4.1　跨层协作切换框架

事实上，网络切换选择是移动计算卸载中一个典型的 NP 难问题。在本章中，切换包括信息收集阶段、切换决策阶段和切换执行阶段三个阶段。每个阶段分为通信切换和计算切换，两者都相关[44]。跨层协作切换是指通信切换和计算切换的协作，其原理图如图 8－2 所示，其中通信切换采用现有的通信系统。

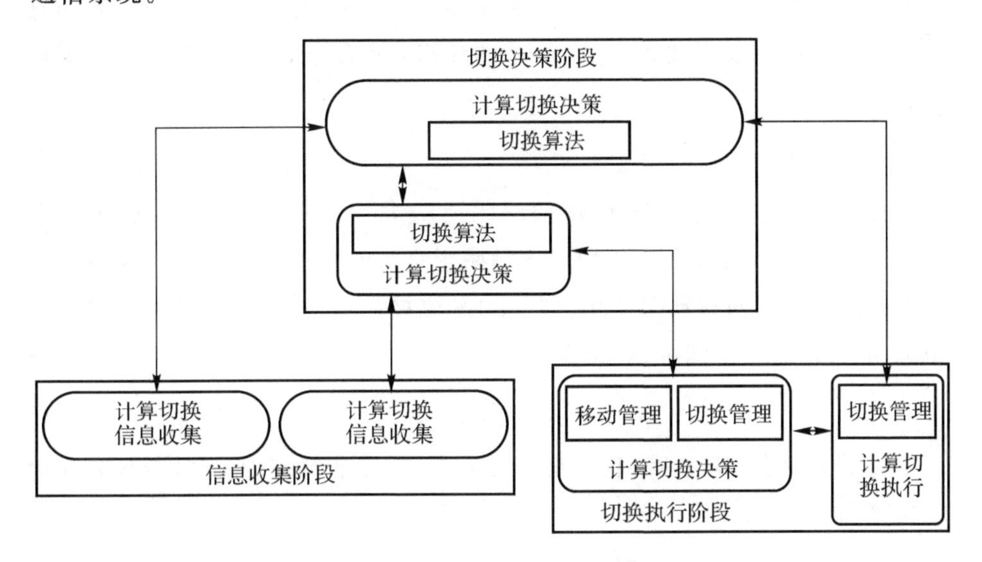

图 8－2　跨层协作切换示意图

信息收集阶段：包括找到代理和资源监控。在移动终端移动过程中，发现的代理负责查找移动终端周围的可用网络(包括网络的位置、性能和属性值等)，并将信息反馈给决策模块，以便做出决策。资源监控器负责测试当前可用网络的状况(如性能变化和属性值变化)，并将信息反馈给决策模块。

切换决策阶段：包括决策标准和最优网络选择。决定标准负责判断代理发现的可用网络是否能够满足触发切换的要求,如果可以,则触发切换,否则继续在原始网络中执行。最优网络选择在决策准则做出判决后,在可用网络中选择最优网络作为切换目标网络。

切换执行阶段:包括切换执行、监控执行和结果统计。切换执行负责基于所选目标网络执行切换。监控执行测试整个任务切换的执行过程,如执行代理、代理位置、任务完成时间和切换频率,并将这些反馈给负责任务执行的结果统计模块。

8.4.2 通信切换模型

通信模型是执行网络交换的主要标准。在这个阶段,我们必须获得CPU利用率、有效的RSS、mep和mip来初步评估候选网络。其中,CPU利用率可从信息收集阶段获得;与智能终端平移速度密切相关的mep和mip可以通过大量实验测试到;有效RSS的计算有点复杂,后三个指标的计算模型如下。

1. 有效RSS

移动终端接收的RSS包括随着距离增大而变弱、阴影变弱和快速下降[45]。传输衰减等于距离指数和表示阴影衰减的对数的乘积[46]。衰减值随用户的反向或反向移动而变化。假设BS或接入点(AP)与移动终端之间的距离为d,在理想空间中,衰减表示如下:

$$\gamma(d,\varepsilon)=d^{\theta}10^{\frac{\varepsilon}{10}} \tag{8-1}$$

式中:ε是阴影的dB衰减,它满足平均值为零,标准偏差为σ。其dB衰减计算模型如下:

$$\delta(d,\varepsilon)=10\theta\lg10(d)+\varepsilon \tag{8-2}$$

式中:θ是dB衰减指数,它是影响信号强度变化趋势的主要参数;d是移动终端与BS或AP之间的距离,单位为km。假设P_{t}是BS或AP周围1 m内的信号强度,其单位为dBm或dBi,则移动终端接收的信号强度$S(d)$可表示如下:

$$S(d)=P_{t}-\delta(d,\varepsilon) \tag{8-3}$$

20世纪90年代末,4G的研究开始。2005年,TDLTE(4G)方案在国内首次提出;它的目的是让用户获得“始终在线”的体验,并使用 OFDB 技术,而不是 CDMA 技术,后者可以更有效地对抗宽带系统多径干扰。2013 年 12 月 4 日,我国工业和信息化部发布了“LTE/TD - LTE”许可协议,TD - LTE 可分别支持 1.4 MHz、3 MHz、5 MHz、10 MHz、15 MHz、20 MHz 带宽,下行链路使用 OFDMA,最高速率为 100 MB/s;上行链路采用 OFDM 衍生技术 SC - FDMA,它在保证系统性能的同时,能够有效地降低峰值比(PAPR)和终端传输功率,延长使用时间;同时,最大速率向上高达 50MB/s。此外,BS 的覆盖范围从几千米到几十千米不等。TD - LTE 的主频谱为 2 500～2 690 MHz,当前 TD - LTE 天线以每阵元 6 W 的功率发射信号;则其 dBm 值为 10×lg10(6 000 μW)＝37.78 dBm(μW 是微瓦)。因为天线的通道数是 8,所以每个发射功率是 6 W;天线的发射功率为 48 W。显然,对于式(8 - 3),在 1 m 范围内,dBm 项的值是 10×lg10(6 000×8)＝10×lg(6 000 μW)＋10×lg10(8)＝37.78＋9.03＝46.81 dBm。TD - LTE 采用每个扇区 1 个频点的配置,则每个频率点的功率 $S(d)$＝46.81 dBm－10 lg10(1)＝46.81－0 d B m＝46.81 dBm,即每个频率点的功率 P_t 为 46.81 dBm。

WLAN 覆盖范围约为 100 m,它的传输速率取决于移动终端和 WLAN 之间的距离,其值范围为 1～11 Mb/s。无线电委员会规定:当天线增益小于 10 dBi 时,WLAN 2.4G 发射功率值小于或等于 100 μW 或 20 dBm;否则,WLAN 2.4G 发射功率值小于或等于 500 μW 或 27 dBm。目前,Wi-Fi 使用 802.11 b 标准;理论上,它的数据传输速率可以达到 11 Mb/s,而实际物理层的数据传输率可以达到 1 Mb/s、2 Mb/s、5.5 Mb/s 或 11 Mb/s。因此,当发射功率低于 100 μW,覆盖范围为 100～300 m 时,WLAN 的功率值介于 12.4～142.4 GHz 之间。

2. mep 和 mip 的阈值设置

在移动计算中,切换决策算法判断当前网络是否满足切换条件,如果满足,则切换;否则继续在原始网络中执行。由于没有设置最低性能标准,在每次测试中,只要发现更好的执行环境或当前网络不可用,则执行切换。这意味着,当终端附近的网络可用时,切换决策模块决定触发切换,而网络选择算法选择最优切换目标。显然,网络选择算法试图找到一个网络,这个网络的属性参数要么与当前网络的所有对应参数一样好，即最小相等参数(mep)，要么至少有一个参数性能得到显著提高，即最小改进参数(mip)。

本章中，mep 和 mip 的阈值设置应满足以下条件：在两次连续测试中，同一网络中的负载不发生变化，相应的参数为固定值。因此，参数值范围显示"性能相等"(mep)或"性能显著提高"(mip)。"性能相等"的参数值比原始值好 m 倍；m 是大于零的任何一个值(例如 0.91)。然而，"性能显著提高"的参数值比原始值好 n 倍或性能更好；n 是大于 1 的任何一个值(例如 1.8)，其目的是通过假设一些合理的阈值并找出这些阈值的理想值来测试参数的有用性。

8.4.3 基于信息熵的改进多属性决策(IMDIE)计算切换模型

在现实生活和工作中，用户经常会遇到许多决策问题。因为影响所有事物的因素往往是众多而复杂的，如果只考虑一个因素显然是不合理的，所以用户需要尽可能地综合事物的所有因素，从整体上把握事物的本质，最终得出合理的决策结果。移动切换中的网络选择就属于这类问题。一个网络是否适合切换，很有必要利用网络的实时性和不确定性因素对其性能进行综合判断。多属性决策是指在多个属性相互冲突且不相互作用的情况下，从预先制定的有限方案中进行选择的决策。信息熵是机器学习的一种重要方法，它可以消除人们对事物理解的不确定性，解决博弈论中信息的混乱问题。因此，本章采用一种改进的基于信息熵的多属性决策算法来选择最优网络并完成计算切换。IMDIE 的改进主要体现在评价矩阵的归一化过程和基于改进信息熵的权重计算。

1. IMDIE 模型

在第 i 个时间戳窗口，假设每个网络中的属性数为 n，我们需要评估 m 个网络，则 $\{a_1, a_2, \cdots, a_k, \cdots, a_m\}$ 被用来表示测量样本的集合。对于这 m 个网络资源，我们可以获得其特征矩阵 $\mathbf{A}(t_i)$，如下所示：

$$\mathbf{A}(t_i) = (a_1, a_2, \cdots, a_m)^{\mathrm{T}} = \begin{pmatrix} \alpha_{11} & \alpha_{12} & \cdots & \alpha_{1n} \\ \alpha_{21} & \alpha_{22} & \cdots & \alpha_{2n} \\ \vdots & \vdots & & \vdots \\ \alpha_{m1} & \alpha_{m2} & \cdots & \alpha_{mn} \end{pmatrix} \tag{8-4}$$

式中：$1 \leqslant k \leqslant m$，$a_k = \alpha_{k1}, \alpha_{k2}, \cdots, \alpha_{kn}$。

多维最优切换的每个性能指标通常存在以下三个问题：①维数不均匀，指标的维度不同，不便于相互比较和全面操作；②不同的范围。相互比较和全面操作也不方便；③矛盾，通常，对于质量效益类型属性，值越大越好，但对于成本类型属性，值通常是越小越好。为了消除不同物理维度对决策结果的影响，在决策时，需要对所有属性值进行归一化处理。

由于属性的零值或 1 值几乎不可能，因此，使用归一化处理方法时，在上述"不同属性，其值走向不同"的两种情况下，任何行运算符 α_{kz} 都可以归一化到[0.01,0.99]的范围内，即一种情况是 α_{kz} 是一个正的增加值，α_{kz} 的大值是我们所期望的，该元素可以涵盖平均网络带宽、CPU 频率、内存大小、硬盘容量等。在这种情况下，归一化方程定义如下：

$$\mu_{kz} = 0.99 - \frac{L_{\max} - \alpha_{kz}}{L_{\max} - L_{\min}} \times 0.98 \tag{8-5}$$

式中：$L_{\max} = \max_{k \in [1,m]}(\alpha_{kz})$，$L_{\min} = \min_{k \in [1,m]}(\alpha_{kz})$。它们分别是行运算符 α_{kz} 的最大值和最小值。而另一种情况是 α_{kz} 是一个正的递减值，即 α_{kz} 的小值是我们所期望的，该元素可以包括时间延迟、能耗和成本等。在这种情况下，归一化方程定义如下：

$$\mu_{kz} = 0.99 - \frac{\alpha_{kz} - L_{\min}}{L_{\max} - L_{\min}} \times 0.98 \tag{8-6}$$

使用式(8-5)和式(8-6)，每个属性运算符都可以在[0.01,0.99]内表示，并通过上述转换向正方向增加。这里，运算符值越大越好。通过上述归一化算子，我们得到了一个新的矩阵 $\boldsymbol{U}(t_i) = (u_k)_{m \times 1} = (\mu_{kz})_{m \times n}$，$\boldsymbol{U}$ 称为评估矩阵，有

$$\boldsymbol{U}(t_i) = \begin{bmatrix} u_1 \\ u_2 \\ \vdots \\ u_m \end{bmatrix} = \begin{bmatrix} \mu_{11} & \mu_{12} & \cdots & \mu_{1n} \\ \mu_{21} & \mu_{22} & \cdots & \mu_{2n} \\ \vdots & \vdots & & \vdots \\ \mu_{m1} & \mu_{m2} & \cdots & \mu_{mn} \end{bmatrix} \tag{8-7}$$

由于多维指标之间的相互矛盾和制约，通常没有通用的最优解，而是被有效解、满意解、优选解、理想解、负理想解和折中解所取代。因此，在决策信息的基础上，将下式所示的决策方法的效用函数 φ_{a_k} 可以作为网络资源的综

合评价指标：

$$\varphi_{a_k}(t_i)=\boldsymbol{u}_k\times\{\omega_1,\omega_2,\cdots,\omega_z,\cdots,\omega_n\}=\sum_{z=1}^{n}\mu_{kz}\omega_z,\ k=1,2,\cdots,m \tag{8-8}$$

式中：$\boldsymbol{u}_k\in\boldsymbol{U}(k\in[1,m])$，$\boldsymbol{W}=\{\omega_1,\omega_2,\cdots,\omega_z,\cdots,\omega_n\}$，$\omega_z\in[0,1]$ 且 $\sum_{z=1}^{n}\omega_z=1$。归一化算子向量 $\boldsymbol{u}_k=(\mu_{k1},\mu_{k2},\cdots,\mu_{kz},\cdots,\mu_{kn})$，$\boldsymbol{u}_k$ 是动态 NIGA 评估的一个样本，是一个 n 维向量。根据式(8-5)和式(8-6)可以计算得到 μ_{kz}。ω_z 是赋给归一化算子 μ_{kz} 的权重。该效用函数体现了在相同属性条件下每个备选方案 $a_k(t_i)$ 的优劣。显然，效用函数值越大，网络容量越大。然而，对于不同形式的决策问题，决策准则是不一样的。

在多维决策中，属性权重反映了属性的相对重要性，起着决定性的作用。属性越重要，其权重值越大，反之亦然。因此，最关键的是计算式(8-8)中的 $\boldsymbol{W}$。当今，有很多方法可以用来计算属性权重，比如 SAW[16]、TOPSIS、MEW[27]、AHP[17]、EM[18]、GRA[17]、ELECTRE[19]、VIKOR[20] 等。为了避免个人偏好对网络属性权重分配的影响，本章采用改进的信息熵来计算权重[47]。信息熵不仅是一种自适应的数据融合工具，而且在处理大规模数据时具有较低的时间和空间开销，它可以克服传统方法中手动或主观地为网络属性分配权重的不足。

假设 Y 是一个离散随机变量，其可能值为 $y_1,y_2,\cdots,y_n$。$Q(Y)$ 是 Y 的信息内容或自我信息，$Q(Y)=\log_c 1/(y_i)$ 是一个随机变量。如果 $p(y_i)$ 表示 Y 的概率质量函数，那么 Y 的信息熵可以使用下式计算：

$$H(Y)=K\sum_{i=1}^{n}p(y_i)Q(y_i)=-K\sum_{i=1}^{n}p(y_i)\log_c p(y_i) \tag{8-9}$$

式中：c 是所用对数的底，其值通常为 2、10 或 e；K 是常数。根据式(8-9)，基于自身信息的动态 NIGA 属性因子的信息熵表达式如下所示：

$$H(b_z)=-K\sum_{k=1}^{m}p(\mu_{kz}) \tag{8-10}$$

式中：$H(b_z)$ 是属性 b_z 的熵值，$b_z\in B$，$B=\{b_1,b_2,\cdots,b_z,\cdots,b_n\}=\{\mu_{1z},\mu_{2z},\cdots,\mu_{kz},\cdots,\mu_{mz}\}$ 是给定的属性集。每个 b_z 表示属性 z 的行操作

符,其中 $z=\{1,2,\cdots,n\}$。K 是常数,$K=1/\mathrm{lb}n$。μ_{kz} 的计算方法见式(8－4) ～ 式(8－7)。$p(\mu_{kz})$ 的值表示各行运算符 μ_{kz} 的概率质量函数。由式(8.5) 和式(8－6) 中的 μ_{kz} 可知,μ_{kz} 值越大,结果越好,该值越大,说明网络综合处理能力越强。根据 μ_{kz} 和实际情况,定义 $p(\mu_{kz})$ 的计算方法如下,

$$p(\mu_{kz})=\frac{\mu_{kz}}{\sum_{k=1}^{m}\mu_{kz}} \tag{8-11}$$

根据式(8－7) 和式(8－11),可以由式(8－10) 得到 $H(b_z)$ $(z=\{1,2,\cdots,n\})$ 的所有值。根据熵原理,如果不同属性之间的熵差很小,那么这些熵值提供的有用信息量是相同的。换句话说,对应的熵权值应该相差不大。因此,选择下式,而不是使用式(8－13) 或式(8－14)[27] 来计算网络属性的差异程度。

$$g_z=[\sum_{i=1}^{n}H(b_i)+1-2H(b_z)]/\sum_{j=1}^{n}[\sum_{i=1}^{n}H(b_i)+1-2H(b_j)] \tag{8-12}$$

$$g_z=1-H(b_z) \tag{8-13}$$

$$g_z=\frac{[1-H(b_z)]}{[n-H(b_z)]} \tag{8-14}$$

然后,在$\{\omega_1,\omega_2,\cdots,\omega_z,\cdots,\omega_n\}$中的每个值能够使用下式计算得到,

$$\omega_z=\frac{g_z}{\sum_{z=1}^{n}g_z} \tag{8-15}$$

最后,可以利用式(8－8) 计算各网络资源在同一时刻的综合处理能力指数,然后对网络进行降序排序,选择综合指数最大的候选网络作为切换目标。

2. IMDIE 数值实现

决策指标最大的网络即为切换目标网络,本章通过以下实例对 IMDIE 算法进行说明。假设有 5 个可用网络,包括 1 个 BS 和 4 个 AP,分别命名为 BS、AP1、AP2、AP3 和 AP4。它们可能是不同的网络,如 WLAN、Wi-Fi、3GPP、UMTS 等。每个候选网络都有许多属性,包括 RSS、带宽、成本、能耗、时延、CPU 频率等,a_1、a_2、a_3、a_4、a_5 分别代表候选网络资源 BS、AP1、

AP2、AP3、AP4。$a_i(i=1, 2, \cdots, 6)$是指每个候选网络资源 RSS 的属性，带宽、延时、能耗、成本、CPU 频率。假设 t_i 时刻它们的值分别是 $a_1(8,4,1,0.5,1.0,8)$，$a_2(4,2,2,1.5,2.5,4)$，$a_3(2,4,2,1.0,2.5,2)$，$a_4(8,8,1,0.5,1.5,4)$，$a_5(4,8,1,0.5,1.0,8)$，首先根据式(8－4)得到对应的矩阵 $\boldsymbol{A}(t_i)$；然后用式(8－5)归一化 RSS、带宽和 CPU 频率，用式(8－6)归一化时延、能耗和成本；最后得到归一化矩阵 $\boldsymbol{U}(t_i)$。

$$\boldsymbol{U}(t_i)=\begin{pmatrix} 0.9900 & 0.3367 & 0.9900 & 0.9900 & 0.9900 & 0.9900 \\ 0.3367 & 0.0100 & 0.0100 & 0.0100 & 0.0100 & 0.3367 \\ 0.0100 & 0.3367 & 0.0100 & 0.5000 & 0.0100 & 0.0100 \\ 0.9900 & 0.9900 & 0.9900 & 0.9900 & 0.6633 & 0.3367 \\ 0.3367 & 0.9900 & 0.9900 & 0.9900 & 0.9900 & 0.9900 \end{pmatrix}$$

根据式(8－9)～式(8－12)和式(8－15)，计算最终权重向量 $\boldsymbol{W}$。

$$\begin{aligned}\boldsymbol{W} &= \{\omega_1, \omega_2, \cdots, \omega_z, \cdots, \omega_n\} \\ &= (0.1574, 0.1655, 0.1763, 0.1579, 0.1774, 0.1655)^{\mathrm{T}}\end{aligned}$$

根据式(8－8)，可以得到 $\boldsymbol{\Phi}_{a_k}(t_i)$：

$$\boldsymbol{\Phi}_{a_k}(t_i)=(0.8819, 0.1155, 0.1414, 0.8239, 0.8872)^{\mathrm{T}}$$

综上所述，候选网络由高到低依次为 a_5、a_1、a_4、a_3、a_2，即 AP4、BS、AP3、AP2、AP1。

显然，属性值和权重指标直接影响网络选择的排序。本章将 IMDIE 算法与 EM、SAW 和 TOPSIS 算法进行了比较，检验了权重系数的灵敏度。我们只改变候选网络 CPU 频率的权重系数值，其他属性的权重系数不变，结果如图 8－3 所示。

随着 CPU 权重系数的逐渐增大，四种算法中 TOPSIS 的灵敏度明显最高，但结果不稳定。SAW 虽然相对稳定，但其结果与 IMDIE 和 EM 不同，如图 8－3(a)(b)所示。IMDIE 和 EM 的结果尽管相同，但 IMDIE 的稳定性明显高于 EM。在图 8－3(a)中，当 CPU 权重系数值为 0.0768 时，a_1 和 a_4 相交。随着权重值的增加，IMDIE 算法与主观属性系数基本没有关系，前三名分别为 a_5、a_1 和 a_4。当 CPU 系数增加到 0.6 时，a_2 和 a_3 的排名会发生变化，但不会对优化结果产生影响。

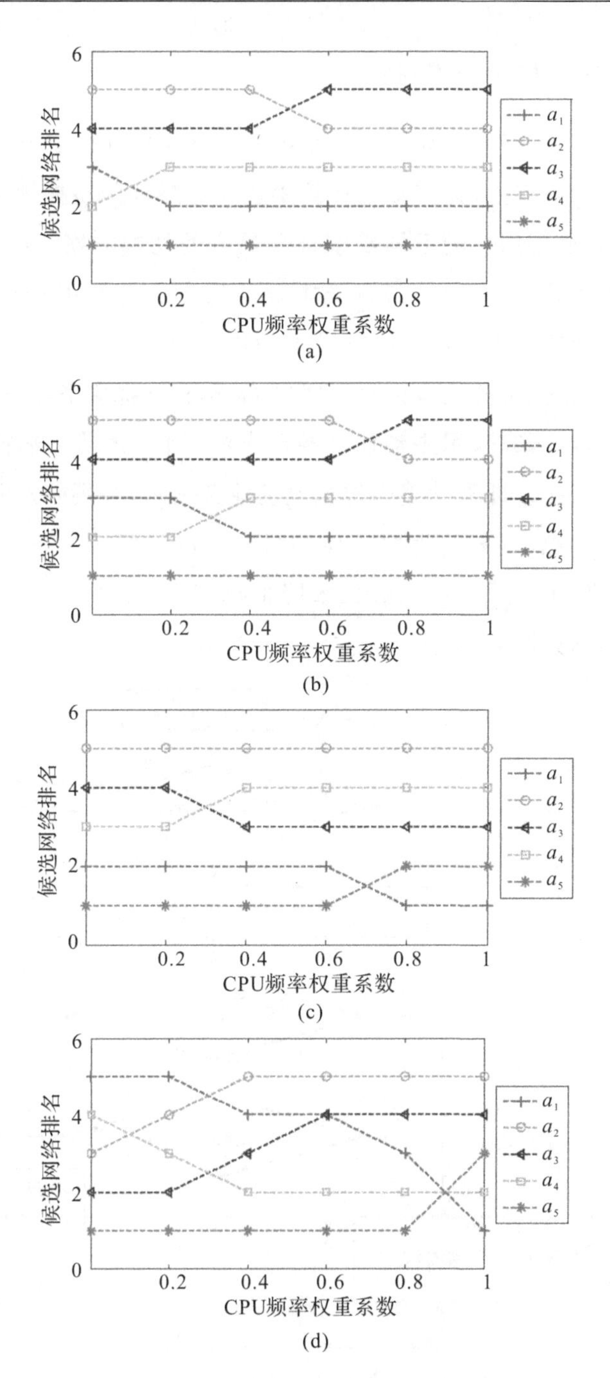

图 8-3　四种算法的权重系数敏感性测试

(a)IMDIE；（b)EM；（c)SAW；（d)TOPSIS

8.4.4 CCHMD 机制

为了获得更好的性能，切换决策根据采集网络的属性参数判断并选择最优的目标网络。事实上，在移动云计算中还没有最佳的切换评估标准。一般情况下，我们会根据用户的不同需求选择最优的切换方案，这类似于移动通信中的垂直切换策略。例如，最具成本效益的方法是使用 QoS 与服务费用的比率来衡量网络，即最优服务质量不考虑价格，总是选择 QoS 最优的网络。相比之下，最低服务成本则是不考虑 QoS，只选择服务成本最低的网络。在切换策略上，本研究采用主动切换控制方法，通过移动终端控制和网络辅助实现网络的切换。即移动终端根据当前业务需求、终端状态和网络条件制定合理的切换策略，在相应网络实体的协助下进行切换。在此基础上，本研究提出了 CCHMD 机制，它能够大大降低网络系统的工作量和切换时延。CCHMD 流程图如图 8－4 所示。

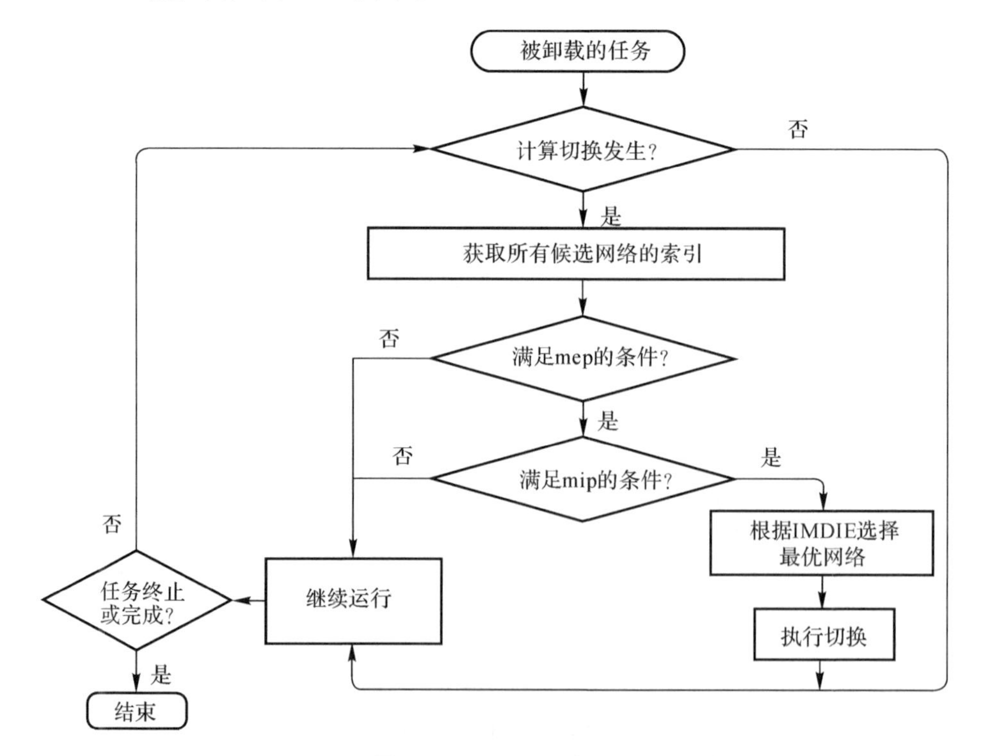

图 8－4　CCHMD 流程

CCHMD 主要包括两个部分:①切换的决定。切换条件包括通信切换条件和基于阈值的网络性能判断。前者主要使用 RSS,是初始判断,它在两种情况下触发。一是当前网络不可用;另一个是当前的网络是可用的,但新的更好的通信网络即将到来。后者包括以下两种情况:第一种,候选网络的所有属性必须大于或等于当前网络对应的属性值与 mep 的乘积。第二种,候选网络的至少一个属性必须大于或等于相应的属性值与 mip 的乘积。mep 和 mip 可以通过大量实验获得。如果满足上述两种,则执行最优网络选择算法 IMDIE;否则,任务将继续在原始网络中运行。②选择最优网络。采用 IMDIE 算法选择最优网络。由于各个网络属性的单位不同,首先采用归一化方法对其进行处理。本章对归一化方法进行了优化,使各属性值归一化后都在合理范围内。其次,采用基于信息熵的优化高效方法计算属性的权重,保证了选择结果的客观性。

在计算过程中,BS 和 AP 具有相似的性质,但其取值方法不同。为了便于计算,设 Resources 类为所有网络资源的父类,BS 和 AP 为 Resources 的两个子类,IMDIE 算法的主要伪代码如算法 8-1 所示。

算法 8-1　CCHMD 算法

```
输入: BS       基站;
      list[m]  m 个访问站点列表;
      TK       任务大小;
输出: NR       最优网络资源;
  1   初始化最小质量参数 mep;
      初始化最小改进参数 mip;
  2   NR=BS;
  3   whileTK>0 do
  4       if (基站不满足最小标准)  then
  5           NR=利用 IMDIE 算法从 list[m]中选择最优网络;
  6           返回 NR;
  7       else
  8           根据式(8-3)计算基站 BS_RSS 的有效 RSS 值;
  9       for i=1 to m do
```

续表

```
10            if list[i]. power>=BS_RSS then
11                if(list[i]的所有属性 >= 基站相应属性的 mep 倍) then
12                    if(list[i]的一些属性 >=基站相应属性的 mip 倍)then
13                        NR=利用 IMDIE 算法从 list 中选择最优网络;
14                    end if
15                end if
16            end if
17        end for
18        return NR;
19    end while
```

在这一判断准则中，我们不仅试图判断切换是否得到了改进，还考虑了相关的改进程度。当然，如果候选网络的所有属性都满足最小参数的要求，则该网络将是一个理想的切换网络；否则，就不是要切换的网络。CCHMD 有多种评价标准，如呼叫掉线率、平均切换频率和切换延迟，但它们并不完全适用于移动计算环境。本章基于实际应用，采用切换次数和任务完成时间来评价切换计算的性能；此外，移动终端能耗和成本计算也可以作为评价指标。

8.5 CCHMD 性能评估

8.5.1 模拟环境设置

在本章中，我们模拟了两个场景。两个场景的基本设置如下：假设任务大小为 60 MB，数百万条任务指令为 2×10^{9}。1 台 BS 位于中心场景，其基本属性为有效覆盖半径 800 m，计算能力 10^{5}MIPS，带宽 3 MHz，传输功率 46.81 dBm，网络延迟 0.1 s。其每次上传和下载 1 KB 数据的能耗分别是信号传输衰减的 0.000 15 倍和 0.000 02 倍，在 BS 中处理单位任务的能耗是 10^{-4} 的 5 倍。

第一个场景如图 8－5 所示。

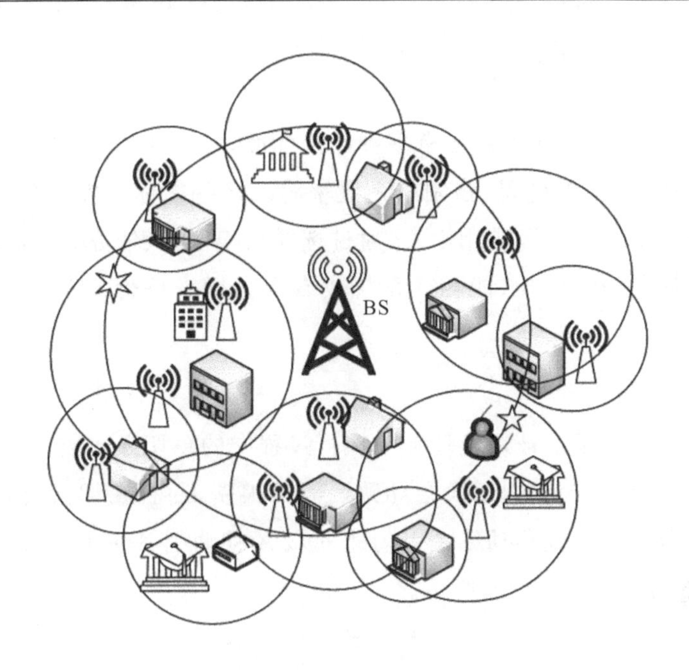

图 8 - 5　第一个模拟场景

图中有 11 个 AP(它们可以是不同的网络，如 WLAN 和 Wi-Fi)，分别是 AP_1、AP_2、…、AP_{11}。AP_i(i=1,2,…,11)在基站 BS 周围随机生成，这些 AP 之间的通信也随机生成。AP_i(i=1,2,…,11)的覆盖半径随机生成为80 m 或 120 m；带宽随机生成，如 2.5 MHz、6 MHz 或 11 MHz；网络时延根据公式 0.06+0.06×random()随机产生；基于 12+17×random()，传输功率随机生成；其计算能力根据 180 000+80 000×random()随机生成；其每次上传和下载 1 KB 数据的能耗均为随机产生带宽的 0.000 595 倍。其处理单位任务的成本按 $(1+\text{random}())\times10^{-4}$ 随机生成。移动终端沿着以基站 BS 为中心、半径为 R ($R\leqslant800$ m)的轨道，以大致均匀的速度逆时针或顺时针移动。在图 8 - 5 中，移动终端的起点为五角星，移动终端的末端为六角星。

为了进一步验证 CCHMD 的可行性和有效性，我们在第二个场景中生成了一个 $1\,800\times1\,800$ m^2 的区域，并部署了 300 个随机分布的 AP。所有对应参数的性能与第一个模拟场景相同。该场景主要用于测试 8.5.4 节中描述的四种算法的比较。

8.5.2 度量指标

在移动网络中，切换算法有多种评价标准，如切换成功率、掉线率、CBP、平均切换频率、切换延迟、强制中断概率等。这些指标并不完全适用于移动计算环境。本章从实际应用出发，通过选择切换次数、任务完成时间、直接和间接完成任务的时间比、能耗或系统成本等指标来评价 CCHMD 机制的切换性能。

1. 切换频次

切换频次记录了被切换任务在执行过程中的总切换次数。当然，减少它通常是首选，因为频繁的切换会导致资源的浪费，而且在切换过程中要尽量减少乒乓效应。假设移动终端以匀速 v 从 A 移动到 B，定位一个圆心为 BS、半径为 R 的圆，如图 8－6 所示。

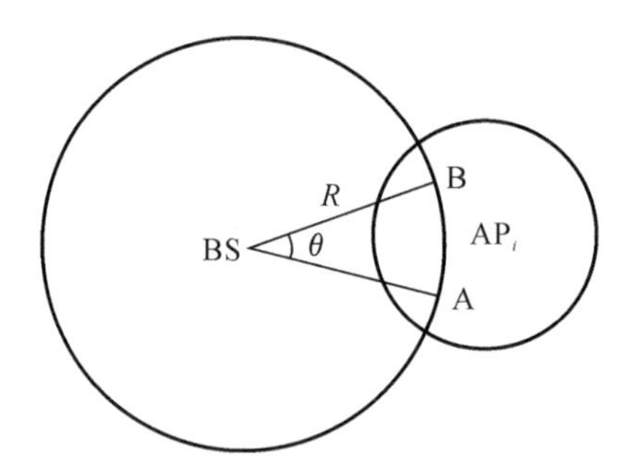

图 8－6　切换频率与移动速度关系图

在一定的时间阶段内，移动终端使用的资源由 AP_i 提供，终端相对于圆心 BS 旋转角 θ。在 AP_i 的服务器范围内，移动终端的移动距离为 $2\pi R\theta/360$，则切换频率与移动速度的关系即为 $\pi R\theta/180$，则总使用时间为 $\pi R\theta/180v$。假设任务在整个执行过程中的切换次数为 m，完成时间为 T，则 m、v、T 的关系为 $T=m\pi R\theta/180v$。

2. 任务完成时间

根据任务的迁移过程分析任务完成时间，即任务从一个资源代理迁移到另一个目标代理；通常时间越短越好。本章分析了两种情况：第一种是保持资源代理和目标代理之间的连接，如图 8－7 所示；第二种是断开资源代理与目标代理之间的连接，如图8－8所示。

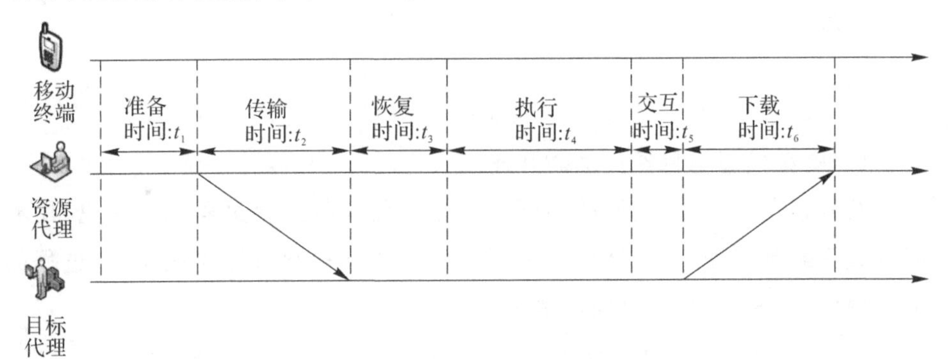

图8－7　保持资源代理和目标代理之间互连的迁移图

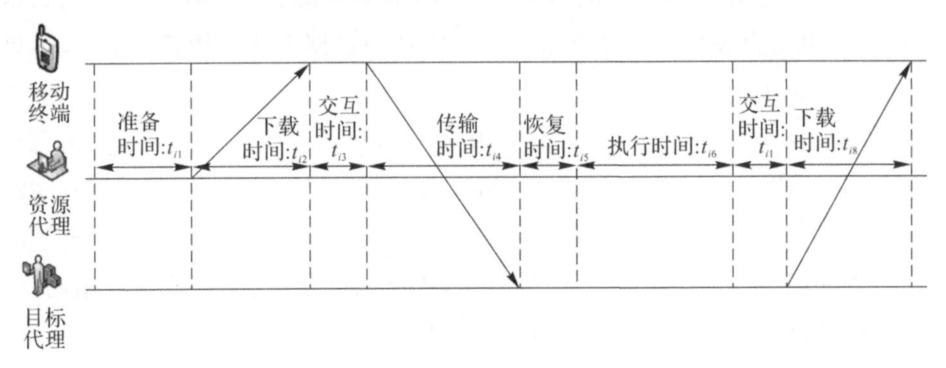

图8－8　资源代理和目标代理之间断开的连接迁移图

相互作用时间(见图8－7中的t_5和图8－8中的t_{i7})表示移动终端与目标代理对话的消耗时间。移动端下载中间结果后，它启动；在将数据发送到目标代理之前，它结束。通常，这个时长也可以忽略不计。

(1)保持资源代理与目标代理之间的互连。

根据图8－7，总时间成本为

$$T_1=t_1+t_2+t_3+t_4+t_6 \tag{8-16}$$

假设任务大小为dt，单位为MB；bw表示资源代理到目标代理的数据传输速率，单位为MB/s，则有

$$t_2=dt/\text{bw} \tag{8-17}$$

假设任务结果大小为dt_r，单位为MB；bw_{td}表示从目标代理下载数据的速率，单位为MB/s，则有

$$t_6 = \mathrm{d}t_r / \mathrm{bw}_{td} \tag{8-18}$$

根据式(8-16)～式(8-18)，则 T_1 为

$$T_1 = t_1 + \frac{\mathrm{d}t}{\mathrm{bw}} + t_3 + t_4 + \frac{\mathrm{d}t_r}{\mathrm{bw}_{td}} \tag{8-19}$$

(2)资源代理与目标代理断开连接。

与互连条件相比，它们的不同之处在于任务的迁移过程。在这里，任务必须先下载到移动终端，然后终端再将该任务迁移到目标代理，其余过程相同。由图 8-8 可知，总时间成本为

$$T_2 = t_{i1} + t_{i2} + t_{i4} + t_{i5} + t_{i6} + t_{i8} \tag{8-20}$$

假设中间结果大小为$\mathrm{d}t_{mr}$，单位为 MB；bw_{sd} 表示从目标代理下载数据的速率，单位为 MB/s；移动终端到目标代理的数据上传传输速率为bw_{su}，单位为 MB/s，则有

$$t_{i2} = \mathrm{d}t_{mr} / \mathrm{bw}_{sd} \tag{8-21}$$

$$t_{i4} = \mathrm{d}t_{mr} / \mathrm{bw}_{su} \tag{8-22}$$

$$t_{i8} = \mathrm{d}t_r / \mathrm{bw}_{td} \tag{8-23}$$

在相同条件下，t_1 与 t_{i1}、t_3 与 t_{i5}、t_4 与 t_{i6}、t_6 与 t_{i8} 的计算函数相同，因此根据式(8-20)～式(8-23)，T_2 表示为

$$T_2 = t_1 + \frac{\mathrm{d}t_{mr}}{\mathrm{bw}_{sd}} + \frac{\mathrm{d}t_{mr}}{\mathrm{bw}_{su}} + t_3 + t_4 + \frac{\mathrm{d}t_r}{\mathrm{bw}_{td}} \tag{8-24}$$

综合以上两种情况，完成任务的消耗时间由任务提交、任务执行和任务下载三部分组成。假设 p 为不断从资源代理迁移到已连接的目标代理的任务的切换频率，q 为无法连接的资源代理迁移到目标代理的任务的切换次数；然后，p 与 q 的和是 m。当然，如果没有可用的代理，任务被迁移到移动终端上运行，这是 T_2 的特殊情况，只要对应的目标代理本身是移动终端。因此，根据式(8-16)～式(8-24)，任务完成时间 T^h 为

$$T^h = pT_1 + qT_2 + \frac{\mathrm{d}t}{\mathrm{bw}_{su}} + \frac{\mathrm{d}t_r}{\mathrm{bw}_{td}} \tag{8-25}$$

3. 直接和间接完成任务的时间比

直接完成时间是指计算任务的网络时间，任务的间接完成时间包括任务传输时间、网络延迟等。这个比例反映了完成任务的效率。通常情况下，比

例越大，结果越好。根据图8-7和图8-8，式(8-16)和式(8-20)，两种条件下的比值τ_1和τ_2分别为

$$\tau_1=\frac{t_4}{t_1+t_2+t_3+t_6} \tag{8-26}$$

$$\tau_2=\frac{t_{i6}}{t_{i1}+t_{i2}+t_{i4}+t_{i5}+t_{i8}} \tag{8-27}$$

假设mi_j为网络j上处理的任务负载，cpu_j为网络j提供给任务的处理能力，则mi_j/cpu_j为网络j上直接完成任务的时间。设p为任务的切换次数，则直接和间接完成任务的时间比τ为

$$\tau=\sum_{j=1}^{p}\left[\left(\frac{mi_j}{\mathrm{cpu}_j}\right)\Big/\left(T-\frac{mi_j}{\mathrm{cpu}_j}\right)\right] \tag{8-28}$$

4. 能量代价

(1)本地计算。当无线通信在指定时间内丢失或变弱时，为了顺利完成任务，它们将在终端上执行。假设F^l为移动设备的计算能力(即CPU周期每秒)。D^l表示完成卸载任务所需的CPU周期总数。那么，通过局部计算，任务的计算执行时间为

$$T^l=\frac{D^l}{F^l} \tag{8-29}$$

对于移动终端的本地能量消耗为

$$E^l=\rho T^l \tag{8-30}$$

式中：ρ表示每CPU周期消耗能量的系数。根据文献[48]和[49]的实际测量，本章可以设定$\rho=10^{-11}(F^l)^2$。

基于式(8-29)和式(8-30)，可以根据计算时间和能量消耗来获得本地开销的计算方法，有

$$\Psi^l=\alpha T^l+\beta E^l \tag{8-31}$$

式中：$0\leqslant\alpha,\beta\leqslant1$表示执行任务的计算时间和能量消耗的权重。注意，如果移动用户在不同的计算卸载周期运行不同的应用程序，则权重可以是动态变化的。为了便于说明，本章假设移动任务的权重在一个计算卸载周期内是固定的，而在不同的计算卸载周期内是可以变化的。

(2)CCHMD计算。当用户在多个免费Wi-Fi覆盖区域内不断移动时，

为了顺利完成任务，需要进行切换，可能是通信切换或/和计算切换。假定 P 为用户的传输功率，它可以根据一些功率控制算法[50-51]由无线接入 BS 确定。当任务在云端执行时，移动设备的空闲能耗相对较小，所以这里我们忽略了它。根据式(8-25)，切换计算的能量消耗如下：

$$E^h = PT^h \tag{8-32}$$

根据式(8-25)和式(8-32)，我们可以根据处理时间和能量消耗计算出切换计算方法的开销，有

$$\Psi^h = \alpha T^h + \beta E^h \tag{8-33}$$

8.5.3 对比算法

多属性决策是一种典型的方法，它可以消除所有事物之间相互冲突、互不影响的属性之间的差异，为评估不同事物提供了一种准则方法，其中最重要的是各属性的权重计算。目前可以确定属性权重计算的方法有 SAW、TOPSIS、MEW、AHP、EM、GRA 和 VIKOR 等。为了评价 CCHMD 的性能，我们将基于改进信息熵法的 CCHMD 和 SAW、TOPSIS、EM 进行比较。SAW 和 TOPSIS 均为主观赋权方法，EM 为初始熵法。

8.5.4 对比结果与分析

本章从以下三个方面对各性能指标的结果进行分析。

1. mep 和 mip 的阈值分析

在判断准则中，保持 mip 固定，mip 的值为 1.91，将 mep 的值从 0.91 修改为 1.99，结果如图 8-9 所示。

在图 8-9(a)中，随着 mep 值的逐渐增大，切换阈值不断提高，任务的切换次数越来越少。当 mep＝1.97 时，被卸载的任务在执行过程中仍然存在切换。当发生切换时，mep 的最终值为 1.97；而当 mep 为 1.99 时，不会发生切换，任务可以在初始资源 BS 中完成。

在图 8-9(b)中，随着 mep 值的逐渐提高，任务完成时间逐渐增加。但是，任何情况下，当不发生切换时，任务完成时间总是小于固定值。当移动速度大于某一值时(在实验中为 24 km/h)，任务完成时间大于不切换的固定值。

在图 8-9(c)中，随着 mep 的逐渐增大，直接和间接完成任务的时间比逐渐增大，移动端能耗降低，任务完成成本不断增加。当 mep 增加到 1.99 时，直接和间接完成任务的时间比趋于无穷大，移动端能耗最低。也就是说，上传和下载任务的能耗和在移动端完成任务的成本都达到了极限值(例如，在 BS 中执行任务时，其成本最大)。在图 8-9(c)中，没有画出"mep=1.99"曲线，因为在 mep 为 1.99 时没有发生切换，任务一直在 BS 中执行，并且比率被认为是无穷大的。

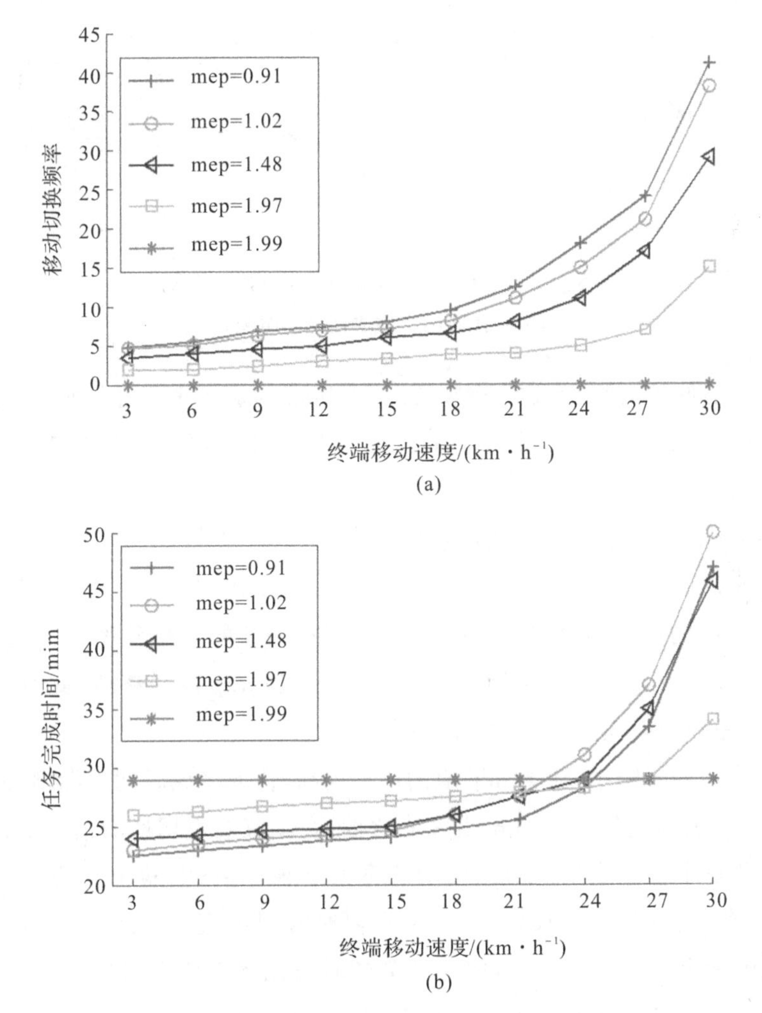

图 8-9　CCHMD 的 mep 在三个方面的性能表现

(a)移动切换频率；(b)任务完成时间

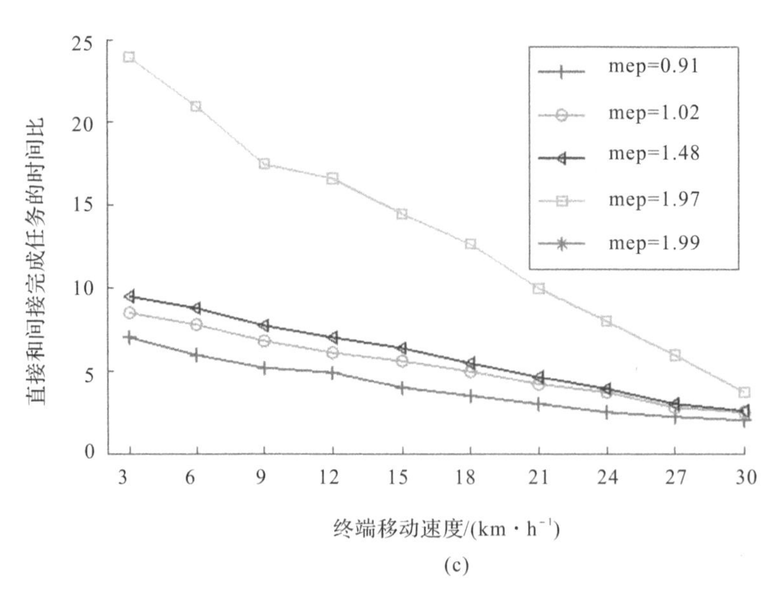

续图 8-9 CCHMD 的 mep 在三个方面的性能表现

(c)直接和间接完成任务的时间比

为了更好地验证参数的影响，在上述 mep 检验的基础上，我们认为 mep 是固定的，将 mep 的值设定为 1，mip 的值从 1.5 大幅改变为 2.5，结果如图 8-10 所示。

当 mep 为 1 时，在切换频率、任务完成时间、直接和间接完成任务的时间比方面，mip 的变化与 mip＝1.91 时 mep 的变化相似。在图 8-10(a)中，随着 mip 值的逐渐增大，切换阈值不断提高，任务的切换频率越来越少。当 mip 等于 2.3 时，切换仍然存在。值 2.5 已经是 mip 的最终值，此时，切换不再发生，任务可以在初始资源 BS 中完成。

在图 8-10(b)中，随着 mip 值的逐渐提高，任务完成时间逐渐增加。在移动终端移动速度达到 19.5 km/h 左右之前，在没有发生切换的情况下，任务完成时间总是小于固定值。但当移动速度大于某一值(实验中约为 23 km/h)时，所有曲线的任务完成时间均大于不切换的固定值。在图 8-10(c)中，当 mip 逐渐增大时，直接和间接完成任务的时间比逐渐增大，移动端能耗降低，任务完成成本不断增加。当 mip 增加到 2.5 时，直接和间接完成任务的时间比趋于无穷大，能量消耗最低。也就是说，上传和下载任务的能耗和在移动端完成任务的成本都达到了限制值。在图 8－10(c)中，也没有画出“mip＝2.5”的曲线，因为当 mip 为 2.5 时不再发生切换，任务一直在 BS 中执行，并且认为比值为无穷大。

通过对比以上两种情况，在交接频率等三个方面，第一种情况明显优于第二种情况。因此，我们选择“mep＝1.99，mip＝1.91”作为接下来实验的测试值。

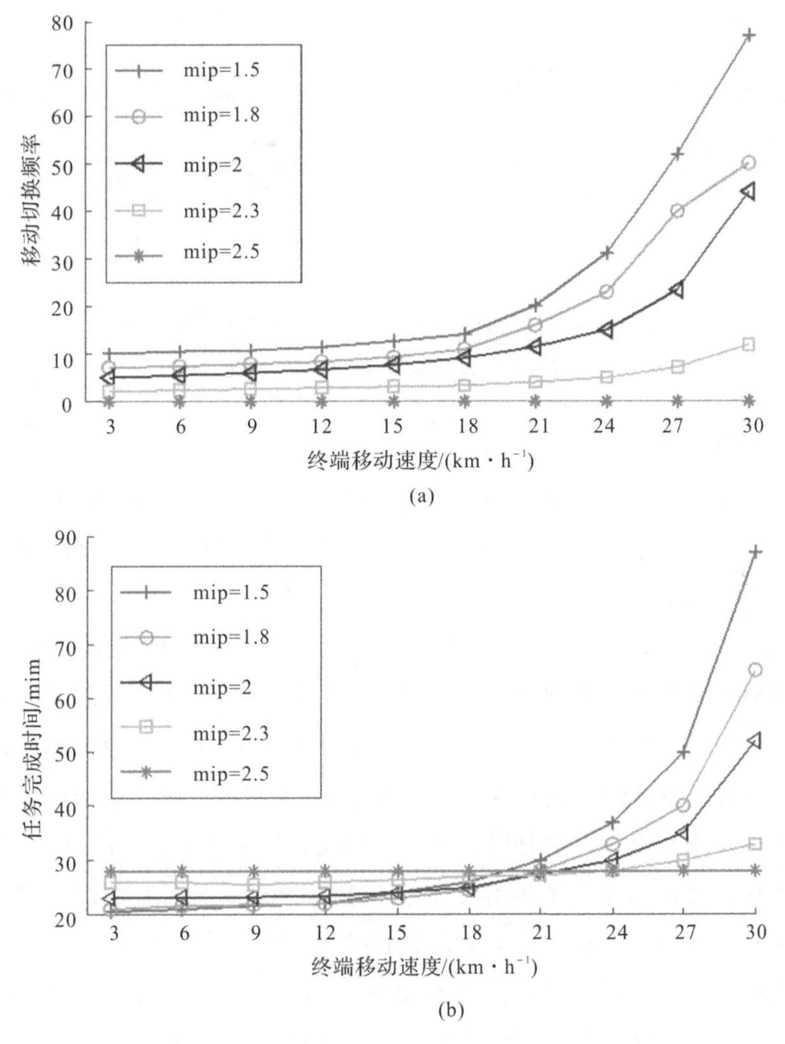

图 8－10　CCHMD 的 mip 在三个方面的性能表现

(a)移动切换频率；(b)任务完成时间

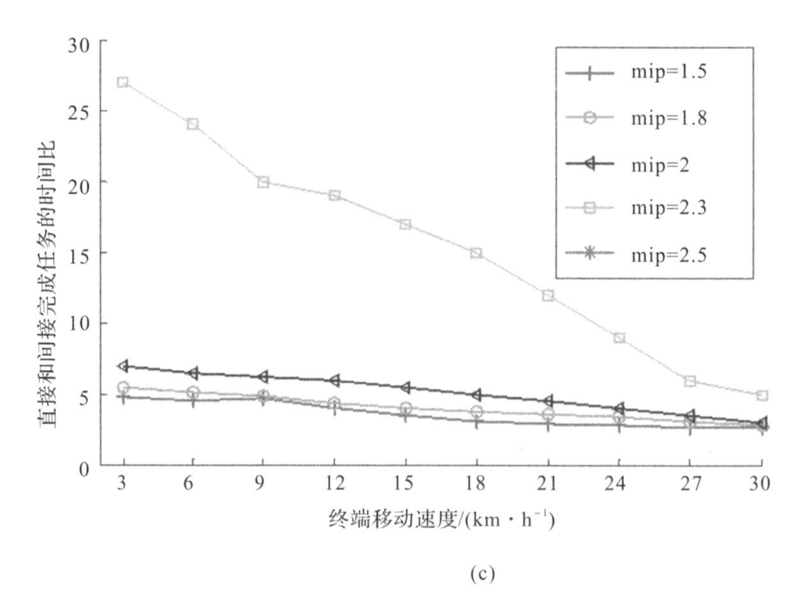

(c)

续图 8-10 CCHMD的mip在三个方面的性能表现

(c)直接和间接完成任务的时间比

2. 能耗分析

为了研究CCHMD的节能效果，我们分别从完成云上卸载任务所需的不同CPU处理周期和不同卸载数据大小两方面测试了CCHMD计算和本地计算的总成本，结果如图8-11所示。

在图8-11(a)中，我们研究了计算数据大小对CCHMD计算模式和本地计算模式的影响。该图显示了完成计算任务所需的CPU处理周期不同时总成本的变化。可以看到，当所需CPU处理周期数增加时，CCHMD计算模式和本地计算模式的总成本都增加。但是，CCHMD计算模式的总成本比本地计算模式增长得慢。这是因为当所需的CPU处理周期增加时，更多的子任务选择通过计算卸载来利用云进行计算，以减轻本地计算的沉重成本。

为了评估通信数据大小对CCHMD计算模式的影响，我们实现了不同卸载数据大小下总成本变化的仿真实验，如图8-11(b)所示。我们可以观察到，当卸载的数据量增加时，CCHMD计算模式的总成本增加，因为较大的数据量通过无线通信需要较高的计算卸载开销。此外，还可以看到，当卸载的数据量较大时，CCHMD计算模式的总成本增长较慢，甚至接近平行线状态。这是因为，当卸载的数据量较大时，移动用户选择在本地移动设备上计算更多的子任务，以减少通过无线访问卸载计算的大成本。

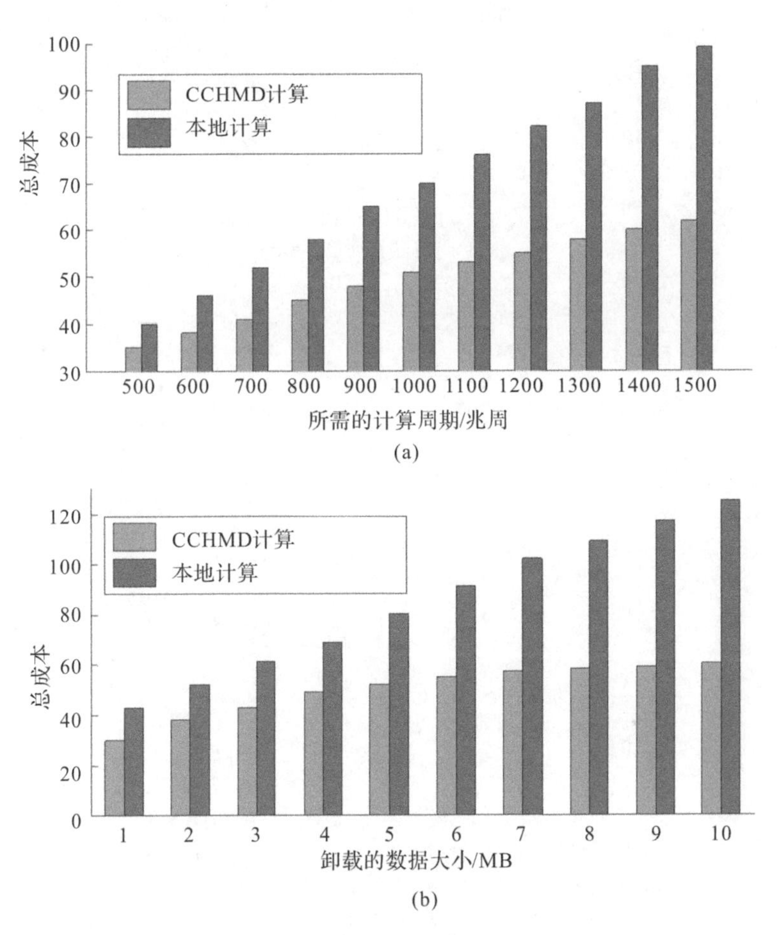

图8－11 不同标准下的总成本

(a)不同数量的CPU处理周期；(b)卸载不同的数据大小

3. 算法对比分析

在任务数量和环境相同的前提下，采用第一个场景，分别从直接和间接完成任务的切换次数、任务完成时间和时间比三个方面测试所提出的CCHMD、EM、SAW和TOPSIS的性能，统计结果为1 500次实验的平均值。随着移动终端移动速度的逐渐增加，仿真结果分别如图8－12所示。

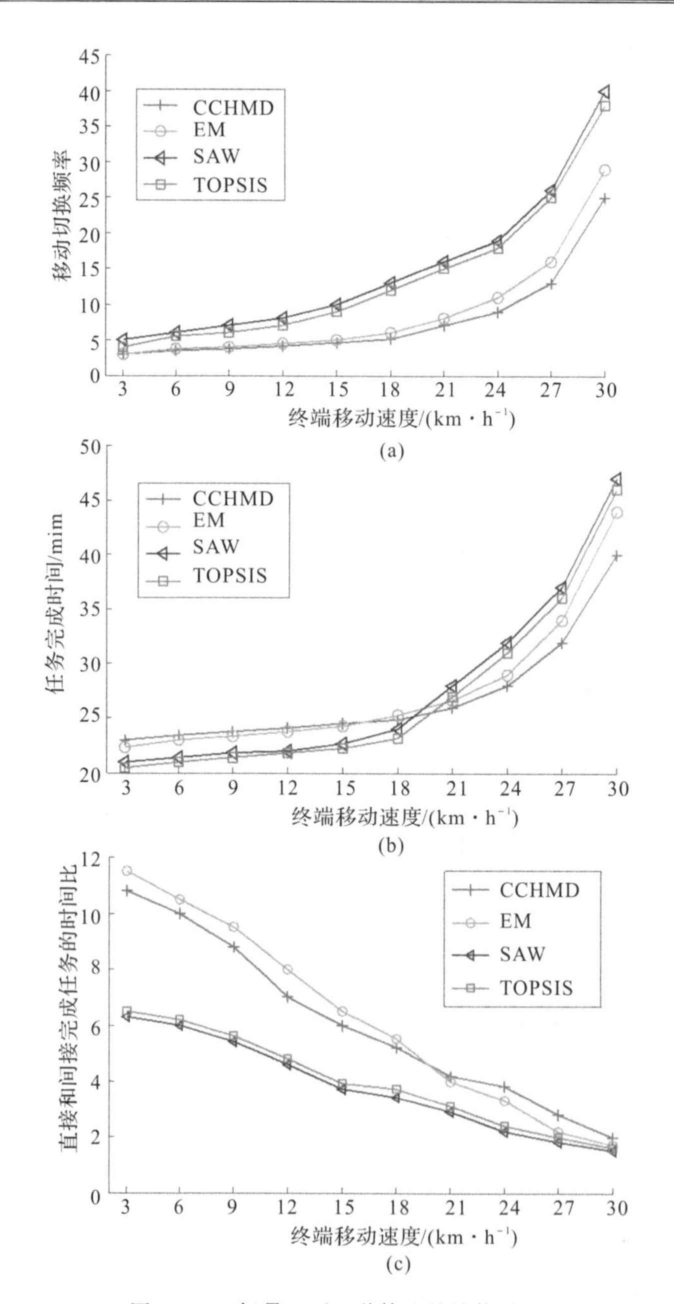

图 8-12　场景一下四种算法的性能对比

(a)移动切换频率；(b)任务完成时间；(c)直接和间接完成任务的时间比

在图 8-12(a)(b)中，随着移动终端速度的增加，四种算法的切换频率和任务完成时间都逐渐增加。当终端移动速度小于 21 km/h 时，四种算法的网络切换频率和任务完成时间曲线上升相对适中。当移动速度大于 21 km/h 时，四种算法的切换频率和任务完成时间曲线均呈加速上升趋势。当终端移动速度小于 19 km/h 时，EM、SAW 和 TOPSIS 的任务完成时间优于 CCHMD，而当终端移动速度超过 19 km/h 时，CCHMD 的任务完成时间已达到最小。显然，当移动终端速度逐渐增加时，CCHMD 的切换频率始终优于 EM、SAW 和 TOPSIS。

在图 8－12(c)中，随着终端移动速度的增加，直接和间接完成任务的时间比曲线呈递减函数，呈近似线性关系，结果符合实际情况。当移动终端加速时，任务的切换频率和计算任务的往返时间消耗都是巨大的。因此，间接完成任务的时间占总完成时间的比例更大；那么，直接和间接完成任务的时间比就会逐渐变小。总之，由于较少的切换意味着较少的任务来回迁移，所以完成时间比更大，并且 CCHMD 始终优于 SAW 和 TOPSIS。而只有当终端的移动速度达到一定值，例如 20 km/h 左右时，CCHMD 的时间比比 EM 高，这意味着 CCHMD 更适合于节点持续快速运动的场景，以节约能源。

在第二个场景中，随着终端移动速度和卸载数据量的增加，四种算法的总代价变化如图 8－13 所示。

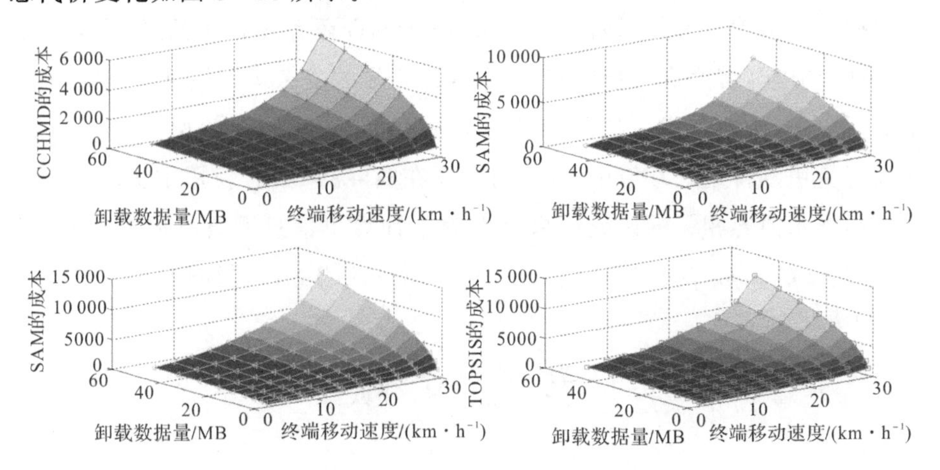

图 8－13　第二场景中四种算法的成本比较

如图 8－13 所示，显然，随着相应卸载数据的大小和相应的终端移动速度的增加，四种算法的所有代价都在逐渐增加。但当相应条件相同时，我们提出的CCHMD总成本总是最低,这是因为跨层协作切换模型可以很好地控制任务的切换,从而避免频繁切换造成的巨大能量浪费。EM的总成本略高于CCHMD,这是因为EM通常使用式(8-13)计算候选网络的权重,它不能很好地区分对应的熵权之间的差异,所选的网络可能不是计算任务的最佳网络,最后易导致大量不必要的切换发生,总能耗上升。此外,SAW和TOPSIS的总成本基本相同,但前者在节能效果略差于后者,SAW的平均成本比TOPSIS约高出6.1%。

8.6 本章小结

在MCC中,计算卸载是节约移动终端能量的重要方法,而通信切换和计算切换在计算卸载中的作用不容忽视。本章从智能终端的移动性和实际切换应用的角度出发,提出了CCHMD方法。实验结果与分析表明,与EM、SAW和TOPSIS相比,CCHMD在切换次数、任务完成时间、直接和间接完成任务的时间比、系统总成本等方面都是最优的,它不仅可以提高任务的应用性能,还可以减少移动终端的计算和通信开销。由于时间和精力的限制,本章提出的移动计算卸载和切换策略CCHMD还存在很多问题,主要包括以下两个方面,需要进一步研究:①未考虑终端的复杂运动模型。因此,在未来的研究中,必须考虑一些复杂的运动模型,如随机游走模型。②CCHMD还没有应用到特定的环境中,我们将考虑在实际的MCC应用中实现。

与本章内容相关的研究成果已发表于计算机信息系统领域的权威SCI期刊*Soft Computing*[2019,23(1),323—341;SCI 3区,影响因子:3.643]。

参考文献

[1] SOYATA T, MURALEEDHARAN R, FUNAI C, et al. Cloud-vision: real-time face recognition using a mobile-cloudlet-cloud acceleration architecture [C]//Proceedings of 2012 IEEE Symposium on

Computers and Communications (ISCC). Cappadocia: IEEE, 2012: 59 - 66.

[2] COHEN J. Embedded speech recognition applications in mobile phones: status, trends, and challenges [C]//Proceedings of 2008 IEEE International Conference on Acoustics, Speech and Signal Processing. Las Vegas: IEEE, 2008: 5352 - 5355.

[3] LIU F, SHU P, JIN H, et al. Gearing resource-poor mobile devices with powerful clouds: architectures, challenges, and applications[J]. IEEE Wireless communications, 2013, 20(3): 14 - 22.

[4] BONINO D, DE RUSSIS L, CORNO F, et al. JEERP: energy-aware enterprise resource planning[J]. IT Professional, 2013, 16(4): 50 - 56.

[5] SABHARWAL M, AGRAWAL A, METRI G. Enabling green it through energy-aware software[J]. IT Professional, 2012, 15(1): 19 - 27.

[6] OTHMAN M, MADANI S A, KHAN S U. A survey of mobile cloud computing application models[J]. IEEE Communications Surveys & Tutorials, 2013, 16(1): 393 - 413.

[7] ONG E H, KHAN J Y. Dynamic access network selection with QoS parameters estimation: A step closer to ABC [C]//Proceedings of VTC Spring 2008-IEEE Vehicular Technology Conference. Marina Bay: IEEE, 2008: 2671 - 2676.

[8] LAI D, MANJESHWAR A, HERRMANN F, et al. Measurement and characterization of link quality metrics in energy constrained wireless sensor networks [C]//Proceedings of IEEE Global Telecommunications Conference (IEEE Cat. No. 03CH37489). San Francisco: IEEE, 2004: 446 - 452.

[9] JOARDER MM A, MAHMUD K. Introduction to Combined Smart Decision Model for Vertical Handoff [J]. Jahangirnagar University Journal of Electronics and Computer Science, 2013, 14: 9 - 17.

[10] HONG C P, KANG T H, KIM S D. An effective vertical handoff scheme supporting multiple applications in ubiquitous computing environment

[C]//Proceedings of Second International Conference on Embedded Software and Systems (ICESS'05). Xi'an: IEEE, 2006: 1-6.

[11] LIN T, WANG C, LIN P C. A neural-network-based context-aware handoff algorithm for multimedia computing[J]. ACM Transactions on Multimedia Computing, Communications, and Applications (TOMM), 2008, 4(3): 1-23.

[12] CHEN C T, SU W C, CHEN C L. Video sharing with seamless service handoff in mobile device-centric cloud computing environment [C]//Proceedings of 2015 IEEE International Conference on Consumer Electronics-Taiwan. Taipei: IEEE, 2015: 362-363.

[13] LIAO J X, QI Q, WANG J Y, et al. A dual mode self-adaption handoff for multimedia services in mobile cloud computing environment[J]. Multimedia Tools and Applications, 2016, 75: 4697-4722.

[14] QI Q, LIAO J X, WANG J Y, et al. Integrated multi-service handoff mechanism with QoS-support strategy in mobile cloud computing[J]. Wireless personal communications, 2016, 87: 593-614.

[15] YANG Z, LIU X, HU Z W, et al. Seamless service handoff based on delaunay triangulation for mobile cloud computing[J]. Wireless Personal Communications, 2017, 93: 795-809.

[16] ZHANG W. Handover decision using fuzzy MADM in heterogeneous networks[C]//Proceedings of 2004 IEEE Wireless Communications and Networking Conference (IEEE Cat. No. 04TH8733). Atlanta: 2004: 653-658.

[17] SONG Q Y, JAMALIPOUR A. Network selection in an integrated wireless LAN and UMTS environment using mathematical modeling and computing techniques [J]. IEEE wireless communications, 2005, 12(3): 42-48.

[18] WANG K, ZHENG Z M, FENG C Y, et al. A heterogeneous network selection algorithm based on multi-attribute decision making

method[J]. Radio Engineering of China, 2009, 39(1): 1 - 3.

[19] BARI F, LEUNG V. Application of ELECTRE to network selection in a hetereogeneous wireless network environment[C]//Proceedings of 2007 IEEE Wireless Communications and Networking Conference. Hong Kong: IEEE, 2007: 3810 - 3815.

[20] GALLARDO-MEDINA J R, PINEDA-RICO U, STEVENS-NAVARRO E. VIKOR method for vertical handoff decision in beyond 3G wireless networks[C]//Proceedings of 2009 6th International Conference on Electrical Engineering, Computing Science and Automatic Control (CCE). Toluca: IEEE, 2010: 1 - 5.

[21] MARICHAMY P, CHAKRABARTI S, MASKARA S L. Performance evaluation of handoff detection schemes[C]//Proceedings of TENCON 2003 Conference on Convergent Technologies for Asia-Pacific Region. Bangalore: IEEE, 2004: 643 - 646.

[22] YLIANTTILA M, MAKELA J, MAHONEN P. Supporting resource allocation with vertical handoffs in multiple radio network environment [C]//Proceedings of the 13th IEEE International Symposium on Personal, Indoor and Mobile Radio Communications. Lisbon: IEEE, 2002: 64 - 68.

[23] WEI G W. Hesitant fuzzy prioritized operators and their application to multiple attribute decision making[J]. Knowledge-based Systems, 2012, 31: 176 - 182.

[24] KOVACHEV D, YU T, KLAMMA R. Adaptive computation offloading from mobile devices into the cloud[C]//Proceedings of 2012 IEEE 10th International Symposium on Parallel and Distributed Processing with Applications. Leganes: IEEE, 2012: 784 - 791.

[25] WANG C, LI Z Y. A computation offloading scheme on handheld devices[J]. Journal of Parallel and Distributed Computing, 2004, 64 (6): 740 - 746.

[26] HUSSAIN S, HAMID Z, KHATTAK N S. Mobility management

challenges and issues in 4G heterogeneous networks [C]// Proceedings of the first international conference on Integrated internet ad hoc and sensor networks. New York: Association for Computing Machinery, 2006: 1 - 14.

[27] LI X Y, MA H D, ZHOU F, et al. Service operator-aware trust scheme for resource matchmaking across multiple clouds[J]. IEEE transactions on parallel and distributed systems, 2014, 26(5): 1419 - 1429.

[28] RYU S, LEE K, MUN Y. Optimized fast handover scheme in Mobile IPv6 networks to support mobile users for cloud computing [J]. The Journal of Supercomputing, 2012, 59: 658 - 675.

[29] LEI L, ZHONG Z D, ZHENG K, et al. Challenges on wireless heterogeneous networks for mobile cloud computing [J]. IEEE Wireless Communications, 2013, 20(3): 34 - 44.

[30] BARBERA M V, KOSTA S, MEI A, et al. To offload or not to offload? the bandwidth and energy costs of mobile cloud computing [C]// Proceedings of IEEE Infocom. Turin: IEEE, 2013: 1285 - 1293.

[31] WU H, HUANG D, BOUZEFRANE S. Making offloading decisions resistant to network unavailability for mobile cloud collaboration[C]//Proceedings of 9th IEEE International Conference on Collaborative Computing: Networking, Applications and Worksharing. Austin: IEEE, 2013: 168 - 177.

[32] YANG L, CAO J N, YUAN Y, et al. A framework for partitioning and execution of data stream applications in mobile cloud computing[J]. ACM SIGMETRICS Performance Evaluation Review, 2013, 40(4): 23 - 32.

[33] LOHI M, WEERAKOON D, AGHVAMI A H. Key issues in handover design and multi[J]. Multiaccess Mobil Teletraffic Wirel Commun, 2013, 4: 199.

[34] LEE Y L, CHUAH T C, LOO J, et al. Recent advances in radio resource management for heterogeneous LTE/LTE-A networks [J]. IEEE Communications Surveys & Tutorials, 2014, 16(4): 2142 - 2180.

[35] MAHESHWARI S, HO S Y D. Determinative segmentation resegmentation and padding in radio link control (RLC) service data units (SDU):U. S. Patent 9,055,473[P]. 2015-6-9.

[36] MOHANTY S, AKYILDIZ I F. A cross-layer (layer 2+3) handoff management protocol for next-generation wireless systems[J]. IEEE transactions on mobile computing, 2006, 5(10): 1347-1360.

[37] MCNAIR J, ZHU F. Vertical handoffs in fourth-generation multinetwork environments[J]. IEEE Wireless communications, 2004, 11(3): 8-15.

[38] YLITALO J, JOKIKYYNY T, KAUPPINEN T, et al. Dynamic network interface selection in multihomed mobile hosts[C]//Proceedings of the 36th Annual Hawaii International Conference on System Sciences. Big Island: IEEE, 2003: 1-10.

[39] BIRCHER E, BRAUN T. An agent-based architecture for service discovery and negotiation in wireless networks[C]//Proceedings of Wired/Wireless Internet Communications: Second International Conference, WWIC 2004, Frankfurt (Oder). Berlin: Springer, 2004: 295-306.

[40] ÇALHAN A, ÇEKEN C. An optimum vertical handoff decision algorithm based on adaptive fuzzy logic and genetic algorithm[J]. Wireless Personal Communications, 2012, 64: 647-664.

[41] KONKA J, ANDONOVIC I, MICHIE C, et al. Auction-based network selection in a market-based framework for trading wireless communication services[J]. IEEE Transactions on Vehicular Technology, 2013, 63(3): 1365-1377.

[42] SUN Z, YANG Y, ZHOU Y, et al. Agent-based resource management for mobile cloud [C]//Mobile Networks and Cloud Computing Convergence for Progressive Services and Applications. [S. l.]: IGI Global, 2014.

[43] MESKAR E, TODD T D M, ZHAO D, et al. Energy efficient offloading for competing users on a shared communication channel[C]//Proceedings

of 2015 IEEE International Conference on Communications (ICC). London: IEEE, 2015: 3192 - 3197.

[44] MTIBAA A, HARRAS K A, HABAK K, et al. Towards mobile opportunistic computing [C]//Proceedings of 2015 IEEE 8th International Conference on Cloud Computing. New York: IEEE, 2015: 1111 - 1114.

[45] ZHANG N, HOLTZMAN J M. Analysis of CDMA Soft-Handover Algorithm[J]. IEEE Transactions on Vehicular Technology, 1998, 47(2):710 - 714.

[46] GARG V K, WILKES J E. Principles and Applications of GSM[M]. New York:Prentice Hall, 1998.

[47] ZHOU H C, ZHANG G H, WANG G L. Multi-objective decision making approach based on entropy weights for reservoir flood control operation[J]. Journal of hydraulic engineering, 2007, 38(1): 100 - 106.

[48] WEN Y G, ZHANG W W, LUO H Y. Energy-optimal mobile application execution: Taming resource-poor mobile devices with cloud clones[C]//Proceedings of IEEE Infocom. Orlando: IEEE, 2012: 2716 - 2720.

[49] MIETTINEN A P, NURMINEN J K. Energy efficiency of mobile clients in cloud computing [C]//Proceedings of 2nd USENIX workshop on hot topics in cloud computing (HotCloud 10). Boston: USENIX Association, 2010: 1 - 7.

[50] XIAO M, SHROFF N B, CHONG E K P. A utility-based power-control scheme in wireless cellular systems[J]. IEEE/ACM Transactions on Networking, 2003, 11(2): 210 - 221.

[51] SARAYDAR C U, MANDAYAM N B, GOODMAN D J. Efficient power control via pricing in wireless data networks [J]. IEEE transactions on Communications, 2002, 50(2): 291 - 303.